国家科学技术学术著作出版基金资助出版

辐射环境模拟与效应丛书

# 中子单粒子效应

陈　伟　郭晓强　宋朝晖　王　勋　韦　源　著

科学出版社

北　京

# 内 容 简 介

高能宇宙射线与大气相互作用产生大量次级中子，在半导体器件中引起中子单粒子效应，可导致电子系统产生软错误或者硬损伤，影响飞机或者临近空间飞行器飞行的可靠性和安全性。本书主要介绍大气中子辐射环境及建模、中子辐射模拟装置和中子辐射环境测量技术、中子单粒子效应机理与数值模拟方法，以及实验方法和数据处理方法，并给出单能中子源、散裂中子源、核反应堆、高山等典型环境的中子单粒子效应实验结果。

本书可为辐射效应和抗辐射加固技术研究人员提供参考，也可作为辐射物理、微电子和抗辐射加固相关专业的研究生参考书。

**图书在版编目（CIP）数据**

中子单粒子效应/陈伟等著. —北京：科学出版社，2022.6
(辐射环境模拟与效应丛书)
ISBN 978-7-03-071034-5

Ⅰ. ①中… Ⅱ. ①陈… Ⅲ. ①单粒子态 Ⅳ. ①O571.24

中国版本图书馆 CIP 数据核字 (2021) 第 268822 号

责任编辑：宋无汗 / 责任校对：崔向琳
责任印制：赵 博 / 封面设计：陈 敬

科学出版社 出版
北京东黄城根北街 16 号
邮政编码：100717
http://www.sciencep.com
北京盛通数码印刷有限公司印刷
科学出版社发行 各地新华书店经销

\*

2022 年 6 月第 一 版 开本：720 × 1000 1/16
2024 年 3 月第三次印刷 印张：14
字数：282 000
**定价：135.00 元**

# "辐射环境模拟与效应丛书"编委会

# 丛 书 序

辐射环境模拟与效应研究主要解决在辐射环境中工作的系统和电子器件的抗辐射加固技术和基础科学问题，涉及辐射环境模拟、辐射效应、抗辐射加固等研究方向，是核科学与技术、电子科学与技术等的交叉学科。辐射环境模拟主要研究不同种类和参数辐射的产生及其应用的基础理论与关键技术；辐射效应主要研究各种辐射引起的器件与系统失效机理、抗辐射加固及性能评估方法。

辐射模拟与效应研究涉及国家重大安全，长期以来一直是世界大国博弈的前沿科学技术，具有很强的创新性和挑战性。空间辐射环境引起的卫星故障占全部故障的 45%以上，对航天器构成重大威胁。核辐射环境和强电磁脉冲等人为辐射是造成工作在辐射环境中的电子学系统降级、毁伤的主要因素。国际上，美国国家航空航天局、圣地亚国家实验室、劳伦斯·利弗莫尔国家实验室，欧洲宇航局、核子中心，俄罗斯杜布纳联合核子研究所、大电流所等著名的研究机构都将辐射环境模拟与效应作为主要研究领域，开展了大量系统性基础研究，为航天器、新型抗辐射加固材料和微电子技术发展提供了重要支撑。

我国在 20 世纪 60 年代末，开始辐射环境模拟与效应的研究工作。在强烈需求的牵引下，经过多年研究，我国在辐射环境模拟与效应研究领域已经具备了良好的研究基础，解决了大量工程应用方面的难题，形成了一支经验丰富的研究队伍。国内从事相关研究的科研院所、高等院校和工业部门已达百余家，建设了一批可以开展材料、器件和电子学系统相关辐射效应的模拟源，发展了具有特色的辐射测量与诊断技术，开展了大量的辐射效应与机理研究，系统和器件的辐射加固技术水平显著增强，形成了辐射物理学科体系，为国防建设和航天工程发展做出了重大贡献，我国辐射环境模拟与效应研究在科学规律指导下进入了自主创新发展的新阶段。

随着我国空间技术的迅猛发展，在轨航天器数量迅速增长、组网运行规模不断扩大，对辐射环境模拟与效应研究和设备抗辐射性能提出了更高的要求，必须进一步研究提高材料、器件、电子学系统的抗核与空间辐射、强电磁脉冲加固的能力。因此，需要研究建立逼真的辐射模拟实验环境，开展新材料、新工艺、新器件辐射效应机理分析、实验技术和数值仿真研究，建立空间辐射损伤效应与地面模拟实验的等效关系，研发新的抗辐射加固技术，解决空间探索和辐射环境中系统和器件抗辐射加固的关键基础科学问题。

　　该丛书作者都是从事辐射模拟与效应研究的一线科研人员，内容来自辐射环境模拟与效应研究团队几十年的研究成果，系统总结了辐射环境研究与模拟、辐射效应机理、电子元器件与系统抗辐射加固技术等方面取得的科研成果，并介绍了国内外最新研究进展，涉及辐射环境模拟、脉冲功率技术、粒子加速器技术、强电磁环境效应、核与空间辐射效应、辐射效应仿真与抗辐射性能评估等研究领域，内容新颖，数据丰富，体现了理论研究与工程应用相结合的特色，充分展示了我国辐射模拟与效应领域产学研用的创新性成果。

　　相信该丛书的出版，将有助于进入这一领域的初学者掌握全貌，为该领域研究人员提供有益参考。

中国科学院院士　吕敏

抗辐射加固技术专业组顾问

# 前　言

随着微电子技术的快速发展，电子器件的特征尺寸和工作电压不断减小，工作频率不断增大，芯片单位面积上集成的器件数量也随之增加，中子单粒子效应导致航空电子设备发生错误的风险不断增大。因此，大气中子单粒子效应引起了国内外抗辐射加固技术领域专家的关注。在以"空间辐射物理及应用"为主题的第547次香山科学会议上，我国产学研界的30多家单位的50多位专家经过认真研讨一致认为，新材料、新工艺、新器件的先进微电子器件单粒子效应是系统在辐射环境中可靠工作面临的严重威胁，是辐射效应和抗辐射加固技术领域研究的热点之一。

作者团队于2000年初开始中子单粒子效应的研究，在"反应堆中子单粒子效应实验与理论研究"(No.10875096)、"临近空间高能中子和质子能谱测量技术研究"(No.11205122)、"源区致电离辐射对电子器件中子辐射效应影响机制研究"(No.11235008)等多个国家自然科学基金面上项目、重点项目、重大项目和预研项目等的持续支持下，在大气中子辐射环境模拟、中子测量、中子单粒子效应仿真和实验等方面取得了一系列创新性成果。

本书出版得到国家自然科学基金重大项目"纳米器件辐射效应机理及模拟试验关键技术"(No.11690040)的支持，是对作者团队二十多年中子单粒子效应研究成果的总结。

本书主要介绍大气中子辐射环境建模与仿真软件研制、实验室中子辐射装置及中子测量技术、中子单粒子效应机理及测试方法、大气中子单粒子效应仿真和实验技术等，汇集了研究团队在大气中子辐射环境模拟和效应研究方面的创新成果，可为辐射效应和抗辐射加固技术研究人员提供参考。

本书由陈伟研究员主持撰写，陈伟、郭晓强、宋朝晖、王勋和韦源参与撰写并对全书进行了统稿和审校。全书共7章，具体分工如下：第1章由陈伟撰写，第2章由韦源撰写，第3、4章由宋朝晖、谭新建撰写，第5章由郭晓强撰写，第6、7章由王勋撰写。

中国科学院吕敏院士亲自指导并为丛书作序，科学出版社为本书的出版发行提供了大力支持，在此表示衷心感谢。

由于作者水平有限，书中不妥之处在所难免，恳请读者指正。

# 目　录

# 第1章 绪  论

辐射效应是辐射与物质相互作用产生的物理、生物等现象。电子器件在辐射环境中因为辐射作用产生辐射效应，会导致材料、器件乃至系统等性能下降或失效。辐射效应和抗辐射加固技术研究领域主要考虑核爆辐射、空间天然辐射、激光和高功率微波等辐射环境。空间辐射效应主要有电离总剂量效应、位移损伤效应、单粒子效应、充放电效应。据统计，辐射效应造成的航天器在轨故障约占总故障的45%，如图1.1所示[1-4]，其中单粒子效应占近86%。抗辐射加固技术是提高器件、系统在辐射环境中的抗辐射性能，确保完成规定任务的技术，涉及辐射环境、辐射测量、辐射效应机理、抗辐射加固、实验与评估等内容，属于核科学、电子科学、材料科学等的交叉学科，是航天器在轨长期可靠运行的关键技术，一直是世界航天大国研究的重点和热点[5-6]。

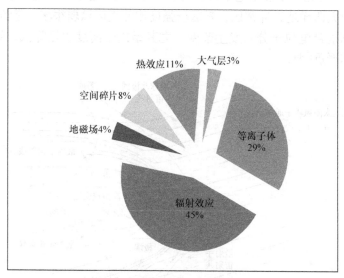

图 1.1  导致航天器异常的原因统计

## 1.1  空间辐射环境

辐射环境包括人为辐射环境和天然辐射环境。人为辐射环境主要包括核爆炸、激光、微波等辐射环境，以及用于科研的实验室辐射环境，如加速器、反应堆、放射源等。天然辐射环境包括大气层外空间辐射环境、大气层中子等。

空间辐射环境主要包括银河宇宙射线(galaxy cosmic ray，GCR)、太阳宇宙射线(solar cosmic ray，SCR)和范艾伦辐射带。图1.2给出空间辐射环境示意图。银河宇宙射线是来自银河深处的高能带电粒子，其中85%是质子，14%是α粒子，重离子占1%，粒子能量范围一般为$10^2\text{MeV}\sim10^9\text{GeV}$，通量密度一般为几个粒子每平方厘米秒($\text{cm}^{-2}\cdot\text{s}^{-1}$)。太阳宇宙射线是在太阳耀斑爆发期间发射的大量高能质子、电子、重离子、α粒子，其中绝大部分是质子，因此又被称为太阳质子事件。范艾伦辐射带是1985年美国学者范艾伦首先发现的，是存在于地球周围，被地磁场稳定捕获的带电粒子区域，又称为地磁俘获辐射带，主要成分是电子和质子，分为内带和外带。内带是距离地球最近的捕获带电粒子区域，主要由捕获质子(能量为0.1~400MeV)和捕获电子(能量为0.04~7MeV)组成，还存在少量的重离子。内带在赤道上空100~10000km的高度处，强度最大的中心位置距地球3000km左右。范艾伦辐射带内的粒子注量率随归一化海拔的变化如图1.3所示。外带的赤道高度为13000~60000km，中心位置在20000~25000km，主要是一个捕获电子带，由0.1~10MeV电子和少量质子组成。南美洲东侧的南大西洋地磁异常区，其磁场强度比邻近区域弱很多，是负磁异常区，导致空间高能带电粒子分布发生改变，尤其是内带高度明显降低，导致低轨卫星辐射损伤严重[7-8]。

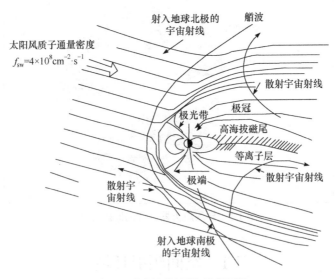

图1.2 空间辐射环境示意图[9]

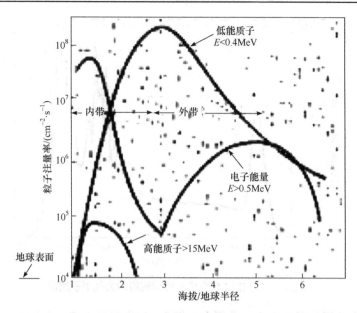

图 1.3 范艾伦辐射带内的粒子注量率随归一化海拔的变化[10]

由于地球周围存在浓密大气层，初级宇宙射线中可以到达地球海平面的不到总量的 1%，能量极高的宇宙射线与大气层中的 O 原子和 N 原子相互作用引起级联簇射反应，产生的高能次级粒子有 π 介子、μ 介子、γ 光子、电子和由 π 介子、μ 介子衰变产生的中子(n)与质子(p)等，能量覆盖了从兆电子伏到千兆电子伏的范围。这些次级粒子中约有 92%的中子、4%的介子、2%的质子、2%的 μ 介子和少量重离子。中子能量范围从电子伏量级到 $10^{10}$eV 量级，注量率为几百个中子每平方厘米秒。银河宇宙射线诱发的大气中子通量峰值约为 20km，太阳质子诱发的大气中子通量峰值约为 60km。对于超强的太阳质子事件，其诱发的大气中子通量约为银河宇宙射线的上千倍[11-13]。高能宇宙射线与大气作用产生的次级粒子构成大气辐射环境。其中，大气中子是导致临近空间、航空和地面电子系统产生辐射效应的主要因素。

影响大气中子辐射环境的因素主要有三个方面[14-15]：①大气气压，大气密度影响中子通量；②地球磁场，地球磁场改变了太阳宇宙射线的路径，在地球赤道上空影响较弱，在极地附近影响强烈；③太阳耀斑，太阳耀斑产生大量高能粒子，导致地球磁场减弱，使得更多的高能带电粒子进入地球大气层，影响大气中子辐射环境。图 1.4 为 Gordon 等[16]在纽约 IBM 研究中心楼顶测得的大气中子能谱。

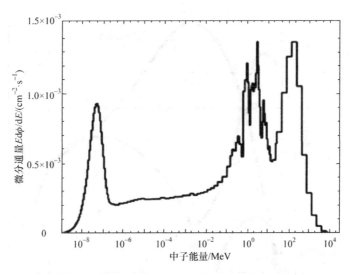

图 1.4　纽约 IBM 研究中心楼顶测得的大气中子能谱

　　大气中子辐射环境也可以采用大气模型、宇宙射线模型、地磁截止刚度模型、核反应模型等，模拟宇宙射线与地球磁场、大气相互作用过程，计算大气中子辐射环境参数[14,17-18]，如图 1.5 所示。

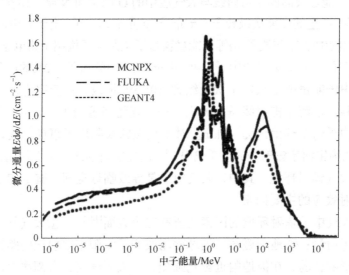

图 1.5　计算得到的 15km 高空大气中子能谱[17]

MCNPX、FLUKA 和 GEANT4 为三种蒙特卡罗粒子输运程序

# 1.2 典型辐射效应

空间辐射与电子器件相互作用，产生电离和位移损伤，包括电离总剂量效应、位移损伤效应、单粒子效应、充放电效应等空间辐射效应。这些效应可以分为硬损伤和软错误。硬损伤指不可恢复的永久损伤，软错误是可纠正或恢复的错误。表1.1和表1.2分别给出了典型电子器件的空间辐射效应及其在不同环境中的严重程度[19-20]。

**表 1.1 典型电子器件的空间辐射效应[19]**

| 引发效应的主要带电粒子 | 产生效应的主要对象 | 空间辐射效应 |
|---|---|---|
| 捕获电子/质子、耀斑质子 | 电子器件及材料 | 电离总剂量效应 |
| 捕获/耀斑/宇宙线质子 | 太阳电池、光电器件 | 位移损伤 |
| 高能质子/重离子 | 逻辑器件、单/双稳态器件 | 单粒子翻转 |
| 高能质子/重离子 | CMOS 器件 | 单粒子锁定 |
| 高能质子/重离子 | 功率 MOSFET | 单粒子烧毁 |
| 高能质子/重离子 | 功率 MOSFET | 单粒子栅击穿 |
| 等离子体 | 卫星表面材料、电子设备 | 卫星表面充/放电 |
| 高能电子 | 介质材料、器件、悬浮导体 | 内带电 |
| 等离子体、高能电子 | 太阳电池、大功率部件 | 二次放电 |

电离辐射效应是指辐射与物质相互作用产生的电子-空穴对在器件内输运导致的性能损伤现象。累积效应是辐射损伤随辐照剂量的累积而变化的现象。位移损伤是器件材料原子被粒子碰撞而离开原来位置导致辐射损伤的现象。充放电效应是空间高能电子穿透卫星表面，在卫星内材料或悬浮导体中积累电荷产生空间静电放电，导致卫星上电子设备工作异常的现象。当单个粒子穿过器件敏感区域时，电离产生的电子-空穴对被电场收集形成脉冲电流，导致器件辐射损伤的现象，称为单粒子效应。

**表 1.2　典型电子器件的空间辐射效应严重程度[20]**

图例：√ 功能正常　P 需要评估，性能未知　N 需要加固　X

| 器件类型 | | 总剂量/[krad(Si)] | | | | | | | 位移损伤（等效 $1\mathrm{MeV}\ n^0/\mathrm{cm}^2$） | | | | 单粒子效应 | | 低剂量率损伤增强 |
|---|---|---|---|---|---|---|---|---|---|---|---|---|---|---|---|
| | | 约0.1 | <1 | 2~5 | 10 | 20 | 100 | >1000 | $5\times10^9$ | $2\times10^{10}$ | $2\times10^{11}$ | $10^9\sim10^{10}$ | 单粒子翻转、单粒子瞬态 | 所有环境（单粒子锁定、单粒子中断、单粒子功能中断、单粒子烧毁段） | |
| | | 近地轨道 | 极地轨道 | 火星轨道（表面） | 地球同步轨道 | 深空环境 | 中地球轨道 | 木星探测轨道 | 近地轨道、地球同步轨道 | 极地轨道、地球同步轨道 | 中地球轨道 | 人造同位素热电池 | | 所有环境 | |
| CMOS | 线性 | √ | N | N | X | X | X | X | √ | √ | √ | √ | N | N | √ |
| | 混合信号 | √ | P | P | X | X | X | X | √ | √ | √ | √ | N | N | √ |
| | 闪存 | √ | P | P | X | X | X | X | √ | √ | √ | √ | N | N | √ |
| | SRAM | √ | N | N | N | N | X | X | √ | √ | √ | √ | N | N | √ |
| | 数字逻辑 | √ | P | P | P | P | X | X | √ | √ | √ | √ | N | N | √ |
| | 微处理器 | √ | P | P | N | N | X | X | √ | √ | √ | √ | N | N | √ |
| 线性 BiCMOS | | √ | N | N | X | X | X | X | √ | √ | √ | √ | √ | √ | N |
| 双极器件 | 混合信号 | √ | √ | √ | √ | √ | P | P | √ | √ | √ | √ | N | √ | √ |
| | 标准线性 | √ | P | P | P | X | X | X | √ | √ | √ | √ | √ | √ | N |
| | 数字 | √ | √ | √ | √ | √ | P | P | √ | √ | √ | √ | N | √ | √ |

续表

**图例:**
√ 功能正常评估
P 性能未知 需要评估
N 功能不满足 需要加固
X

| | 辐射环境 | | | | | | | | | | | | | |
|---|---|---|---|---|---|---|---|---|---|---|---|---|---|---|
| | 总剂量/[krad(Si)] | | | | | | | 位移损伤(等效 1MeV $n^0/cm^{-2}$) | | | | 单粒子效应 | | 低剂量率损伤增强 |
| | 约0.1 | <1 | 2~5 | 10 | 20 | 100 | >1000 | $5\times10^9$ | $2\times10^{10}$ | $2\times10^{11}$ | $10^9\sim10^{10}$ | 单粒子翻转、单粒子瞬态 | 所有环境 单粒子锁定、单粒子功能中断、单粒子烧毁 | |
| | 近地轨道 | 极地轨道 | 火星(轨道/表面) | 地球同步轨道 | 深空环境 | 中地球轨道 | 木星探测轨道 | 近地轨道、地球同步轨道 | 极地轨道、地球同步轨道 | 中地球轨道 | 人造同位素热电池 | | | |
| 功率 MOSFET | √ | √ | P | P | N | N | N | √ | √ | √ | √ | N | N | √ |
| JFET | √ | √ | √ | √ | √ | P | P | √ | √ | √ | √ | √ | √ | √ |
| BJT 功率 | √ | √ | √ | √ | N | N | N | P | P | X | N | √ | √ | √ |
| BJT 信号 | √ | √ | √ | √ | √ | N | N | √ | P | √ | N | √ | √ | √ |
| SOI | √ | √ | √ | √ | √ | P | P | √ | √ | √ | √ | N | √ | √ |
| 锗硅射频 | √ | √ | √ | √ | √ | P | √ | √ | √ | P | P | √ | √ | √ |
| Ⅲ-Ⅴ电子学 SRAM | √ | √ | √ | √ | √ | √ | √ | P | √ | P | P | N | √ | √ |
| Ⅲ-Ⅴ电子学 射频 | √ | √ | √ | √ | √ | √ | √ | √ | √ | P | P | N | √ | √ |
| Ⅲ-Ⅴ电子光学 激光、LED | √ | √ | √ | √ | P | √ | P | P | N | N | N | N | √ | √ |
| Ⅲ-Ⅴ电子光学 探测器 | √ | √ | √ | √ | √ | P | P | P | N | N | N | N | √ | √ |

## 1.3　单粒子效应

1988 年我国"风云一号"A 星在轨运行 39 天，1990 年"风云一号"B 星在轨运行 165 天，都是因为空间单粒子效应引起星载计算机突发故障造成姿态失控。单粒子效应分为单粒子翻转(single event upset，SEU)、单粒子多单元翻转(multiple cells upset，MCU)、单粒子多位翻转(multiple bits upset，MBU)、可恢复的单粒子锁定(single event latchup，SEL)、单粒子瞬变(single event transient，SET)、单粒子故障中断(single event function interrupt，SEFI)、单粒子扰动(single event disturbance，SED)等单粒子软错误。同时，还包括单粒子烧毁(single event burnout，SEB)、单粒子栅穿(single event gate rupture，SEGR)、不可恢复的 SEL 等单粒子硬损伤，如表 1.3 所示。

**表 1.3　典型单粒子效应类型及现象**[21]

| 单粒子效应类型 | 现象 |
|:---:|:---:|
| SEU | 单粒子效应导致器件逻辑状态翻转的现象 |
| SET | 单粒子效应导致器件输出异常脉冲信号的现象 |
| SEL | 单粒子效应导致体硅 CMOS 集成电路寄生可控硅导通，在电源端和接地端之间形成低阻通道的现象 |
| SEGR | 单粒子效应导致 MOS 器件绝缘栅介质击穿的现象 |
| SEB | 单粒子效应导致功率 MOSFET 寄生晶体管二次击穿等热损伤的现象 |
| SEFI | 单粒子效应导致逻辑器件不能完成规定的逻辑功能的现象 |
| MCU | 单粒子效应导致器件两个以上存储单元逻辑翻转的现象 |
| MBU | 单粒子效应导致器件同一个逻辑字内两个以上存储单元逻辑翻转的现象 |

中子单粒子效应是中子与半导体器件材料发生核反应，在器件中产生次级粒子导致的单粒子效应。大气中子可在临近空间飞行器、民航飞机、高速列车、高性能计算系统、大容量数据存储服务器等电子器件中诱发单粒子效应，引起系统状态翻转、数据错误，严重时会导致系统通信中断、控制异常，对系统的可靠性与安全性构成威胁。随着微电子器件集成度的不断提高，当器件特征工艺尺寸减小到纳米水平时，大气中子引起的单粒子效应会变得越来越严重。因此，研究大气中子单粒子效应，预估其产生的危害，对于提升电子系统的可靠性和安全性具有重要意义[22-24]。

早在 1984 年，就有学者预言大气中子能够诱发电子器件发生单粒子效应[25]。

20 世纪 80 年代末，IBM 公司和 Boeing 公司利用飞机联合开展的飞行实验，验证
了宇宙射线在大气层产生的中子可以诱发器件发生单粒子效应。据文献资料记载，
2008 年 10 月 7 日澳大利亚 Qantas 公司航班号为 QF72 的空中客机 A330-303，在
飞行期间的 5min 内发生了两次飞行失控事件，最终导致该客机紧急迫降。分析
后发现系统故障可能是由大气高能中子造成的电子系统单粒子效应引起的。2006
年 9 月 12 日的 A330-303(VH-QPA)航班和 2008 年 12 月 27 日的 A330-303(VH-QPG)
航班都发生了类似事件，微电子器件辐射敏感性将增加大气中子单粒子效应的威
胁[26-28]，有可能影响航空飞行器的可靠性和安全性。国际电工委员会针对大气中
子辐射效应已经制订了相关技术标准，如 IEC/TS 62239、IEC/TS 62396-1，日本
联合电子器件工程委员会也制订了 JESD89A、JESD89-1、JESD89-3，以及 EDR4705
等中子实验方法相关标准。

　　随着半导体制造技术的发展，作为信息获取、处理、存储和使用的核心先进
电子器件，其工艺尺寸不断减小，性能指标不断提高。先进微电子器件的使用在
提升系统性能的同时，也带来了辐射效应敏感性问题，大气中子单粒子效应敏感
性增加了系统可靠性威胁。粗略地估算 100 $cm^{-2} \cdot s^{-1}$ 的大气中子通量环境下，不
同的器件产生 1 个单粒子错误需要的累计工作时间，即平均无故障时间如表 1.4
所示。如果考虑地磁环境导致的大气中子通量的空间分布因素、空间能谱因素和
太阳爆发导致的环境能量升高因素，则器件的大气中子单粒子效应威胁将更加
严重，最大威胁可增大 3～4 个数量级。这些器件的大气中子单粒子效应新的变
化趋势将有可能影响长时间滞空飞行的飞行器以及近地面工作的电子系统的可
靠性。

表 1.4　微电子器件的大气中子单粒子效应威胁

| 器件类型 | SRAM | FLASH | DRAM | CRAM |
|---|---|---|---|---|
| 错误数/bit | 100 | 100 | 100 | 100 |
| SEU 截面/($cm^2 \cdot bit^{-1}$) | $3\times10^{-14}$ | $5\times10^{-18}$ | $1\times10^{-16}$ | $3\times10^{-14}$ |
| 器件存储容量 | 256Mbit | 32Gbit | 8Gbit | 256Mbit |
| 平均无故障时间/h | 0.345 | 1.617 | 0.401 | 0.345 |

注：SRAM 为动态随机存储器；FLASH 为闪存；DRAM 为动态随机存储器；CRAM 为 SRAM 型 FPGA 器件
的配置存储器；FPGA 为现场可编程门阵列。

　　从参考文献给出的飞行器搭载实验中半导体器件单粒子效应实验的数据
(表 1.5)分析[27]，可以看出随着器件特征尺寸的不断缩小，器件工作电压的降
低，器件集成度大幅提高，发生中子单粒子效应的概率不断升高(图 1.6)，平均
时间间隔越来越短；此外，MCU 概率也逐渐增大。

表 1.5　飞行器搭载实验中半导体器件单粒子效应实验的数据

| 飞行器 | 飞行空域 | 高度/km | 计算机系统 | 电压/V | SRAM器件 | 翻转数/个 | 翻转率/(# · bit$^{-1}$ · h$^{-1}$) |
|---|---|---|---|---|---|---|---|
| E-3 | 西雅图 | 8.7 | IBM | 2.5 | MS64K | 10 | 5×10$^{-9}$ |
| ER-2 | 北卡罗来纳 | 19.5 | IBM | 2.5 | MS64K | 12 | 1.1×10$^{-8}$ |
| ER-2 | 挪威 | 19.5 | IBM | 2.5 | EDI256K | 6 | 4.6×10$^{-9}$ |
| E-3 | 欧洲 | 8.7 | CC-2E | 5 | MS64K | 83 | 1.6×10$^{-9}$ |
| Com'cl Jetliner | 横跨大西洋 | 10.5 | PERF | 5 | EDI256K | 14 | 4.8×10$^{-8}$ |
| F-4 | 加利福尼亚 | 7.5 | AP-102 | 5 | MS64K | 4 | 5.4×10$^{-8}$ |

注：#代表错误计数。

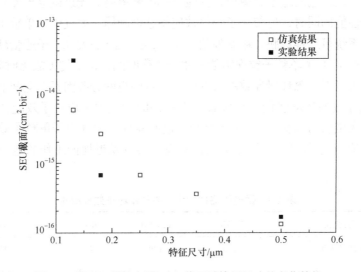

图 1.6　SRAM 器件中子 SEU 截面随特征尺寸的变化趋势

　　大气中子单粒子效应与大气层外空间卫星辐射效应的区别在于辐射环境、作用机理、作用对象等方面，其辐射效应现象及防护措施与航天器类似，但单粒子错误率与太空相比一般低 3~4 个量级。大气中子单粒子效应研究，可以借鉴大气层外空间卫星辐射效应和抗辐射加固的研究成果[29]，如器件和电路的单粒子效应仿真模型、实验与预估方法、抗辐射加固技术等。

　　中子单粒子效应试验可以采用质子加速器、反应堆、散裂中子源或者在野外高山进行试验，表 1.6 给出了中子单粒子效应典型试验方法。

**表 1.6　中子单粒子效应典型试验方法[30-33]**

| 粒子种类 | 试验类型 | 方法 |
|---|---|---|
| 质子 | 质子加速器试验 | 利用不同能量质子辐照器件 |
| 中子 | 野外高山试验 | 在高山开展器件实验 |
| | (准)单能中子试验 | 利用(准)单能中子辐照器件 |
| | 散裂中子试验 | 利用宽能谱中子(类似于大气中子能谱)辐照器件 |
| | 热中子试验 | 利用研究型核反应堆热中子辐照器件 |
| 重离子 | 重离子试验/单离子试验 | 利用不同 LET 重离子辐照器件 |
| 脉冲/聚焦激光 | 激光微束试验 | 利用脉冲激光束在感兴趣的器件部位和深度聚焦 |

注：LET 为线性能量传输(linear energy transfer)。

# 1.4　本书主要内容

本书主要介绍空间辐射环境及建模、大气中子测量技术、中子辐射模拟装置、中子单粒子效应机理及测试方法、大气中子单粒子效应实验等内容。

第 1 章为绪论，简要介绍辐射环境与效应、单粒子效应和中子单粒子效应的基本概念；

第 2 章为大气中子辐射环境，介绍大气中子产生、模型和仿真软件；

第 3 章为中子辐射模拟装置，介绍反应堆、加速器等中子辐射模拟装置；

第 4 章为中子辐射环境测量技术，介绍基于液闪和塑闪两种闪烁体的多层探测器、Bonner 球探测器等中子测量技术；

第 5 章为中子单粒子效应机理与数值模拟，介绍中子单粒子效应机理、模型和仿真方法；

第 6 章为中子单粒子效应测量及数据处理方法，介绍中子单粒子效应测量和判别方法、实验方法与实验数据的处理等内容；

第 7 章为中子单粒子效应实验，介绍用典型器件在单能中子源、散裂中子源、反应堆和高山大气等辐射环境中开展的中子单粒子效应实验。

## 参 考 文 献

[1] 赖祖武. 抗辐射电子学——辐射效应及加固原理[M]. 北京: 国防工业出版社, 1998.

[2] 曹建中. 半导体材料的辐射效应[M]. 北京: 科学出版社, 1993.

[3] 陈伟, 杨海亮, 邱爱慈, 等.辐射物理研究中的基础科学问题[M]. 北京: 科学出版社, 2018.

[4] 沈自才. 空间辐射环境工程[M].北京: 中国宇航出版社, 2013.

[5] 陈伟. 宇航器件空间辐射效应研究面临的新问题[J]. 科学通报, 2017, 62(10): 967-968.

[6] 陈伟, 杨海亮, 郭晓强, 等.空间辐射物理及应用研究现状与挑战[J]. 科学通报, 2017, 62(10):978-989.

[7] 王跃科, 邢克飞, 杨俊, 等. 空间电子仪器单粒子效应防护技术[M]. 北京: 国防工业出版社, 2010.

[8] 张育林, 陈小前, 闫野, 等. 空间环境及其对航天器的影响[M]. 北京: 中国宇航出版社, 2011.

[9] CLADIS J B, DAVIDSON G T, NEWKIRK L L. The trapped radiation handbook, DNA Report No.2524H[R]. California: Lockheed Palo Alto Research Laboratory, 1971.

[10] STASSINOPOULOS E G, RAYMOND J P. The space radiation environment for electronics[J].Proceedings of The IEEE,1988, 76 (11): 114-139.

[11] BARTH J L, DYER C S, STASSINOPOULOS E G.Space, atmospheric, and terrestrial radiation environments[J]. IEEE Transactions on Nuclear Science, 2003, 50(3): 466.

[12] VAINIO R,DESORGHER L,HEYNDERICKX D. Dynamics of the earth's particle radiation environment[J]. Space Science Reviews, 2009,147(3-4):187-231.

[13] DIRK L J,NELSON M E, ZIEGLER J F. Terrestrial thermal neutrons[J]. IEEE Transactions on Nuclear Science, 2003,50(6):2060-2064.

[14] LERAV J, BAGGIO J, FERLET-CAVROIS V, et al. Atmospheric neutron effects in advanced microelectronics, standards and applications[C]. 2004 IEEE International Conference on Integrated Circuit Design and Technology, Austin, TX, USA, 2004: 311-321.

[15] NORMAND E, BAKER T. Altitude and latitude variations in avionics SEU and atmospheric neutron flux[J]. IEEE Transactions on Nuclear Science, 1993, 40(6): 1484-1490.

[16] GORDON M S, GOLDHAGEN P, RODBELL K P, et al. Measurement of the flux and energy spectrum of cosmic-ray induced neutrons on the ground[J]. IEEE Transactions on Nuclear Science, 2004, 51(6): 3427-3434.

[17] 蔡明辉, 韩建伟, 李小银, 等. 临近空间大气中子环境的仿真研究[J]. 物理学报, 2009, 58(9): 6659-6664.

[18] LEI F, CLUCAS S, DYER C, et al. An atmospheric radiation model based on response matrices generated by detailed mc simulations of cosmic ray interaction[J]. IEEE Transactions on Nuclear Science, 2004, 51(6): 3442-3451.

[19] 王立, 郭树玲, 徐娜军, 等. 卫星抗辐射加固技术概论[M]. 北京: 中国宇航出版社, 2021.

[20] MIHAIL P P.Space environments on electronic components guidelines [Z]. New Millennium Program (NASA), 2003.

[21] 吕敏, 范如玉, 陈伟, 等. 抗辐射加固技术术语汇编[J]. 抗核加固, 2015, 32(78): 1-24.

[22] NOBUYASU K, EISHI H I, TAKASHI S, et al. Dependability in Electronic Systems, Mitigation of Hardware Failures, Soft Errors,and Electro-Magnetic Disturbances[M]. Berlin: Springer, 2011.

[23] EISHI H I. Terrestrial radiation effects in ULSI devices and electronic systems[M].New York: IEEE Press, 2014.

[24] 张振力. 临近空间大气中子单及其诱发的单粒子效应仿真技术研究[D]. 北京: 中国科学院空间科学与应用研究中心, 2010.

[25] STASSINOPOULOS E G, MAVROMICHALAKI H, SARLANIS C, et al. A study for an unmanned aerial vehicle carrying a radiation spectrometer networked to the new athens center active in space weather events forecasting[C]. The 8th European Conference on Radiation and Its Effects on Components and Systems, Cap d'Agde, France, 2005:1-5.

[26] OBRYAN M V, HOWARD J W. Current single event effects results for candidate spacecraft electronics for NASA[R]. IEEE Radiation Effects Data Workshop, 2010.

[27] NORMAND E. Single-event effects in avionics[J].IEEE Transactions on Nuclear Science, 1996, 43(2):461-474.

[28] BUREAU A T. In-flight upset 154km west of Learmonth, WA 7 October 2008, VH-QPA, Airbus A 330-303[R]. Canberra: ATSB Transport Safety Report, AO-2008-070, 2008.

[29] 张振力, 张振龙, 韩建伟. 临近空间大气中子诱发电子器件单粒子翻转模拟研究[J]. 空间科学学报, 2011, 31(3): 350-354.

[30] 陈伟, 石绍柱, 宋朝晖, 等. 大气中子在先进存储器件中引起的单粒子软错误[M]. 北京: 国防工业出版社, 2014.

[31] CHEN W, GUO X, WANG C, et al. Single event upsets in srams with scaling technology nodes induced by terrestrial, nuclear reactor and monoenergetic neutrons[J]. IEEE Transactions on Nuclear Science, 2019, 66(6):856-865.

[32] 王勋, 张凤祁, 陈伟, 等. 中国散裂中子源在大气中子单粒子效应研究中的应用评估[J]. 物理学报, 2019, 68(5): 052901.

[33] 王勋, 张凤祁, 陈伟, 等. 基于中国散裂中子源的商用静态随机存取存储器中子单粒子效应实验研究[J]. 物理学报, 2020, 69(16): 162901.

# 第2章 大气中子辐射环境

近地空间中的天然背景辐射(宇宙射线、太阳耀斑等)的某些高能射线能够穿透地球自身磁场的屏蔽到达大气层顶端,随后在向地面输运的过程中不断与大气分子中的各类原子发生级联簇射,形成次级中子、次级质子、次级γ射线等。这些次级粒子构成了大气中的辐射环境,其中以次级中子注量最高,能量分布范围广(数兆电子伏至千兆电子伏),对飞行器电子系统安全的威胁程度最大而受到关注。本章将从大气中子产生的原因和过程出发,分别使用已有模型和新建模型对其中的初级宇宙射线(源)、粒子在地磁场中的运动(地磁截止刚度)和质子与大气分子的级联簇射三个过程进行模拟,并基于蒙特卡罗工具包GEANT4开发数值模拟程序与软件,计算得到大气各高度层的中子辐射环境。

## 2.1 大气中子来源简介

地球周围围绕着一层大气层,主要由氮气、氧气、氩气、二氧化碳、氢气和

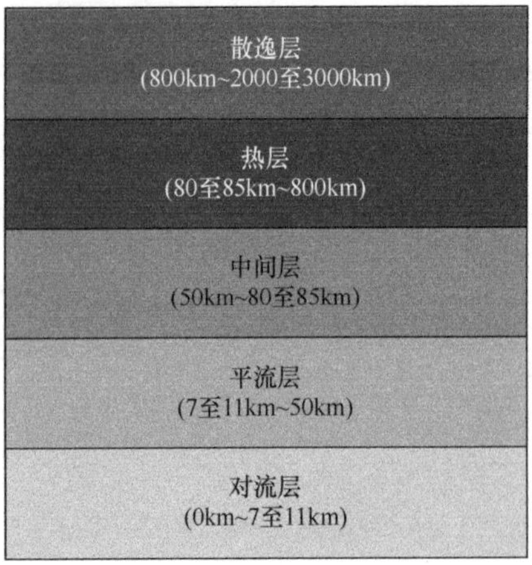

图 2.1 大气层空域的划分

一些微量气体构成。虽然大气层没有明显的上边界,但由于重力作用,几乎全部的气体位于海拔100km的空域内,其中99%质量分数的气体位于海拔低于30km处[1]。大气层空域的划分通常如图2.1所示[2]。大气层内除了有平流、对流、闪电等自然现象外,一些看不见摸不着的射线粒子(如中子、质子等)也为大气层增加了一层神秘的面纱,使得人类的空间活动或多或少需要考虑这些因素的影响。其中以大气中子的影响尤为显著而备受关注。

为了模拟大气中子辐射环境,需要首先回顾一下近地空间辐射环境。近地空间辐射环境主要由银河宇宙射线、太阳宇宙射线和范艾伦辐射带构成,其中范艾伦辐射带又分为内辐射带与外辐射带,如图2.2所示。银河宇宙射线、太阳宇宙射线与范艾伦辐射带统称为初级宇宙射线,它们是产生大气中子辐射环境的根本原因。

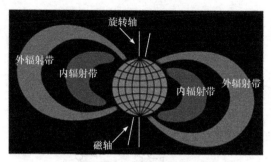

图 2.2 范艾伦辐射带

银河宇宙射线主要来源于太阳系以外的星际空间，其组成包括了所有元素的离子。其中，质子约占 85%，α 粒子约占 14%，其余为重离子。粒子的能量范围为 40MeV～10TeV[3-5]。

太阳宇宙射线即太阳风，主要由质子、电子、α 粒子和少量重离子组成。太阳宇宙射线的能量范围一般为 1MeV～数百兆电子伏。但在发生太阳质子事件时，能量可达 10GeV 以上。

范艾伦辐射带是由于高能带电粒子被地磁场俘获而形成的。其中，质子辐射带位于 $1r$～$7r$($r$ 为地球半径)处，能量范围为 1keV～300MeV；电子辐射带位于 $1r$～$10r$ 处，能量范围为 1keV～10MeV。电子辐射带较复杂，在内外两个空间区域中分别有注量极大值。内层较为稳定，极大值中心位于 $1.4r$ 处，能量最高可达 10MeV；外层较容易发生变化，极大值中心位于 $5r$ 处，能量可达 7MeV[6-8]。

地球自身产生的磁场阻挡了绝大部分带电粒子，但仍有部分能量足够高的银河宇宙射线和太阳宇宙射线会克服地磁场的屏蔽作用进入低地球轨道空间，甚至大气层顶部，并开始与气体分子中的氮、氧等原子碰撞发生核反应，产生大量次级粒子，构成主要的大气辐射环境。大气空间的辐射粒子主要包括中子、质子、电子、γ射线、π 介子、μ 介子等。宇宙射线与大气分子的级联反应如图 2.3 所示[9]。随着海拔的降低，一方面由于气体粒子数密度增加，初级宇宙射线与氮、氧等原子的碰撞概率增大；另一方面，空气密度的增大使得初级宇宙射线的能量衰减程度变大。在两个因素的共同作用下，大气辐射环境将会在某个高度层出现粒子注量率的峰值。实测数据和数值模拟均表明，在海拔 20～30km，大气中子注量率出现极大值[10]。

大气中的辐射环境对飞行器电子系统和人员健康产生一定的影响，其中以中子辐射最受关注。这是由于中子的穿透能力比质子和重离子强得多，注量率通常也比质子高一个量级以上，而且在航空飞行器所能到达的空域内，重离子基本被大气所阻挡和吸收。

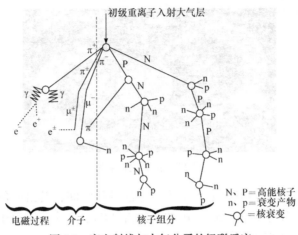

图 2.3　宇宙射线与大气分子的级联反应

## 2.2　大气中子辐射环境模型

整个大气中子辐射环境模型的建立需要根据辐射的来源，利用初级宇宙射线模型、地磁截止刚度模型和大气分层模型，对带电粒子在地磁场中的输运、带电粒子与大气分子相互作用这两个过程进行模拟，如图 2.4 所示，仿真计算流程如图 2.5 所示。

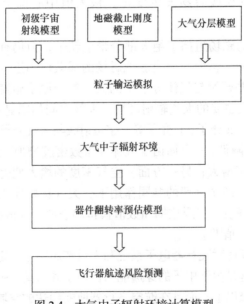

图 2.4　大气中子辐射环境计算模型

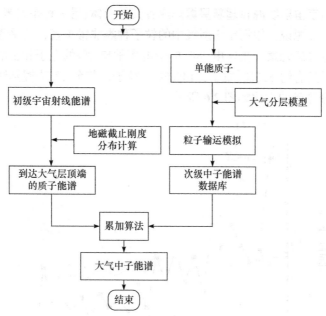

图 2.5　大气中子辐射环境仿真计算流程

大气中子辐射环境的计算总体上可分为两个独立的部分：单能质子与大气分子相互作用产生的次级中子能谱计算和能够穿透地磁场的屏蔽作用而到达大气层顶端的质子能谱计算。其中，利用蒙特卡罗工具包 GEANT4 对 0～100km 大气进行建模，分别计算单能质子与大气分子的级联反应过程，同时记录每个高度层产生的次级中子信息，形成单能质子在每个高度层产生的次级中子能谱数据库。地磁垂直截止刚度计算程序 MAGNETOCOSMIC[11]给出能够穿透地磁屏蔽作用到达某地大气层顶端的质子能量，将初级宇宙射线能谱中高于该能量的质子与单能质子在各高度层产生的次级中子能谱进行卷积，从而得到不同高度的次级中子能谱。

### 2.2.1　初级宇宙射线模型

宇宙射线来自太阳系外空间和太阳本身，是大气辐射环境的主要来源。Hess 于 1912 年在探空气球上携带了三个静电计，用来探测空气电离率，发现静电计计数随海拔上升而增加，海拔 5000 多米的空气电离率约为地面的四倍，于是猜测这种现象是一种高穿透力的射线粒子由上部进入大气层导致的。1936 年，Hess 由于这个发现被授予诺贝尔物理学奖，该射线粒子被证实为"宇宙射线"。宇宙射线主要分为银河宇宙射线和太阳宇宙射线。

银河宇宙射线主要由太阳系以外的高能粒子组成，其来源目前有两种学说。

一种认为银河宇宙射线源自超新星爆炸或者其他天体;另一种是费米在 1949 年提出的宇宙线弥散源说。银河宇宙射线中的粒子种类非常丰富,几乎囊括了元素周期表中的所有自然元素,主要由 98%的带电离子与 2%的电子和正电子构成。其中,带电离子又有约 85%的质子,14%的 α 粒子,其余 1%为锂到铀之间的重离子[12],各组分注量的占比如图 2.6 所示。

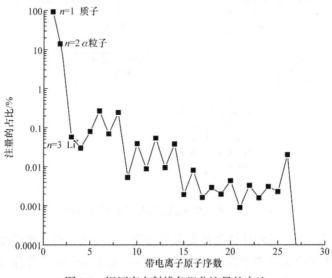

图 2.6　银河宇宙射线各组分注量的占比

从图 2.6 中可见,注量最高的为质子与 α 粒子,相比之下其他粒子注量至少小两个数量级。但由于 α 粒子的穿透能力很弱,很难输运到低层大气。银河宇宙射线中粒子的能谱范围非常宽,为 $10^5 \sim 10^{20}$eV 甚至更高,能谱峰值为 0.1~1GeV[13]。银河宇宙射线在远离地磁场的空间中为各向同性,而在近地空间中由于受到地磁场的作用显示出空间分布的不均匀性。银河宇宙射线的强度受到太阳活动的调制,因太阳风的影响呈现出太阳活动高年时弱,低年时强的特点。

太阳宇宙射线也称为太阳质子事件(solar proton events, SPE),来源于太阳耀斑与日冕物质抛射期间所发射的质子、电子和重离子,由 95%的质子和 α 粒子组成,太阳宇宙射线中的高能重离子相比质子占比较低,通常可以忽略。太阳宇宙射线与太阳活动,如耀斑爆发、日冕物质抛射等密切相关,在太阳活动低年时发生概率和粒子注量较低,在太阳活动高年时发生较频繁且粒子注量较高。因太阳宇宙射线爆发的偶然性,其粒子注量多变且难以预测。太阳活动的活动周期一般为 11年,其中 7 年活动较为频繁,爆发太阳质子事件的可能性较大,余下 4 年活动较为平静。鉴于太阳宇宙射线发生的偶然性,本书在大气中子辐射环境的模拟计算中,源项只考虑了银河宇宙射线,并按照太阳极小和太阳极大两种情况分别讨论。

在银河宇宙射线模型中，由 Adams 等建立的微电子宇宙射线效应(cosmic ray effects on micro-electronics，CRÈME)模型[14-15]应用比较广泛。该模型为一个半经验的模型，它将实测得到的宇宙射线微分注量与能量数据进行拟合。目前常用的 CRÈME96 模型是由 CRÈME 模型发展而来，具有如下特点[1]：

(1) 改进了质子直接电离与核反应导致的单粒子效应计算方法；

(2) 改进了近地空间宇宙射线模型：银河宇宙射线模型、异常宇宙射线 (anomalous cosmic ray，ACR)模型和太阳高能粒子(solar energetic particle，SEP) 模型；

(3) 改进了地磁场的计算方法；

(4) 增加了核素种类与核子的输运方式；

(5) 具有良好的用户界面，可以基于网络进行计算。

根据时间和航天器轨道等基本参数，在美国海军研究实验室(United States Naval Research Laboratory，NRL)网站(https://creme96.nrl.navy.mil/)上可以计算得到不同太阳活动周期或发生太阳质子事件时的行星际初始宇宙线能谱。

图 2.7 给出太阳活动周期极小和极大时同步轨道处 H、He、C、N、O、Fe 的微分注量率。作为比对参考，颜色较浅且值较小的曲线为原子序数从 1 至 27 的其他元素的能谱。可见，宇宙射线各组分的注量率受太阳活动的调制。当太阳活动变强时，同能量的粒子注量率较太阳活动较弱时是呈现下降趋势的。

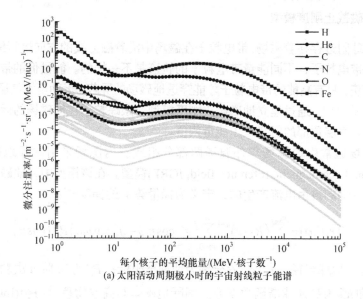

(a) 太阳活动周期极小时的宇宙射线粒子能谱

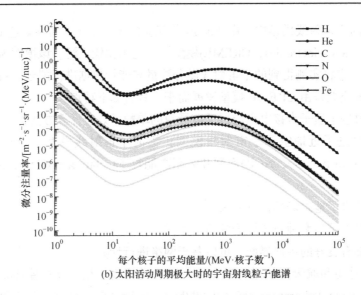

(b) 太阳活动周期极大时的宇宙射线粒子能谱

图 2.7 不同太阳活动周期时的同步轨道宇宙射线能谱

从以上能谱可以看出，通常情况下宇宙射线中的质子微分注量率要比其他离子高 1 个至数个数量级，且虽然 α 粒子的微分注量率相对较高，但穿透能力很弱。因此为了简化模拟流程，在本章的模拟计算中只考虑质子与大气分子的级联反应过程。

### 2.2.2 地磁截止刚度模型

因地球附近存在着磁场，带电粒子在磁场中沿着磁力线的方向进行螺旋运动。对于同种带电粒子，不同能量带电粒子的轨迹是不一样的。能量低的带电粒子被地磁场俘获，只有高能的带电粒子才能穿透地磁场的屏蔽，运动至大气层顶端，如图 2.8 所示[16-17]。通过建立地磁截止刚度模型，跟踪粒子在地磁场的运动来计算能够到达大气层顶部的射线粒子能量阈值。

地磁场通常由内源场与外源场两部分组成。内源场采用国际地磁参考场(international geomagnetic reference field, IGRF)模型。在该模型中，地磁场被认为是由地球外部的自由电流产生的，定义为标量势 $V$ 的梯度[18]：

$$V(r,\theta,\phi) = \sum_{n=1}^{n_{\max}} \left(R_{\mathrm{E}}/r\right)^{n+1} \sum_{m=0}^{n} \left(g_n^m \cos m\phi + h_n^m \sin m\phi\right) P_n^m\left(\cos\theta\right) \tag{2.1}$$

式中，$R_{\mathrm{E}}$ 为地球半径；$r$、$\phi$、$\theta$ 分别为地理球坐标；$P_n^m$ 为 $m$ 阶 $n$ 次勒让德多项式；$g_n^m$ 和 $h_n^m$ 为高斯球谐函数系数。国际地磁学与高空物理学协会(International Association of Geomagnetism and Aeronomy, IAGA)每 5 年发布一组新的高斯球谐

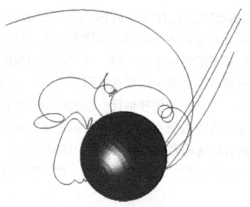

图 2.8　不同能量带电粒子在地磁场中的运动轨迹示意图

函数系数，定义一个新的 IGRF 模型。目前已经发展到第 13 代国际地磁参考场 (IGRF-13)，包括了 1900~2020 年共 25 个地磁模型和 2020~2025 年的地磁长期变化预测模型。相关数据可从 http://www.ngdc.noaa.gov/IAGA/vmod/igrf.html 下载得到。外源场的主要来源为环状电流、位于磁顶层的 Chapman-Ferraro 电流、磁尾电流片和 Birkeland 电流系统 I 与 II，可由 Tsyganenko89、Tsyganenko96 和 Tsyganenko2001 模型分别描述[19-21]。

　　带电粒子在地磁场中的运动可由洛伦兹方程描述：

$$\frac{\mathrm{d}\vec{p}}{\mathrm{d}t} = q\vec{v} \times \vec{B} \tag{2.2}$$

式中，$\vec{p}$、$q$、$\vec{v}$、$\vec{B}$ 分别为粒子的动量、电荷、速度和磁场强度。可以看出，带电粒子在地磁场中的运动并不会改变动量的幅值，因此也不会改变粒子的能量。通过对式(2.2)进行数值积分，可得到粒子的运动轨迹。

　　将洛伦兹方程变换后，得到

$$\frac{\mathrm{d}\vec{I}_{v}}{\mathrm{d}s} = \frac{q}{p}\vec{I}_{v} \times \vec{B} \tag{2.3}$$

式中，$\vec{I}_{v}$ 为速度方向；$s$ 为沿着粒子轨迹的径迹长度。一个带电粒子的磁刚度 (magnetic rigidity)定义为

$$R = \frac{pc}{q} \tag{2.4}$$

式中，$c$ 为真空中的光速；磁刚度的单位为 V。从式(2.4)可以看出，具有相同磁刚度和电荷符号的带电粒子在磁场中的轨迹是一样的。对于宇宙射线，使用磁刚度表征粒子的轨迹比能量方便得多。粒子的磁刚度越强，越能抵抗磁场对其轨迹的弯曲。

采用反向追踪法确定截止刚度(cut-off rigidity)。反向追踪法以地球上的一点作为起点，沿相同的方向发射不同磁刚度的带电粒子，反向计算带电粒子向太空飞行的距离。如果粒子能够穿出磁气圈，说明此磁刚度的带电粒子可以穿透地磁场的屏蔽到达该观测点；否则说明此磁刚度的宇宙射线不能从垂直方向到达地球上给定的位置，这是一种保守估计。在模拟中，将粒子以垂直方向入射到地球上的给定位置所需要的最小磁刚度作为地磁垂直截止刚度，高于该刚度的粒子则可认为它能够穿透地磁场的屏蔽，低于该刚度的粒子将被地磁场俘获。这种假设可能会高估或低估到达具体位置的粒子数，需要根据当地的磁场情况综合确定。

截止刚度和粒子的截止能量有如下关系[19]：

$$E = \sqrt{M_0^2 + R_{\text{cut-off}}^2 \cdot Z^2} - M_0 \tag{2.5}$$

式中，$E$ 为带电粒子动能，单位为 GeV；$R_{\text{cut-off}}$ 为截止刚度，单位为 GV；$Z$ 为带电粒子电荷数；常数 $M_0 = 0.931\text{GeV}$。

基于地磁场模型和带电粒子的反向追踪法，利用 MAGNETOCOSMIC 程序[20]模拟了宇宙射线粒子在地磁场中的运动过程，计算得到了垂直截止刚度分布。利用式(2.5)给出的截止能量截取 2.3.1 小节中描述的初级宇宙射线(主要针对质子)能谱，从而获得能够穿透地磁场屏蔽作用进入大气层顶端的银河宇宙射线能谱。图 2.9 给出了 100MeV 质子在地磁场中的运动轨迹。当计算得到多个地点的地磁截止刚度后，可大致画出它的等值线图，其全球分布可以参考文献[21]和[22]的相关内容。总的来说，低纬度地区的地磁截止刚度比高纬度地区的高。

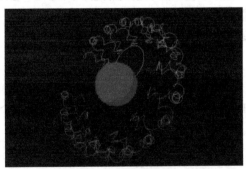

图 2.9　100MeV 质子在地磁场中的运动轨迹示意图

MAGNETOCOSMIC(g4.6.1.r1)[20] 是一个建立在蒙特卡罗模拟工具包 GEANT4 流程上的程序包，用于计算空间带电粒子在地磁场中的输运过程，可以给出带电粒子地磁垂直截止刚度等的计算结果。在用户探测器几何方面，该程序以地球为中心，建立了包含地磁场的近地空间几何环境。程序中的地磁场由内源场和外源场组成，其中内源场采用国际地磁参考场，外源场则采用 Tsyganenko96 模型或 Tsyganenko2001 模型。在物理列表方面，该程序只包含了输运过程 (G4Transportation)，采用反向粒子追踪法跟踪带电粒子在地磁场中的螺旋运动过程。模拟从高能的单能带电粒子开始。当粒子能输运至磁气圈外，说明粒子被屏蔽，并记录该粒子能量，然后将粒子降低一定能量重复上述过程，直到粒子不能被输运至磁气圈外为止。

但 MAGNETOCOSMIC 与当前主流版本的 GEANT4(≥4.9.X)程序包不兼容，主要体现在输运过程改变当前被跟踪粒子状态的方法上。因为 GEANT4 的物理过程(GEANT4 程序中的物理过程基类为 G4VProcess)并不直接改变粒子的状态。粒子在经过一个特定的物理过程之后，如输运了一个步长或者发生了一次具体碰撞，必须通过 G4VParticleChange 类提供的有关方法改变粒子的动能、运动方向等物理量[23]。MAGNETOCOSMIC 的探测器几何构建(MAGCOSGeometryConstruction)和自定义的输运过程(MYTransportation)是建立在 GEANT4(4.8.2)基础上的。GEANT4 经过数次版本升级之后，G4VParticleChange 类发生了较大变化，MYTransportation 所依赖的函数定义和数据结构已经不再适用。如果直接采用旧版本的 GEANT4 存在以下问题：一是欧洲核子研究中心(European Organization for Nuclear Research，CERN)不再提供版本号为 4.8.2 的 GEANT4 源程序；二是旧版的 GEANT4 源程序也无法使用当前主流的截面数据库。因此，需要根据 MAGNETOCOSMIC 程序的调用规则从基类 G4VParticleChange 派生 G4ParticleChangeForMAG 类，并重写成员函数和数据成员，起到承上启下的作用，解决 MAGNETOCOSMIC 所依赖的原函数与主流 GEANT4 之间的矛盾。

G4ParticleChangeForMAG 类的相关定义与声明详见附录 1，以供参考。

### 2.2.3　大气分层模型

穿透地磁屏蔽作用的粒子继续向地面输运的过程中，不断地和大气分子中的各组分发生相互作用，产生次级粒子。由于大气的不均匀性，需要对大气分层建模。美国海军研究实验室开发的 NRLMSISE-00 程序是当前主流的大气分层模型程序之一，该程序是由 Picone 和 Hedin 等在 MSISE-90 模型的基础上设计开发的全球大气经验模型，描述了从地面到热层高度范围内(0～1000km)的中性大气密度、组分和温度等大气物理性质[24-25]。

蒙特卡罗粒子输运模拟中使用的大气分层模型如图 2.10 所示，利用 NRLMSISE-00 程序给出的不同高度层核素的原子数密度如表 2.1 所示。

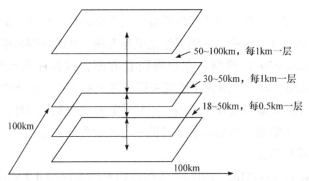

图 2.10　蒙特卡罗粒子输运模拟中使用的大气分层模型

**表 2.1　不同高度层核素的原子数密度**

| 高度/km | 氧原子数密度/cm⁻³ | 氮原子数密度/cm⁻³ | 氦原子数密度/cm⁻³ | 氩原子数密度/cm⁻³ |
|---|---|---|---|---|
| 0 | $1.073 \times 10^{19}$ | $3.998 \times 10^{19}$ | $1.341 \times 10^{14}$ | $2.391 \times 10^{17}$ |
| 5 | $6.356 \times 10^{18}$ | $2.369 \times 10^{19}$ | $7.949 \times 10^{13}$ | $1.417 \times 10^{17}$ |
| 10 | $3.575 \times 10^{18}$ | $1.332 \times 10^{19}$ | $4.471 \times 10^{13}$ | $7.969 \times 10^{16}$ |
| 20 | $8.069 \times 10^{17}$ | $3.008 \times 10^{18}$ | $1.009 \times 10^{13}$ | $1.799 \times 10^{16}$ |
| 30 | $1.689 \times 10^{17}$ | $6.298 \times 10^{17}$ | $2.113 \times 10^{12}$ | $3.767 \times 10^{15}$ |
| 40 | $3.867 \times 10^{16}$ | $1.441 \times 10^{17}$ | $4.836 \times 10^{11}$ | $8.621 \times 10^{14}$ |
| 50 | $1.058 \times 10^{16}$ | $3.943 \times 10^{16}$ | $1.323 \times 10^{11}$ | $2.358 \times 10^{14}$ |
| 60 | $3.143 \times 10^{15}$ | $1.171 \times 10^{16}$ | $3.931 \times 10^{10}$ | $7.006 \times 10^{13}$ |
| 70 | $8.163 \times 10^{14}$ | $3.189 \times 10^{15}$ | $1.074 \times 10^{10}$ | $1.905 \times 10^{13}$ |
| 80 | $1.776 \times 10^{14}$ | $7.268 \times 10^{14}$ | $2.480 \times 10^{9}$ | $4.321 \times 10^{12}$ |
| 90 | $2.57 \times 10^{13}$ | $1.125 \times 10^{14}$ | $4.196 \times 10^{8}$ | $6.484 \times 10^{11}$ |
| 100 | $3.086 \times 10^{12}$ | $1.447 \times 10^{13}$ | $8.584 \times 10^{7}$ | $7.183 \times 10^{10}$ |

　　射线粒子从大气层顶端向地面输运,其径迹长度远大于 10 个自由程,属于蒙特卡罗方法中典型的深穿透问题,需要采用权窗技巧提高每个高度层的计数效率,减小统计误差。

### 2.2.4　粒子输运模拟

　　射线粒子在大气中的输运过程可以借助蒙特卡罗程序包进行模拟计算。目前成熟的蒙特卡罗模拟程序有 GEANT4、MCNP、FLUKA、PHITS 等。国内也有不少研究机构开发了蒙特卡罗计算程序,如中国科学院核能安全技术研究所 FDS 团队开发的 SuperMC、中国工程物理研究院北京应用物理与计算数学研究所开发的 JCMT、清华大学开发的 OpenMC 等。为了与地磁截止刚度计算所使用的程序保持一致，实现计算流程的一体化模拟，射线粒子与大气分子的作用过程模拟使用了欧洲核子研究中心开发的 GEANT4 程序包。另外，它较其他蒙特卡罗模拟程序的显著优点在于对高能粒子具有较为完善的物理模型，支持的能量范围在高能物理、粒子加速器、空间辐射效应、宇宙射线等研究领域得到了广泛应用。作为一个由 C++程序编写的面向对象的开源蒙特卡罗程序，GEANT4 的程序主体框架和用户处理一个事件的类的主体框架示意图如图 2.11 和图 2.12 所示[24]。

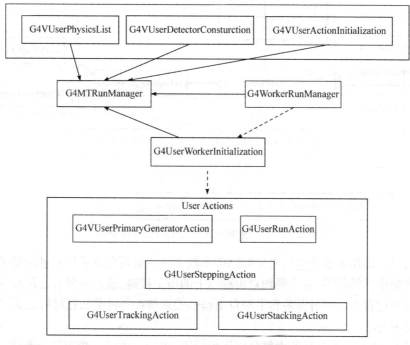

图 2.11　GEANT4 程序的主体框架

穿透地磁场屏蔽的质子从大气层顶端向下输运是一个粒子输运模拟中的深穿透问题。表 2.2 展示了 1MeV～1GeV 质子在海平面标准大气中的射程。

表 2.2　1MeV～1GeV 质子在海平面标准大气中的射程

| 能量/MeV | 投影射程 | 纵向射程歧离 |
|---|---|---|
| 1 | 24.18mm | 1.07mm |
| 10 | 1.18m | 53.12mm |
| 100 | 73.17m | 3.28m |
| 200 | 245.74m | 9.58m |

续表

| 能量/MeV | 投影射程 | 纵向射程歧离 |
| --- | --- | --- |
| 300 | 486.64m | 19.85m |
| 500 | 1.11km | 44.13m |
| 700 | 1.84km | 68.97m |
| 900 | 2.65km | 106.8m |
| 1000 | 3.07km | 122.64m |

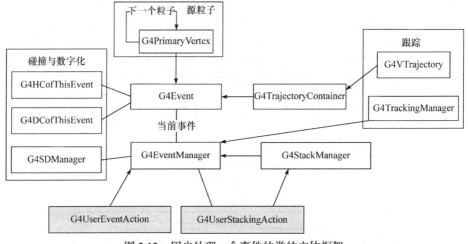

图 2.12　用户处理一个事件的类的主体框架

可见，即使考虑到空气密度随高度不断下降，数百兆电子伏能量的质子输运至大气层中下部仍需 10 个平均自由程以上的历史径迹。蒙特卡罗方法跟踪粒子的随机运动过程中，相对误差和平均自由程的关系与粒子种类和靶材料无关[25]，如图 2.13 所示。

对 2.3.2 小节中涉及的大气分层模型设置"栅元权窗"，指定三个参数：权窗下限 $W_{th}$、粒子存活时的权重 $W_s$、权窗上限 $W_{up}$。$W_s$ 和 $W_{up}$ 为 $W_{th}$ 的倍数，通常为 3 倍和 5 倍。当权重为 $W$ 的粒子进入该空气层时，将按照以下步骤进行轮盘赌和分裂[26]：

(1) 当 $W < W_{th}$ 时，粒子以 $W/W_s$ 的概率存活，存活的粒子权重变为 $W_s$；

(2) 当 $W_{th} \leqslant W \leqslant W_{up}$ 时，粒子权重不进行任何处理；

(3) 当 $W_{up} < W$ 时，粒子将分裂为 $\mathrm{mod}(W/W_{up})+1$ 个粒子，分裂后的粒子权重调整为 $W/[\mathrm{mod}(W/W_{up})+1]$。

在生成每个空气层的权窗时，采用了密度逼近的方法。初始时使用低密度的

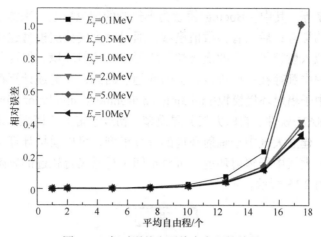

图 2.13　相对误差和平均自由程的关系

空气，使粒子平均自由程足够长，计算得到新的权窗后逐步提高空气密度，再产生新的权窗。以此迭代，直至空气密度达到实际值。采用权窗减方差技术后，质子输运至低层大气仍可以得到较小的相对误差，如图 2.14 所示。

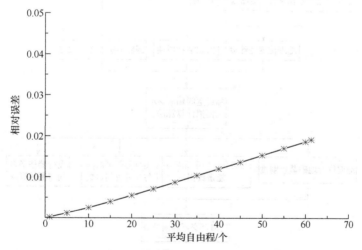

图 2.14　采用权窗减方差技术后的相对误差

## 2.3　大气中子辐射环境模拟软件

### 2.3.1　软件简介

　　大气中子辐射环境的模拟计算已经有一些模型和程序，如解析的 Boeing 模型、LeiFan 开发的 QARM、中国科学院国家空间科学中心开发的临近空间辐射环境计算程序等。其中，Boeing 模型为半经验的理论模型，来源于理论推导与对实测数据的拟合；后两者为数值模型，通过对大气分层模型建模，使用蒙特卡罗方法模拟入射粒子产生的次级粒子所形成的辐射环境。但这些模型和程序在本书的应用中都存在一些难以解决的问题。因此，在前述计算模型的基础上编制了大气中子辐射环境模拟(radiation environment simulation for atmospheric neutron，RESAN)软件。它以大气分层模型、初级宇宙射线模型、地磁截止刚度模型为基础，建立大气中子辐射环境的计算模型，可以模拟计算不同经纬度及高度条件下的大气中子辐射环境，可对空间飞行器飞行轨迹的风险进行预估，计算流程如图 2.15 所示。

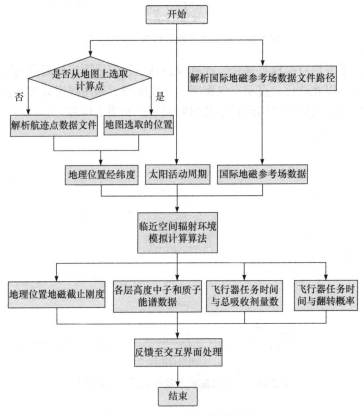

图 2.15　RESAN 软件计算流程

　　首先通过图形用户接口(graphical user interface，GUI)参数输入界面输入各种物理参数和计算参数；其次调用数值模拟计算模块进行计算，获得大气中子辐射环境分布数据(以文本文件方式保存)；最后通过可视化或文本方式显示数据结果。RESAN 软件基本功能数据流程图如图 2.16 所示。

图 2.16　RESAN 软件基本功能数据流程图

　　单能质子与大气分子级联反应的蒙特卡罗模拟涉及大量的粒子输运计算，同时整个计算程序以运行于 Linux 环境下的数个开源程序框架为基础，故采用远程计算的模式。在本地计算机编制输入输出界面，使用安全外壳(secure shell，SSH)协议完成本地机器与远程计算服务器之间的数据通信，软件运行方式示意图如图 2.17 所示。

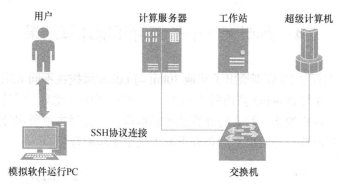

图 2.17　软件运行方式示意图

## 2.3.2　软件基本功能

　　RESAN 软件主界面如图 2.18 所示。用户需要指定不同太阳活动周期及感兴

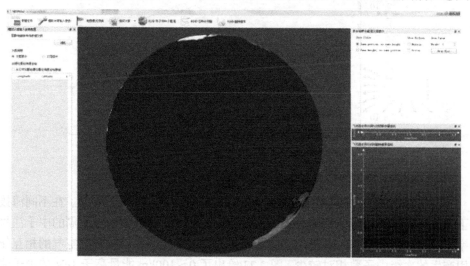

图 2.18　RESAN 软件主界面

趣的地理信息，程序将计算该位置不同高度层的大气中子能谱。

软件分左中右三部分，分别为输入参数设置模块、数字地球模块和结果输出模块。用户在界面左侧输入计算条件，如指定太阳活动周期、选择地磁场数据文件、输入或在地图选择计算区域的地理信息，提交远程工作站的计算结果将在右侧区域展示。目前，RESAN 软件能展示单个地理位置不同高度层的大气中子能谱、航线上各航点的能谱、航线累积剂量随时间的分布和航线上各个位置电子系统发生翻转的概率分布等信息。

软件的运行与显示涉及数个数据接口，相关的参数输入与输出文件格式定义详见附录 2。

## 2.4    典型大气中子辐射环境计算结果

图 2.19 与图 2.20 分别给出了某地 30km 与 60km 海拔在不同太阳活动周期时的中子能谱，并与 QinetiQ 公司的 QARM 结果进行了验证比对。可见在不同太阳活动周期和不同高度下，两者的计算结果基本符合，说明本章所用计算模型和编制的计算程序能够合理给出不同条件下的大气中子辐射环境。

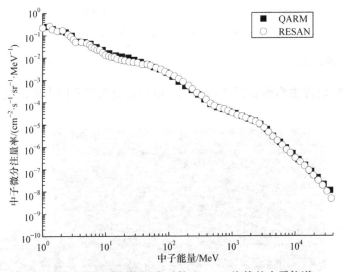

图 2.19    太阳活动周期极小时某地 30km 海拔的中子能谱

图 2.21 和图 2.22 给出了西安市海拔 20km 和 30km 的中子能谱。在不同海拔下，大气中子能谱形状基本相同。30km 各能量区间的单位能量间隔的中子注量率相对 20km 的稍小，这是由于海拔越高，空气密度越低，质子与空气的相互作用产生的次级中子数相对较少。图 2.23 给出了 0~100km 能量高于 1eV 的中子注

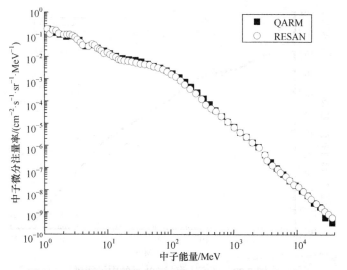

图 2.20　太阳活动周期极大时某地 60km 海拔的中子能谱

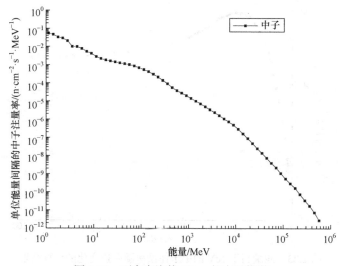

图 2.21　西安市海拔 20km 的中子能谱

量率随海拔变化的计算结果。从图中可见，在海拔 20km 附近有一个中子注量率的峰值，之后随着海拔的增高，中子注量率趋于稳定。

　　一般来说，高纬度地区的地磁截止刚度较小，宇宙射线较容易穿透地磁场的屏蔽作用，大气的中子注量率较低纬度地区有所增加。为了更清晰地展示纬度对地磁截止刚度和中子能谱的影响，计算了从海口到哈尔滨航线(海拔 11km)各航点的中子能谱，所计算的航点坐标与对应的地磁垂直截止刚度如表 2.3 所示。

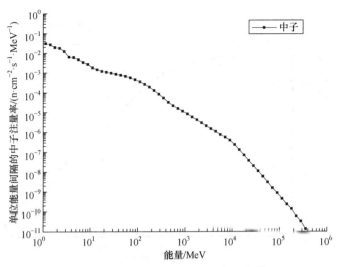

图 2.22　西安市海拔 30km 的中子能谱

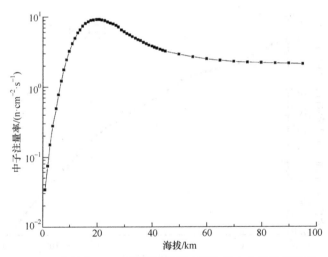

图 2.23　能量高于 1eV 的中子注量率随海拔变化的计算结果

表 2.3　航线上 1-11 号航点坐标

| 航点号 | 经度 | 纬度 | 截止刚度(GV) |
|---|---|---|---|
| 1（海口） | 110.333736 | 19.907411 | 16.7 |
| 2 | 111.823917 | 23.066696 | 15.9 |
| 3 | 113.553263 | 26.011481 | 15.0 |
| 4 | 115.061841 | 28.964398 | 14.2 |
| 5 | 116.938365 | 31.582954 | 13.1 |
| 6 | 118.594122 | 34.251584 | 11.4 |
| 7 | 120.139495 | 36.837460 | 10.8 |
| 8 | 121.942430 | 39.395195 | 9.4 |

续表

| 航点号 | 经度 | 纬度 | 截止刚度(GV) |
|---|---|---|---|
| 9 | 123.561392 | 42.026608 | 7.6 |
| 10 | 124.922792 | 43.704621 | 6.7 |
| 11（哈尔滨） | 126.560152 | 45.821117 | 5.8 |

图 2.24 给出了表 2.3 中部分航点处的中子能谱(中子能量为 1MeV 以上)。

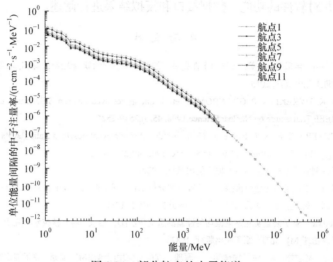

图 2.24　部分航点的中子能谱

本书第 7 章将介绍羊八井开展的大气中子单粒子实验相关情况，这里也模拟计算了羊八井地面处的中子能谱，如图 2.25 所示。

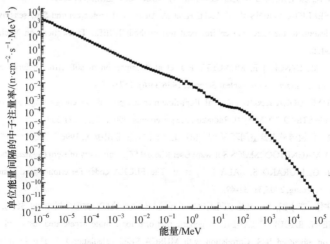

图 2.25　羊八井地面处的中子能谱

# 2.5　小　　结

本章主要介绍了大气辐射环境的物理模型和数值模拟方法。从大气中子产生的机理出发，分别在初级宇宙射线模型、地磁截止刚度模型、大气分层模型的基础上建立了大气中子辐射环境模型，利用 GEANT4 程序包开发了相应的辐射环境模拟软件，并对软件的功能、数据接口和模拟结果进行阐述。

## 参 考 文 献

[1] 中村刚史, 马场守, 伊部英治, 等. 大气中子在先进存储器件中引起的软错误[M]. 陈伟, 石绍柱, 宋朝晖, 等, 译. 北京: 国防工业出版社, 2015.

[2] JOHANSSON K, DYREKLEV P, GRANBOM B, et al. Energy-resolved neutron SEU measurements from 22 to 160MeV [J]. IEEE Transaction on Nuclear Science,1998, 45(6):2519-2526.

[3] OLSEN J, BECHER P E, FYNBO P B, et al. Neutron-induced single event upsets in static RAMs observed at 10km flight altitude [J]. IEEE Transaction on Nuclear Science, 1993, 40(2): 74-77.

[4] 汲长松. 中子探测实验方法[M]. 北京: 原子能出版社, 1982.

[5] 郭红霞. 空间质子单粒子效应地面模拟实验装置需求分析[R]. 西安: 西北核技术研究所, 2013.

[6] 凌备备, 杨延洲. 核反应堆工程原理[M]. 北京: 原子能出版社, 1982.

[7] 王迪. 西安 200MeV 质子装置实验站束流均匀性监测系统研制[D]. 西安: 西北核技术研究所, 2016.

[8] 刘圣康. 中子源物理[M]. 北京: 原子能出版社, 1982.

[9] 丁大钊, 叶春堂, 赵志祥, 等. 中子物理学——原理、方法与应用(上册)[M]. 北京: 原子能出版社, 2005.

[10] 刘书焕, 江新标, 于青玉, 等. 西安脉冲堆热柱孔道中子束流参数测量[J]. 核动力工程, 2007, 28(4): 1-4.

[11] 全林, 江新标. 西安脉冲堆 1#径向孔道等效平面源的模拟计算[J]. 核动力工程, 2007, 28(6): 4-8.

[12] 张建福. 薄膜塑料闪烁探测器中子灵敏度标定方法研究[D]. 北京: 中国原子能科学研究院, 2008.

[13] 刘林茂, 刘雨人, 景士伟. 中子发生器及其应用[M]. 北京: 原子能出版社, 2005.

[14] BAGGIO J, FERLET-CAVROIS V, DUARTE H, et al. Analysis of proton/neutron SEU sensitivity of commercial SRAMs-application to the terrestrial environment test method[J]. IEEE Transactions on Nuclear Science, 2004, 51(6): 3420-3426.

[15] BISGROVE J M, LYNCH J E, MONULTY P J, et al. Comparison of soft errors induced by heavy ions and protons[J]. IEEE Transactions on Nuclear Science, 1986,33(6): 1571-1576.

[16] MATSUMOTO H, GOKA T, KOGA K, et al. Real-time measurement of low-energy-range neutron spectra on board the space shuttle STS-89(S/MM-8)[J]. Radiation Measurements, 2001, 33(3): 321-333.

[17] 都亨, 叶宗海. 低轨道航天器空间环境手册[M]. 北京: 国防工业出版社, 1996.

[18] LAURENT D. MAGNETOCOSMICS Software User Manual [Z]. University of Bern (Switzerland), 2005.

[19] BATTISTONI G, MURARO S, SALA P R, et al. The FLUKA code: Description and benchmarking[J]. AIP Conference Proceeding, 2007,31: 31-49.

[20] 蔡明辉, 韩建伟, 李小银, 等. 临近空间大气中子环境的仿真研究[J]. 物理学报, 2009, 58(9): 6659-6664.

[21] GUILLAUME H, RAOUL V, PAUL P. A generic platform for remote accelerated tests and high altitude SEU experiments on advanced ICS: Correlation with MUSCA SEP3 calculations[C]. The 15 th IEEE International On-line Testing Symposium,Sesimbra, Lisbon, 2009.

[22] PETER H,CHRISTER S. Cosmic ray neutron multiple-upset measurements in a 0.6-μm CMOS process[J]. IEEE Transactions on Nuclear Science, 2000, 47(6): 2595-2602.

[23] AGOSTINELLI S, ALLISON J, AMAKO K, et al. Geant4-a simulation toolkit[J]. Nuclear Instruments & Methods in Physics Research, 2003, 506(3): 250-303.

[24] 张振力. 临近空间大气中子及其诱发的单粒子效应仿真研究[D]. 北京: 中国科学院空间科学与研究应用中心, 2010.

[25] 史涛. 蒙特卡罗粒子输运问题中的减方差方法研究[D]. 绵阳: 中国工程物理研究院, 2018.

[26] 左应红, 牛胜利, 商鹏, 等. 权窗减方差方法在γ射线长距离输运模拟中的应用[J]. 现代应用物理, 2020, 11(1): 010205-1-010205-6.

# 第 3 章　中子辐射模拟装置

大气中子诱发器件单粒子效应的实验研究主要有飞行实验和地面模拟实验两种。飞行实验的优点是测量结果非常直接、说服力强，缺点是由于粒子通量率低，需要搭载的时间比较长、实验成本较高；而地面模拟实验粒子通量率高、实验成本较低，但是很难找到与大气中子完全类似的中子模拟源。因此，需要将理论模拟计算的结果与地面模拟实验结果相结合，通过合理的分析研究，将研究结论推广到空间辐射环境中。

为了获取各种飞行器常用器件对中子辐射的响应数据，科学家们开展了大量的地面模拟实验研究。例如，Gossett 等[1]在武器中子研究(weapon neutron research, WNR)上，对不同器件开展了地面模拟实验研究；Johansson 等[2]利用加速器中子源，在不同的中子能量下对多种不同的 SRAM 器件进行了地面模拟实验研究；Olsen 等[3]利用 Pu-Be 放射性核素中子源，对不同的 SRAM 器件进行了单粒子翻转的地面模拟实验研究。这些地面模拟实验充分揭示了不同能量的中子诱导器件发生单粒子效应的基本规律，即高能中子诱发的单粒子效应随中子能量的增大而加重；同时积累了丰富的实验数据，对于评估在大气中子环境下工作的同类器件的可靠性具有重要意义。

因此，合适的辐射模拟装置是开展地面模拟实验的前提和关键。本章简要介绍国内外一些可用于中子辐射效应研究和探测器标定的中子辐射模拟装置。这些中子辐射模拟装置主要分为单能中子源、准单能中子源、白光中子源和反应堆中子源。

《大气中子在先进存储器件中引起的软错误》对可用于半导体微电子器件辐照实验的中子装置的特性及应用情况进行了评述[4]，并对中子实验方法的国际标准 JESD89A(JESD89 的修订版)中所列的可用于辐照实验的中子源装置进行了介绍[5]。目前，国外可用于辐照实验的主要中子源装置如表 3.1 所示[4]。

表 3.1　国外可用于辐照实验的主要中子源装置

| 中子源类型 | 所在机构 | 国别 | 中子能量/MeV | 核反应 |
| --- | --- | --- | --- | --- |
| 单能<br>中子源 | 波音辐射效应实验室 | 美国 | 14 | d-T |
| | 美国海军研究院 | 美国 | 2.5、14 | d-T、d-D |
| | 印第安纳大学 | 美国 | 热中子～5 | $^9$Be(p, n) |

续表

| 中子源类型 | 所在机构 | 国别 | 中子能量/MeV | 核反应 |
|---|---|---|---|---|
| 单能<br>中子源 | 原子武器研究机构(ASP 中子装置) | 英国 | 3～14 | d-T |
| | 国家物理实验室 | 英国 | 0.08～5,<br>15.5～18.0 | Sc,$^7$Li,T(p, n)<br>D,T(p, n) |
| | 东北大学快中子实验室 | 日本 | 0.08～7.5,<br>13.5～18.0 | Sc,$^7$Li,T(p, n)<br>D,T(d, n) |
| 准单能<br>中子源 | 加州大学戴维斯分校克罗克核实验室 | 美国 | 20～65 | $^7$Li(p, n),<br>$^9$Be(p, n) |
| | 鲁汶大学原子核与辐射物理研究所(CYCLONE) | 比利时 | 20～70 | $^7$Li(p, n) |
| | 乌普萨拉大学斯韦德贝里实验室 | 瑞典 | 22～173 | $^7$Li(p, n) |
| | 日本原子能研究开发机构高崎量子应用研究所 | 日本 | 20～75 | $^7$Li(p, n) |
| | 大阪大学核物理研究中心 | 日本 | <395 | $^7$Li(p, n) |
| | 东北大学回旋加速器与放射性同位素中心 | 日本 | 20～75 | $^7$Li(p, n) |
| 白光<br>中子源 | 洛斯阿拉莫斯中子科学中心 | 美国 | 热中子～800 | W(p, n) |
| | 温哥华粒子与核物理国家实验室(TRIUMF 中子装置) | 加拿大 | 热中子～400 | W(p, n) |
| | 大阪大学核物理研究中心 | 日本 | 热中子～392 | Pb(p, n) |
| 反应堆<br>中子源 | 美国国家标准与技术研究院 | 美国 | 裂变中子 | 裂变 |
| | 代尔夫特理工大学反应堆研究所 | 荷兰 | 裂变中子 | 裂变 |

　　中国原子能科学研究院是目前国内中子模拟装置比较齐全的研究机构，除了散裂中子源之外，其他的常用中子源基本上都有。截至 2019 年，中国原子能科学研究院已有的中子源如表 3.2 所示。除反应堆外，其他装置均能提供直流及纳秒级脉冲束。

表 3.2　中国原子能科学研究院已有的中子源

| 装置 | 中子能量/MeV | 核反应 | 中子强度/(n·s$^{-1}$) |
|---|---|---|---|
| 高压倍加器 | 2.5 | d+D | $10^8$ |
| | 14 | d+T | $10^{10}$ |
| 1.7MV×2<br>5SDH-2 静电加速器 | 3～6 | d+D | $10^9$ |
| | 14～20 | d+T | $10^8$ |
| | 0.07～2.0 | p+T | $10^9$ |
| | 0.03～1.3 | p+Li | $10^8$ |
| HI-13<br>大串列加速器 | 8～26 | d+D | $10^8$ |
| | 4～23 | p+T | $10^7$ |
| | 22～42 | d+T | $10^6$ |
| 反应堆* | 热中子 | 裂变 | $10^{14}$ |

*表中反应堆热中子强度单位为 n·cm$^{-2}$·s$^{-1}$。

　　另外，清华大学建设的微型脉冲强子源已经调试产生中子束和质子束。中国原子能科学研究院中国先进研究堆中子散射科学平台"一期" 9 台谱仪已开展热调试，另有 5 台谱仪正在建设，4 台谱仪已经列入计划。国家核技术工业应用工程技术研究中心的中国绵阳研究堆首期已完成建设 6 台中子散射谱仪和 3 台中子成像装置，并正式对外开放。位于广东东莞的中国散裂中子源于 2017 年 8 月 28 日首次打靶成功，已通过国家验收，一期运行功率达到 100 kW。国内这些大型辐射模拟装置的建设和投入运行，为辐射效应的实验研究提供了便利条件。

　　中子源按中子产生机理可以划分为放射性同位素中子源、加速器中子源和反应堆中子源；按中子能量可以划分为单能中子源、准单能中子源、白光中子源和反应堆中子源[6-8]。下面按照中子能量的划分方式对几种典型的中子辐照装置分别进行介绍。

# 3.1　单能中子源

### 3.1.1　产生单能中子的核反应

　　单能中子源一般是利用加速器，使带电粒子在强电磁场作用下被加速而获得能量，然后轰击靶核通过核反应产生中子[6-8]。这类中子源的特点：①强度高，一般可达 $10^8 \sim 10^{12}$ n · s$^{-1}$，采用旋转靶技术，最高甚至达到了 $10^{13}$ n · s$^{-1}$；②可以在 20MeV 以下很宽的能量范围内产生单能中子；③可以根据需要采用离子源脉冲化技术产生脉冲中子束[9-11]；④在加速器不运行时，没有强的放射性。在加速器上产生单能中子的常用核反应如表 3.3 所示[7,12]。

表 3.3　在加速器上产生单能中子的常用核反应

| 核反应 | $Q$ 值 /MeV | 单能中子能区 /MeV | 入射粒子能量 /MeV | 竞争反应 | 竞争反应阈能 /MeV |
|---|---|---|---|---|---|
| D(d, n)$^3$He | +3.270 | 2.4～8.0 | 0.1～4.5 | D(d, np)D | 4.45 |
| T(d, n)$^4$He | +17.59 | 12～20 | 0.1～3.8 | T(d, np)T | 3.71 |
| $^7$Li(p, n)$^7$Be | −1.644 | 0.12～0.6 | 1.92～2.4 | $^7$Li(p, n)$^7$Be$^*$ | 2.38 |
| T(p, n)$^3$He | −0.763 | 0.3～7.5 | 1.15～8.4 | T(p, np)D | 8.34 |

*表示激发态。

　　表 3.3 中所列的四个反应，常被称为"Big-4"反应(四大中子反应)。在这四大中子反应中，d-T 中子源是研究最充分、使用最广泛的加速器中子源，其次是d-D 中子源。它们的共同特点是 $Q$ 值大于 0，而且在低能时(100keV 附近)反应截面很大。d-T、d-D 反应截面如图 3.1 所示。

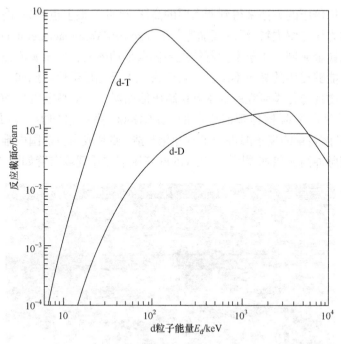

图 3.1　d-T、d-D 反应截面

　　利用单能中子源开展试验的优点之一是能够获得单粒子翻转与中子能量相关性的重要信息，即器件对中子辐射的响应函数，进而估计空间等特殊辐射环境下的试验结果。粒子加速器无法产生能量高于 20MeV 的单能中子束。准单能 $^7$Li(p,n) 中子源产生的中子存在低于峰值的低能中子本底，因此不是纯的单能中子源，只能作为准单能中子源。在海平面，能量高于 1MeV 的大气中子通量非常小(约 $10n \cdot cm^{-2} \cdot h^{-1}$)，但利用粒子加速器能够产生比海平面高 6 个量级以上的中子通量。因此，利用加速器中子源，将会比直接利用大气中子在更短的时间内获得器件对中子的敏感性。

　　另外，单能中子源也是获取 SEU 中子能量依赖数据的强大工具。出射的中子谱是一个窄而尖的单能峰，使其能够获得器件在多个独立能量水平上的 SEU 敏感性数据集，特别是在接近 SEU 中子能量阈值附近的数据。

　　国内的加速器单能中子源主要基于中子发生器和静电加速器。下面简要介绍国内中子发生器的有关情况，包括中国原子能科学研究院、中国工程物理研究院和兰州大学建设的加速器单能中子源装置及其参数情况。

### 3.1.2　中子发生器

　　中子发生器是最简单的加速器之一，它直接利用直流高压加速带电粒子[7,13]。

早期普遍采用倍压的方法来得到所需要的高压,因此习惯上也称为"高压倍加器"。国外通常称为科克罗夫特–沃尔顿加速器(Cockcroft-Walton accelerator)。使用的靶为常规的氚钛金属靶。中子发生器的主要优点是功率大,离子源流强可达数十毫安,但是它能够提供的高压不高,一般仅为几十至几百千伏。例如,中国工程物理研究院核物理与化学研究所的 K400 高压倍加器,其最高电压为 400kV;而中国原子能科学研究院核物理研究所的 CPNG600 高压倍加器,其最高电压为600kV。同时该装置的离子源进行了脉冲化改造,使其成为目前国内唯一的 600kV纳秒级强流脉冲高压倍加器[11]。CPNG600 高压倍加器现场布置如图 3.2 所示。

图 3.2　CPNG600 高压倍加器现场布置

CPNG600 高压倍加器能提供 14MeV 和 2.5MeV 强脉冲标准中子辐射场,其中子产额分别为 $10^{11}$ n · s$^{-1}$(14MeV)、$10^9$n · s$^{-1}$(2.5MeV),被广泛用于核数据测量、探测器刻度、中子辐照效应等研究。同时,也能利用质子轰击 $^{19}$F 提供标准 6.13 MeV伽马辐射场,用于探测器刻度等。CPNG600 高压倍加器每年的供束时间超过1000h,为国内多家科研单位和用户提供服务。其能够提供两种束流(p 束和 d 束),直流运行时的流强为 3~5mA,脉冲运行时可达 30~50μA(脉宽 1~1.7 ns),频率为 1.5MHz[7,11]。

除了上述两台中子发生器外,目前国内在运行的还有兰州大学核科学与技术学院的 ZF-300 强流中子发生器、中国工程物理研究院的 ns-200 中子发生器[9-10]、中国科学院等离子体物理研究所的 HINEG 等中子发生器。兰州大学正在新建ZF-400 强流中子发生器(列入国家自然科学基金重大科研仪器设备研制专项(21327801)),其主要技术参数:d 能量为 400keV;d 束流为 40mA;采用大面积旋转靶;中子强度为 $6\times10^{12}$n · s$^{-1}$ (d-T)、$6\times10^{10}$n · s$^{-1}$ (d-D)。ZF-400 强流中子发生器原理图如图 3.3 所示。中国原子能科学研究院目前正在筹建一台新的高压倍加器，预计直流束将达到 50mA，中子强度达 $10^{12}\,n\cdot s^{-1}$。

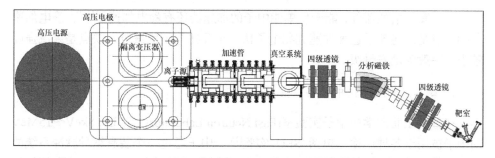

图 3.3　ZF-400 强流中子发生器原理图

随着高压技术的进步，现在已经改用诸如绝缘芯变压器之类的方法来代替倍压线路，不但体积大为缩小，而且性能明显提升，运行也更加方便。2014 年中国原子能科学研究院还研制出了可移动式中子发生器，如图 3.4 所示，使中子发生器更加小巧、灵活，方便在各种场合使用。

图 3.4　可移动式中子发生器

高压倍加器通常利用伴随粒子法实现中子注量的监测。伴随粒子法是通过记录核反应中伴随中子产生的带电粒子来确定中子注量的一种方法。该方法由于测量简单、精度高，被广泛应用于 14MeV 和 2.5MeV 中子注量的绝对测量。文献[14]以中国原子能科学研究院 CPNG 高压倍加器 155°伴随管为例，详细介绍了 d-T、d-D 中子注量监测的有关情况。

### 3.1.3　静电加速器

除了高压倍加器外,能产生单能中子的加速器还有静电加速器[6-7]。静电加速器的优点是能将粒子速度加速到兆电子伏～十几兆电子伏量级,缺点是束流强度较小,一般为微安量级。

#### 1. 日本东北大学快中子实验室中子源

在日本东北大学快中子实验室(Fast Neutron Laboratory,FNL),8keV～15MeV的中子被用于各种用途,包括 SEU 实验[15]。中子通过一个装有纳秒脉冲系统的4.5MV 静电加速器(高频高压加速器)加速质子和氘束产生。FNL 实验大厅长约30m、宽约20m,中子源建在实验大厅中央30°方向上。

由于实验大厅具有较低的散射本底和较大的空间,可用飞行时间(time of flight,TOF)法测量中子能谱,因而该位置对于应用非常有利。产生中子的靶,距地面约 1.5m 高,待测器件沿入射束流 0°方向放置,距靶几到几十厘米。根据待测器件的敏感性和体积(尺寸)选择合适的放置距离。使用 0°方向的中子,可将靶上的中子散射影响降至最低[16]。

日本东北大学快中子实验室中子源汇总于表 3.4 中[15]。

表 3.4　日本东北大学快中子实验室中子源汇总

| 中子能量 /MeV | 核反应 | 靶/衬底 | 能量展宽 /keV | 中子注量* /(n · cm$^{-2}$ · s$^{-1}$ · μA$^{-1}$) | 束流 /μA |
|---|---|---|---|---|---|
| 0.55 | $^7$Li(p, n)$^7$Be | LiF/Pt | 约 50 | $3.2 \times 10^4$ | 10 |
| 1.0 | $^3$H(p, n)$^3$He | T-Ti/Cu | 约 100 | $1.2 \times 10^4$ | 10 |
| 2.0 | $^3$H(p, n)$^3$He | T-Ti/Cu | 约 80 | $2.2 \times 10^4$ | 10 |
| 5.0 | $^2$H(d, n)$^3$He | 氘气/Pt | 约 250 | $2.2 \times 10^5$ | 4 |
| 15 | $^3$H(d, n)$^4$He | T-Ti/Cu | 约 500 | $8.0 \times 10^4$ | 10 |

*距离靶心 10cm 处。

虽然 LiF 单位能量的中子产额较低,但其更易于加工,并且在质子轰击下的稳定性更佳,因而在锂靶的选材上,LiF 比金属 Li 更加适合。T(p, n) 和 T(d, n) 反应中子源使用吸附氚的氚钛(T-Ti)靶,其标称厚度为 0.75mg · cm$^{-2}$ 或 2.5mg · cm$^{-2}$。氘靶采用由充气腔室(充 1～1.2 大气压氘气)构成的氘气体靶,腔室两端用钼箔(约5μm 厚)或 Havar 膜(约 2.2μm 厚)封装,靶的后端用一个 0.3mm 厚的铂片作为束流阻挡片。当束流限制在 4μA 左右时,与金属靶相比,气体靶能够产生能谱更干净且产额更高的中子。靶厚的选择是在中子产额和中子能量展宽之间折中的结果。飞行时间测量引入的中子能量展宽一般小于 10%。15MeV 中子的能量展宽相对大一些，这是因为它们是在入射束流的 0°方向上使用。如有必要，通过将中子的发射角调整至 90°左右，可使能量展宽减少至约 100keV。

中子靶放置在一个薄壁(<0.5mm 厚)的铜制靶室内以降低靶室对初级中子的散射。靶也采用气冷降温以避免中子慢化。衬底片和束流阻挡片焊在靶室内，因而无需在靶附近使用法兰对其固定。出于同样的原因，T-Ti 靶被放置于一个双层靶室中。此外，束线采用涡轮分子泵和溅射离子泵抽气，以避免靶面沾染碳氢污染物。采用一个具有高反应阈值的钽制限束孔，将高频高压加速器产生的离子束整形为直径约 7mm 的束流。除 $D_2$ 气体室外，还可采用电流最大达 10μA 的束流轰击靶，中子产额无明显降低。

### 2. 中子强度和能谱

采用脉冲束流，基于飞行时间法测量中子的能量和谱型。飞行时间法采用了一个 NE213 闪烁探测器($\phi$50.8mm × 50.8mm 的 NE213 闪烁体配合一个快速光电倍增管)。为了测量低能干扰成分的份额，探测器的偏压设为低于 0.3MeV 质子能量。飞行距离为 2～12m，具体取决于中子能量[15]。

典型的中子能谱如图 3.5 所示[15]，由于探测器本征时间分辨的影响，图中的能量展宽大于表 3.4 中所列的值。从图中可以看出，除了有一点本底中子的贡献外，谱型很干净。由于 D(d, n)和 C, O(d, n)反应产生了低能寄生中子，在 15MeV

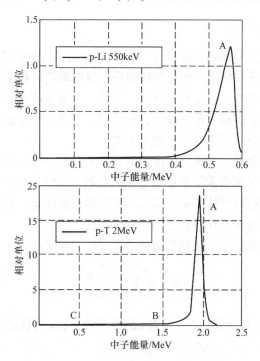

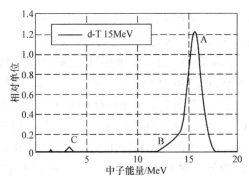

图 3.5　日本东北大学快中子实验室中子能谱
A 是初级中子谱；B 是靶上的散射中子；C 是寄生反应产生的中子

时，对中子源干扰最为严重。相对初级中子总量而言，干扰的总量通常至多约为5%。对于低能中子源，特别是(p, n)源，干扰成分少很多。另外，还有靶引起的中子散射本底。通过蒙特卡罗方法对这些中子的强度和能谱进行了评估，证明其贡献小于2%(15MeV 时最高)。因此，在 SEU 实验中，相对而言本底中子数量少且能量低，因而其影响可以忽略。事实上，对于绝大多数器件，本底中子的能量低于其 SEU 的阈值。如有必要，可以考虑通过测量得到其干扰成分。

中子能量和谱型的重复性被证明是很好的，因此特定位置上的中子能量可以不通过飞行时间法就可以直接推算出来。

### 3. 中子注量的测定

采用 $^{235}$U 裂变室(fission chamber，FC)和反冲质子计数器测量中子注量，其精度通常小于 5%。裂变室是一种背靠背型平行板电离室，在流气模式下工作。它的探测效率接近 100%，并且十分精确。此外，裂变室还具有一个很大的优势：无需改变探测器的状态和电子学设定，就能够在很宽的中子能量范围内使用。这是因为其脉冲幅度分布几乎与中子能量无关。

裂变室对室内散射中子的灵敏度很低，在距离靶 10cm 距离上使用时，室内散射中子对初级中子束通常仅有百分之几的贡献。该数值是中子能量的系统函数，通过系统函数即可进行评估，而无需采用额外的影锥测量。背靠背的结构允许使用两片不同厚度的裂变箔片以验证测量的一致性。

因此，每次测量的中子注量可简单地由式(3.1)确定：

$$\phi = \frac{C_{FC}}{\sum_i N_i \sigma_i} \frac{f_{corr}}{C_{mon}} \tag{3.1}$$

式中，$C_{FC}$ 为裂变碎片计数；$N_i$ 为核素 $i$ 的原子数目；$\sigma_i$ 为核素 $i$ 的裂变反应截面；

$f_{corr}$ 为修正因子；$C_{mon}$ 为监测器计数。$N_i$ 由在严格定义的几何关系下的裂变箔片 $\alpha$ 计数确定(小立体角计数器)[15-16]。$f_{corr}$ 为 0.97～1.00，由几何关系和能量决定。日本东北大学快中子实验室用于中子通量测量的裂变靶室及其典型的脉冲幅度谱如图 3.6 所示[16]。其中，图 3.6(a)为裂变靶室，图 3.6(b)为裂变靶室测得的脉冲幅度谱。

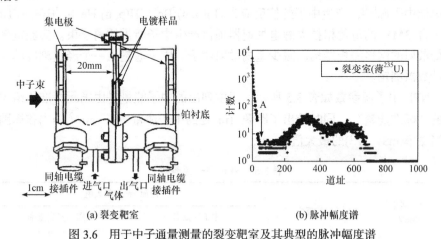

(a) 裂变靶室　　　　　　　　　(b) 脉冲幅度谱

图 3.6　用于中子通量测量的裂变靶室及其典型的脉冲幅度谱

目前，日本东北大学快中子实验室的中子场已被用来进行 SEU 辐照实验，典型的辐照实验布局如图 3.7 所示。将待测器件放置在距离靶几十厘米的位置上，以确保整个器件均匀受照。因此，器件表面的中子通量低很多。尽管如此，通过连续辐照和单粒子翻转率在线监测，实验可在几小时到数十小时内完成。

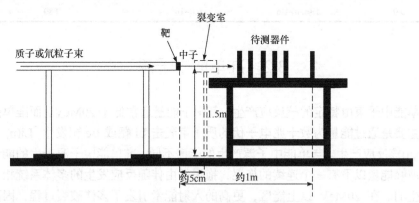

图 3.7　典型的辐照实验布局

器件上的中子注量由一个相对注量监视器进行监测。在辐照实验之前，该监视器在不同能量下的效率都相对于裂变室进行了刻度。这里使用的相对注量监视器可以是含氢正比计数管，也可以是有机闪烁探测器，放置在约 45°方向、距离靶几米的位置上。将该辐射场与日本东北大学的 CYRIC 回旋加速器相结合，能提供少有的低至 1MeV、高达 80MeV 的独特中子辐射场。

### 3.1.4　可变能量中子源

英国国家物理实验室(National Physics Laboratory，NPL)可提供具有良好特性的单能中子源[17]，产生中子的核反应为 $^7Li(p, n)^7Be$、$^3H(p, n)^3He$ 和 $^2H(d, n)^3He$。由一台 3MV 的范德格拉夫静电加速器提供产生中子所需的离子束。实验室采用了低散射的网格隔板结构以减少室内散射中子。中子通量由一个经过刻度的长中子计数器测定。

NPL 中子源参数如表 3.5 所示，表中列出的中子能量是由国际标准化组织推荐的"标准能量"，同时给出了距源 1m 处的中子注量率($n \cdot cm^{-2} \cdot s^{-1}$)和周围剂量当量率($mSv \cdot h^{-1}$)的最大值。

表 3.5　NPL 中子源参数

| 中子能量 /MeV | 核反应 | 距源 1m 处最大值 | |
|---|---|---|---|
| | | 中子注量率 /($n \cdot cm^{-2} \cdot s^{-1}$) | 周围剂量当量率 /($mSv \cdot h^{-1}$) |
| 0.144 | $^7Li(p, n)^7Be$ | $1.0 \times 10^3$ | 450 |
| 0.250 | $^7Li(p, n)^7Be$ | $6.0 \times 10^2$ | 440 |
| 0.565 | $^7Li(p, n)^7Be$ | $1.6 \times 10^3$ | 2000 |
| 1.2 | $^3H(p, n)^3He$ | $2.0 \times 10^2$ | 300 |
| 2.5 | $^3H(p, n)^3He$ | $6.0 \times 10^2$ | 900 |
| 5.0 | $^2H(d, n)^3He$ | $6.0 \times 10^2$ | 880 |

## 3.2　准单能中子源

单能中子束由特定的核反应产生，其中子能量通常低于 20MeV，而准单能中子束主要是通过能量为数十兆电子伏的质子束轰击 Li 靶或 Be 靶发生 $^7Li(p, n)$或 $^9Be(p,n)$核反应产生。与单能中子源产生的能谱不同，准单能中子源产生的能谱形状在波峰能量以下有一个连续的拖尾，拖尾是由伴随反应发生的多体系统相互作用产生的。在 20MeV 以上能区，更高的入射能量引发了多体破裂过程，因而仅能获得准单能中子源。在这一能区，$^7Li(p,n)$反应是最强的准单能中子源，因此被各个实验室所采用，包括美国加州大学戴维斯分校克罗克核实验室($E_n \leqslant$ 65MeV)[18]，比利时鲁汶大学原子核与辐射物理研究所($E_n \leqslant$ 75MeV)[19]，温哥华粒子与核物理国家实验室(200～500MeV)[20]，瑞典乌普萨拉大学斯韦德贝里实验室[21-22]和美国印第安纳大学回旋加速器国家实验室(30～200MeV)[23]等。作为可用于 SEU 实验的准单能中子产生装置，上述装置都被 JESD89 标准所引用[5]。本节主要介绍 $^{7}$Li(p, n)中子源。

### 3.2.1　$^{7}$Li(p,n)中子源典型布局及参数

1. $^{7}$Li(p,n)中子源典型布局

图 3.8 是加州大学戴维斯分校的 $^{7}$Li(p,n)中子源布局图[18]。这是 $^{7}$Li(p,n)中子源的一个典型范例，该实验室用该中子源在核物理和核数据研究方面做了许多开创性的工作。使用厚度合适的金属锂靶，可获得能量展宽适合于实验的准单能中子。在这种条件下，绝大多数入射质子穿透锂靶，而不与之发生相互作用。这些

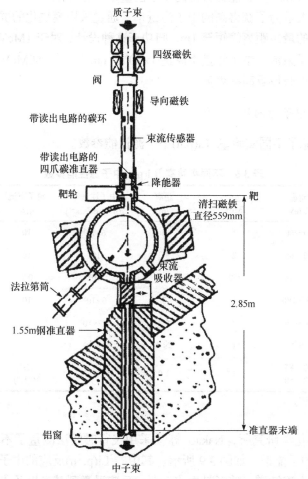

图 3.8　加州大学戴维斯分校的 $^{7}$Li(p,n)中子源布局图

质子由一个偏转磁铁偏离出中子束，进入一个屏蔽好的束流收集器中，以避免其轰击束流管末端而产生大量的本底。此外，为了获得干净的中子束，在实验区与锂靶和束流收集器之间必须有足够的屏蔽物质。因此，通常实验区设置在距离中子源几米的位置，导致实验区的中子通量有限。

加州大学戴维斯分校的中子源对于 1MeV 厚的靶，即便是用 10μA 这样较高的入射粒子束流，其最大中子注量率仅为 $6\times10^5 n\cdot cm^{-2}\cdot s^{-1}$ 左右。这是因为 $^7Li$ 靶距离实验区较远(约 3.5m)。比利时鲁汶大学原子核与辐射物理研究所的 UCL[19]、乌普萨拉大学的 TSL[21] 和日本原子能研究开发机构高崎量子应用研究所的 TIARA[24] 等中子源都是用同样的方式建造的，其目的是利于中子诱发反应研究，该研究需要较低的中子本底。TSL 是最初建设的中子源[21]，其靶距离实验区长达 11m，结果导致实验能够获得的中子注量率十分有限。

日本东北大学为了获得高的中子注量率，通过采用模块化的屏蔽结构，将靶与辐照点之间的最短距离缩短至 1m。归功于这种设计，对于 1MeV 厚的 $^7Li$ 靶和 3μA 的入射粒子束流，中子注量率高达 $1\times10^6 n\cdot cm^{-2}\cdot s^{-1}$。50MeV 以下，采用负离子束流，可以获得更高的束流。

2. $^7Li(p,n)$中子源的特性参数

表 3.6 汇总了不同实验室 $^7Li(p,n)$ 中子源性能参数。

表 3.6　不同实验室 $^7Li(p,n)$ 中子源性能参数

| 中子源 | 能量 /MeV | ΔE /MeV | 距离 /m | 中子注量率 /(n·cm⁻²·s⁻¹) | 粒子束流 /μA | 参考文献 |
|---|---|---|---|---|---|---|
| UC Davis | 40～60 | 1 | 3 | $6\times10^5$ | 10 | 文献[18] |
| UCL | 20～65 | 2 | 3.3 | $10^6$ | 10 | 文献[19] |
| TRIUMF | 70～200 | 0.7 | 约 1 | $10^5$ | 0.3 | 文献[20] |
| TSL* | 25～180 | 1 | 3 | $3\times10^5$ | 10 | 文献[21]和[22] |
| TIARA | 30～85 | 2 | 5.2 | $1.2\times10^5$ | 3 | 文献[24] |
| RCNP | 392 | 1 | 约 1 | $3\times10^5$ | 1 | 文献[25] |
| CYRIC* | 50～85 20～50 | 1 | 1.0 | $10^6$约$10^7$ | 3(H⁺) 10(H⁻) | 文献[26]和[27] |

*新源的一个实例。

在日本理化学研究所，Nakao 等[28]采用飞行时间法测量了不同质子能量时 $^7Li(p, n)$源的中子能谱，如图 3.9 所示。其中，$^7Li(p, n)$反应的中子能谱包含了一个单能峰和一个连续谱，前者是由 $^7Li(p, n)$反应退激到基态以及 $^7Be$ 的第一激发

态所引起的，后者是由如 $^7$Li(p, n$^3$He)α反应的破裂过程导致的。入射能量在 100MeV 以下时，连续中子的份额约为 50%或更多。绝大多数辐照实验的目标是测量峰值中子对应的单粒子翻转率。因此，由连续中子导致的单粒子翻转应作为本底予以扣除。与峰值中子相比，每个能量的连续中子通量都不太高，但是积分中子通量还是可比拟的，因而应对总的本底进行准确评估。为了对本底贡献进行校正，应当精确知道连续中子谱的形状和单粒子翻转截面或单粒子翻转率。单粒子翻转截面可以通过对不同峰值能量下的单粒子翻转率进行逆卷积推导得到。

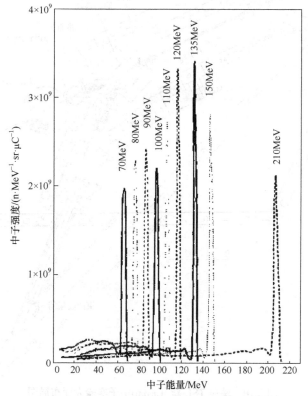

图 3.9　不同质子能量时 $^7$Li(p, n)源的中子能谱

## 3.2.2　准单能中子源举例

### 1. 瑞典乌普萨拉大学斯韦德贝里实验室

瑞典乌普萨拉大学斯韦德贝里实验室(the Svedberg Laboratory, TSL)建设了一个新的 $^7$Li(p,n)中子源。图 3.10 是瑞典 TSL 新 $^7$Li(p,n)中子实验大厅布局图[22]。质子通过古斯塔夫-维纳回旋加速器加速后，照射位于蓝厅束流传输系统中的富含 $^7$Li(99.98%)的靶。在这台加速器中，100MeV 以上的质子是以调频模式(frequency modulation，FM)加速。因此，束流和中子通量都比 100MeV 以下时低约一个量级。典型地，质子束流强度在 95MeV 时为 5μA，而在 174MeV 时为 100nA，对应的靶厚分别为 8mm 和 15mm 左右。

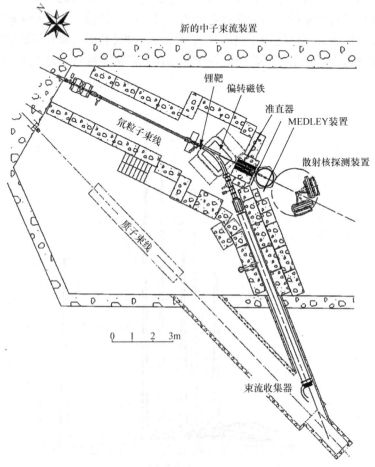

图 3.10　瑞典 TSL 新 $^7$Li(p,n)中子实验大厅布局图

中子辐照实验布局示例如图 3.11 所示。在这种布局下，$^7$Li 靶和待测器件之间的距离约为 3.4m，因此中子通量比原来的布局要高一个量级以上，并且中子束流的准直(用铁准直器)直径在 30cm 内可调，调整间距为 5cm。由于靶到样品之间的距离更短，器件上 100MeV 以下的中子注量率可以提高至 $10^6$n · cm$^{-2}$ · s$^{-1}$。

使用 2m 厚的混凝土墙对中子束流进行准直，该墙同时也将质子束线与测试大厅分隔开。穿透靶的质子被清扫磁铁清扫至束流收集器中，以避免质子引起的本底。在距离 $^7$Li 靶约 3.5m 处放置一个薄膜击穿计数器进行中子注量率监测。中

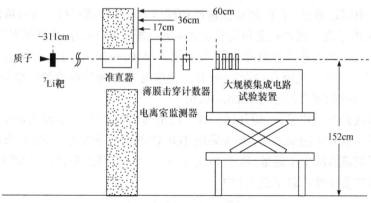

图 3.11　中子辐照实验布局示例

子能谱可以根据质子能量和 ⁷Li 靶的厚度计算得到。

　　在上述条件下，SEU 实验需要进行数小时的辐照。

2.日本大阪大学核物理研究中心

　　日本大阪大学核物理研究中心(Research Center for Nuclear Physics，RCNP)的 ⁷Li(p,n)中子源示意图如图 3.12 所示[25]。在 RCNP 利用方位磁场可变(azimuthally varying magnetic field，AVF)回旋加速器和环形回旋加速器，可获得能量约为 392MeV 的高能质子束。质子束被 AVF 回旋加速器加速至 65MeV，然后注入环形回旋加速器。

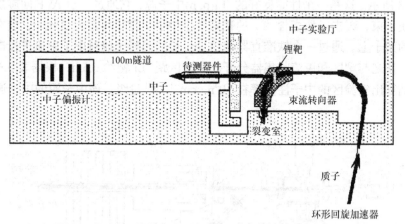

图 3.12　日本大阪大学核物理研究中心的 ⁷Li(p,n)中子源示意图

　　质子的能量更高了，因而可以使用更厚的靶，即使在靶上质子束流最大只有约 1µA 的情况下，中子通量仍非常高(约 $3\times10^5 \text{n}\cdot\text{cm}^{-2}\cdot\text{s}^{-1}$)。

　　峰值能量在 90MeV 以下的中子束可以通过 AVF 回旋加速器获得；90MeV 以

上的中子束可以通过 AVF 回旋加速器和环形回旋加速器获得。对峰值能量低于 90MeV 的中子束，通过靶室和实验室之间的混凝土墙(1m 厚)准直至直径 10cm。电路板上的半导体芯片被放置在距 $^7$Li 靶为 440～650cm 处。对峰值能量高于 90MeV 的中子束，在距 $^7$Li 靶约 1m 处、靶室与 TOF 室之间放置一块偏转磁铁。TOF 室入口处的束流尺寸为 10cm×10cm。

样品放置在 TOF 室内，距 $^7$Li 靶 3.5～5.5m 远。典型的质子束流为 650～950nA。每次在样品放到实验室之前，均先采用 TOF 法测量中子能谱，并使用束流收集器处的质子束流监测中子通量。基于 Taniguchi 等[29]的测量结果，将 RCNP 的 $^7$Li(p,n) 中子源的主要特性汇总于表 3.7 中。

表 3.7 　RCNP 的 $^7$Li(p,n)中子源的主要特性

| 质子能量 /MeV | 峰值中子 能量 /MeV | 峰值中子 能量范围 /MeV | 峰值中子 强度 /(n·sr$^{-1}$·μC$^{-1}$) | 峰值中子 半高宽 /MeV | 拖尾中子 能量范围 /MeV | 拖尾中子 强度 /(n·sr$^{-1}$·μC$^{-1}$) |
|---|---|---|---|---|---|---|
| 250 | 248 | 236～250 | 1.94×10$^{10}$ | 2.5 | 4～236 | 1.70×10$^{10}$ |
| 350 | 348 | 344～350 | 1.07×10$^{10}$ | 2.5 | 6～344 | 1.35×10$^{10}$ |
| 392 | 390 | 383～392 | 1.50×10$^{10}$ | 2.5 | 21～383 | 1.76×10$^{10}$ |

3. 日本原子能研究开发机构高崎量子应用研究所

日本原子能研究开发机构高崎量子应用研究所的 $^7$Li(p,n)中子束流装置[30]，如图 3.13 所示。这是一个性能良好的 $^7$Li(p, n)中子源，它通过一台 AVF 回旋加速器提供质子束，轰击一块富含 $^7$Li 的靶来产生中子。靶厚通常为 2MeV，装在一个水冷的架子上。通过一个铁准直器和约 3m 长的混凝土墙对中子束流进行准直和屏蔽，使之与靶区和束流收集器分开。实验区距 $^7$Li 靶约 5.5m，根据表 3.6 中的数据估算出实验区的中子注量率在 10$^4$n·cm$^{-2}$·s$^{-1}$ 量级。该中子源的中子通量随

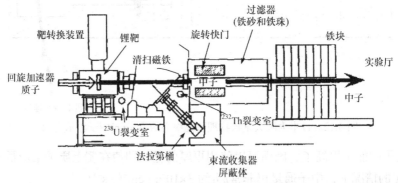

图 3.13 　日本原子能研究开发机构高崎量子应用研究所的 $^7$Li(p,n)中子束流装置

能量的变化情况汇总于表 3.8。尽管强度比较低，但已有效地应用到 SEU 研究中，用于观察 SEU 瞬变过程中的电流波形。

**表 3.8　中子通量随能量的变化情况**

| 质子能量<br>/MeV | $^7$Li 靶厚度<br>/mm | 峰值中子能量<br>/MeV | 实验区中子通量<br>/($\times 10^9$n · sr$^{-1}$ · μC$^{-1}$) |
|---|---|---|---|
| 43 | 3.60 | 40.5 | 3.46(±3.3%) |
| 48 | 3.80 | 45.4 | 2.70(±3.2%) |
| 53 | 4.30 | 50.9 | 3.82(±4.6%) |
| 58 | 4.70 | 55.3 | 4.45(±3.5%) |
| 63 | 5.00 | 60.6 | 4.17(±3.3%) |
| 68 | 5.20 | 65.2 | 4.82(±3.9%) |
| 78 | 6.00 | 75.0 | 5.34(±4.5%) |
| 87 | 6.75 | 84.6 | 6.35(±6.2%) |

### 4. 南非 iThemba 实验室

作为另外一种准单能中子源，$^9$Be(p, n)反应因其显著的峰组分同样十分有用。不过在给定的束流和能量展宽下，其峰值的中子产额较 $^7$Li(p, n)反应小。

在南非 iThemba 实验室，运行着一台使用 200MeV 回旋加速器的独特中子源[31]。该中子源使用 $^9$Be(p, n)反应和 $^7$Li(p, n)反应产生准单能中子。在该实验室，中子束流被传输到非 0°的五个方向：4°、8°、12°、16°、20°，使得"尾部修正"成为可能。这一技术已被有效地应用于中子束流剂量和品质因子研究。这些技术也可用于 SEU 研究。

### 5. 日本东北大学回旋加速器与放射性同位素中心

在日本东北大学回旋加速器与放射性同位素中心(Cyclotron and Radioisotope Center，CYRIC)，设计并建造了一个新的 $^7$Li(p, n)中子源，其布局图如图 3.14 所示[32]。在这个设计中，采用了模块化的屏蔽结构，使得源与探测器之间的距离缩短至约 75cm。归功于这一设计，正如表 3.6 所总结的，实验可用的中子通量是目前世界上比较高的。对于中子诱发实验，使用了 75cm 厚的铜和铁做成的锥形准直器，对靶到实验点之间的区域(通常为 1m 长)进行屏蔽。为了有效地屏蔽，束流收集器顺流方向上的一对偶极磁铁也可用作屏蔽物质。

基于飞行时间法，使用有机闪烁体对中子产额和能谱进行了测量。日本东北大学 CYRIC 新 $^7$Li(p,n)中子源的中子能谱如图 3.15 所示[32]，良好的信噪比证明屏蔽措施很有效。得益于此，半导体器件的 SEU 实验可获得足够高的信噪比，而对

SEU 不敏感的 DRAM，也能在几个小时的辐照中观察到 SEU(主要是高中子通量的原因)。然而，该中子源注量率虽高，但均匀通量也只限于在几十厘米的区域内。

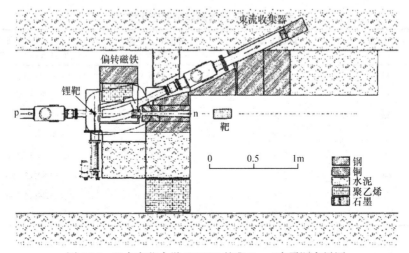

图 3.14　日本东北大学 CYRIC 的 $^7$Li(p, n)中子源布局图

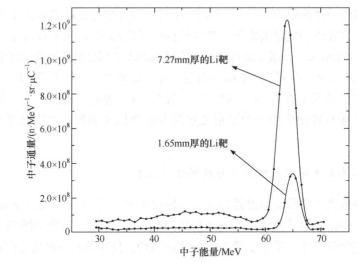

图 3.15　日本东北大学 CYRIC 新 $^7$Li(p,n) 中子源的中子能谱

### 3.2.3　国内的准单能中子源

产生准单能中子的前提是必须有能量足够高的质子源。目前，我国除了广东东莞的中国散裂中子源[33]能提供高能质子外，中国原子能科学研究院的 100MeV 强流质子回旋加速器(CYCIAE-100)[34]和西北核技术研究所的 200MeV 质子加速器[35]均已经建造成功，可以利用 $^7$Li(p, n)或 $^9$Be(p, n)核反应产生准单能中子。

图 3.16 是西北核技术研究所的西安 200MeV 质子应用装置平面布局图[35]。

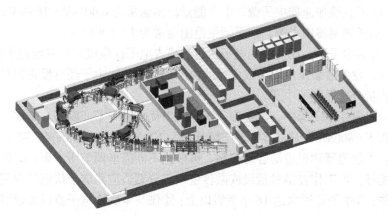

图 3.16　西安 200MeV 质子应用装置平面布局图

西安 200MeV 质子应用装置实验终端束流参数如表 3.9 所示。该装置包括高能和低能两个实验终端。

表 3.9　西安 200MeV 质子应用装置实验终端束流参数

| 项目 | 高能实验终端参数 | 低能实验终端参数 |
|---|---|---|
| 粒子种类 | H⁻ | H⁻ |
| 输出能量 | 60～200MeV 连续可调<br>(常用能点 60MeV/80MeV/100MeV/120MeV/<br>160MeV/200MeV) | 3MeV、7MeV 两个单能点<br>(能量不可调) |
| 粒子注量率/(cm⁻²·s⁻¹) | $10^5 \sim 10^8$ | 约 $10^{11}$ |
| 辐照面积/cm² | 1～100<br>(1cm×1cm～10cm×10cm) | 约 10 |
| 束斑均匀性 | 优于±10% | 圆斑，中间强边缘弱，<br>束斑空间结构为高斯型分布 |
| 引出方式 | 从同步环中慢引出 | 从直线注入器直接引出 |
| 用途 | 按照欧洲航天局 ESA/SCC 25100 标准建设，<br>主要开展单粒子效应实验 | 束流时间结构为窄脉冲，主要开展<br>离线的位移损伤效应实验 |

# 3.3　白光中子源

## 3.3.1　白光中子源简介

白光中子源是一种中子能量分布较广的中子源。利用加速器产生的白光中子

源可分为三类[6-7]:

(1) 电子直线加速器中子源, 中子能量范围通常为 0.001eV～10MeV;

(2) 离子加速器中子源, 中子能量范围通常为 1～100MeV;

(3) 散裂中子源, 用几百兆电子伏量级或吉电子伏量级的轻带电粒子(p 或 d)轰击重核, 发生散裂反应而生成大量的快中子, 这些快中子经过慢化剂和反射层后变成能量分布很宽的中子。

在上述白光中子源中, 散裂中子源的突出优点是中子产额高。例如, 当入射质子能量 $E_p$=800MeV 时, 其中子产额分别为 17n/p(Pb 靶)、33n/p(U 靶)。其他优点还有:①加速器比反应堆容易控制, 可根据不同需求调节质子束;②脉冲时间结构性能好, 可工作在纳秒量级或微秒量级, 分别适应兆电子伏能区或毫电子伏能区工作;③中子能谱宽达 16 个量级以上;④伽马本底比电子直线加速器中子源小;⑤能够获得极化中子。

散裂中子源具有高脉冲中子通量、丰富的高能短波中子、优越的脉冲时间结构、低热功率、低本底、不使用核燃料等显著优势。但散裂中子源工程复杂, 建设周期长, 造价很高。

目前, 世界上主要的散裂中子源如下:

(1) 美国阿贡国家实验室强脉冲中子源(intense pulse neutron source, IPNS), 7kW。

(2) 英国卢瑟福-阿普尔顿实验室(Rutherford Appleton Laboratory, RAL)ISIS 中子源, 100kW。

(3) 美国橡树岭国家实验室散裂中子源(spallation neutron source, SNS), 1.4MW。

(4) 日本质子加速器研究设施(Japan proton accelerator research complex, J-PARC), 2MW。

(5) 中国散裂中子源(China spallation neutron source, CSNS), 100 kW。

(6) 瑞典的欧洲散裂中子源(European spallation neutron source, ESS), 5MW。

### 3.3.2　中国散裂中子源反角白光中子源

位于广东东莞的中国散裂中子源是我国第一座散裂中子源, 也是发展中国家的第一座散裂中子源。CSNS 由 1.6GeV 的高能质子轰击重金属靶而产生强流中子, 并利用中子研究物质微观结构和运动的重要科学设施, 主要由质子加速器、中子靶站和中子散射谱仪三大部分组成[33,36]。CSNS 一期质子束流功率为 100kW, 有效脉冲中子通量可达 $2.0 \times 10^{16} n \cdot cm^{-2} \cdot s^{-1}$, 脉冲重复频率为 25Hz。CSNS 建设方案吸取了当今国际最新科技成果, 技术指标具有国际先进性。其建成后跻身于世界四大散裂中子源, 必将在世界上占有重要地位。一期建设内容包括一台负氢离子直线加速器、一台快循环同步加速器(rapid cycling synchrotron，RCS)、一个靶站、三台中子谱仪，以及其他配套的辅助设施和土建工程。

中国散裂中子源采用低能直线加速器后接快循环同步加速器的方案。离子源产生的负氢离子(H⁻)，通过射频四极(radio frequency quadrupole，RFQ)加速器聚束和加速后，再经过中能传输线(medium energy beam line，MEBT)传输到漂移管直线加速器(drift tube linear accelerator，DTL)。DTL 把束流能量进一步提高到80MeV。然后，在剥离成为质子的同时，注入一台 RCS 中，在 RCS 中将束流累积，并加速到 1.6GeV，一次引出打靶产生高通量中子。CSNS 系统构成示意图如图 3.17 所示。

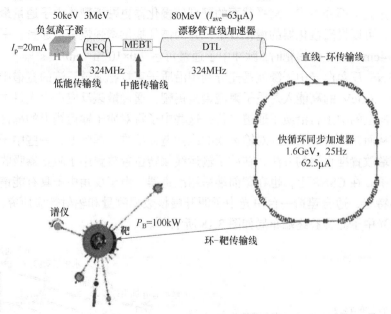

图 3.17 CSNS 系统构成示意图

中国散裂中子源加速器系统打靶的重复频率为 25Hz，一期设计打靶束流功率为 100kW。经过一段时间运行后，二期拟将根据需要，通过提高直线加速器能量到 250MeV，并将 RCS 束流提高 5 倍，使打靶束流功率提高到 500kW。CSNS 一期、二期建设主要参数如表 3.10 所示。

表 3.10 CSNS 一期、二期建设主要参数

| 参数 | 一期 | 二期 |
| --- | --- | --- |
| 束流功率/kW | 100 | 500 |
| 重复频率/Hz | 25 | 25 |
| 靶的数量/个 | 1 | 1 |

续表

| 参数 | 一期 | 二期 |
|------|------|------|
| 流强/μA | 62.5 | 312 |
| 质子能量/GeV | 1.6 | 1.6 |
| 直线段能量/MeV | 80 | 250 |

CSNS 靶站是由高能质子脉冲轰击靶体，发生散裂效应产生高能中子，并用慢化器将其慢化成适合中子散射应用的慢中子脉冲的设施。该靶站由高能质子入射窗口、多片钨片叠成的靶体、高能中子慢化器、铍钢反射体和铁/混凝土生物防护屏蔽体五个部分组成。扁平截面的靶型使慢化器更贴近靶体中子通量最强的中心部位，可以提高慢化器的慢化效率，并为谱仪提供增强慢中子通量。采用截面尺寸为 4cm×12cm 的钨靶时，脉冲中子通量可达 $2.0×10^{16}n \cdot cm^{-2} \cdot s^{-1}$。

CSNS 反角白光中子源就是充分利用沿质子束打靶通道反流的宽谱中子束。能量为 1.6GeV 的高能入射质子束流轰击钨靶，通过散裂反应产生大量中子，在反角方向上的中子将沿质子通道飞行，这些中子将对质子输运线上的部件造成辐射伤害从而减少其寿命，并对输运线的维护造成困难。国际上，一些中子源采取在靶前端放置准直器的方法，在质子输运线偏转位置放置中子阻止器吸收反角的大量中子。在 CSNS 上，也在靶前端采用准直器。由于反角中子具有能谱宽、脉冲短的特点，适合建造一台白光中子源开展核数据测量和辐射效应研究。CSNS 反角白光中子源实验终端布局如图 3.18 所示[36]。

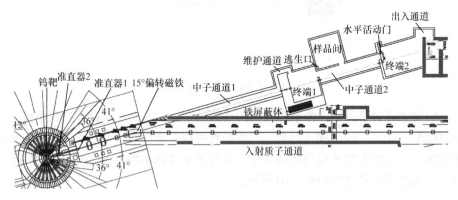

图 3.18  CSNS 反角白光中子源实验终端布局

高能质子沿质子通道到达钨靶。入射质子束流在距钨靶 20m 处，被一块偏转磁铁偏转 15°。在环到靶的输运线(ring to target beam transport，RTBT)上、钨靶到偏转磁铁之间，质子束流与中子束流共用一部分真空管道。在偏转磁铁处，中子束流和质子束流自然分离。基于 CSNS 质子输运线的这一特点,在偏转磁铁后建设了专用的中子通道和中子实验终端。采用飞行时间法确定中子的能量,为保证较好的时间分辨率,最大限度地利用 CSNS 靶的反角方向空间,中子专用通道的长度设计为 60m 左右,即中子总的飞行距离为 80m 左右。根据不同实验要求,权衡分辨率与束流强度,设计实验厅面积较小的终端 1(距靶约 55m)和面积较大的终端 2(距靶约 80m)。偏转磁铁附近的 CSNS 靶站实验大厅中 1m 厚的隧道墙将 RTBT 分成内外两部分,此墙是质子通道屏蔽的一部分。在此屏蔽墙壁上预留孔径为 10cm 的孔以便对中子束流进行初步准直。为满足各种实验需求,在中子实验终端 1 的前墙外还设置了专用的中子准直器进行中子束流准直。中子准直器采用带孔的活动铜销,其孔径为 10~50mm,以满足不同实验对束斑的要求。辐照效应实验可以根据需要选择合适的中子通量和束斑大小。

采用蒙特卡罗程序 FLUKA 模拟计算 CSNS 反角白光中子源的主要参数,如表 3.11 所示[36]。

表 3.11　CSNS 反角白光中子源的主要参数

| 性能 | 参数 |
| --- | --- |
| 中子能区/MeV | $1.0 \times 10^{-6} \sim 200$ |
| 质子束能量/GeV | 1.6 |
| 质子束强度/(p · pulse$^{-1}$) | $1.6 \times 10^{13}$ |
| 脉冲重复频率/Hz | 25($T$=40ms) |
| 单脉冲中子注量率/(n · cm$^{-2}$ · pulse$^{-1}$) | $7.9 \times 10^5$(55m)<br>$3.7 \times 10^5$(80m) |
| 时间分辨率/% | 0.2~0.9(1eV~30MeV) |
| 不同能区中子份额/% | 53(1eV~1MeV)<br>40(1~20MeV)<br>5(20~200MeV)<br>2(其他能量) |

陈永浩等利用多层裂变电离室(multi-layer fission chamber,MFC)在实验终端 2(距靶 76m 处)测量得到了运行功率为 100kW 时 CSNS 反角白光中子源的中子能谱,并与大型蒙特卡罗粒子输运软件 FLUKA 模拟的结果进行了比较,如图 3.19 所示[37]。

表 3.12 为 CSNS 反角白光中子源与国际主流白光中子源的比较,可以看出 CSNS 反角白光中子源在靶上的中子强度最高。

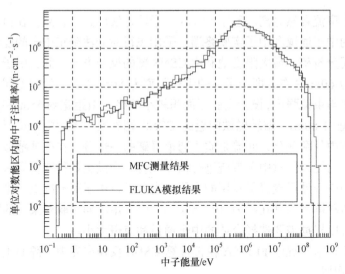

图 3.19　CSNS 反角白光中子源中子能谱

表 3.12　CSNS 反角白光中子源与国际主流白光中子源的比较

| 主要性能参数 | 美国 | | | | 欧洲 | | 中国 |
|---|---|---|---|---|---|---|---|
| | ORELA | LANSCE | WNR | RPI | GELINA | CERN n_TOF | CSNS-I Back-n |
| 加速器类型 | e-linac | p-Synch | p-linac | e-linac | e-linac | p-Synch | p-Synch |
| 粒子能量/GeV | 0.14 | 0.8 | 0.8 | >0.06 | 0.12 | 24 | 1.6 |
| 飞行距离/m | 10～200 | 7～55 | 7～90 | 10～250 | 8～400 | 185 | 55, 80 |
| 脉冲宽度/ns | 2～30 | 125 | 0.15 | 15 | 1 | 7 | 52 ± 6 |
| 束流功率/kW | 50 | 48 | 1.6 | >10 | 11 | 45 | 100 |
| 重复频率/Hz | 1～1000 | 20 | 32k | 1～500 | Max. 900 | 0.28～0.42 | 25 |
| 时间分辨/(ns·m⁻¹) | 0.01 | 3.9 | — | 0.06 | 0.0025 | 0.034 | 0.65 |
| 中子强度/(n·s⁻¹) | $1\times10^{14}$ | $6.4\times10^{13}$ | $2.1\times10^{12}$ | $4.0\times10^{13}$ | $3.2\times10^{13}$ | $8.1\times10^{14}$ | $2.0\times10^{16}$ |

注：CSNS-I Back-n 为中国散裂中子源第一期反角白光中子源的简写。

CSNS 反角白光中子源有两种工作模式。

(1) 兼用模式(也称寄生模式)。①双束团模式：单次脉冲包含两个相隔 410ns 的束团，对中子散射应用完全没有影响；②通常模式：RCS 正常设置；③短束团模式：RCS 特殊设置，以提供较短的束团。

(2) 专用模式。①牺牲部分束流功率：采用 50%或 30%正常束流功率(第一期 50kW 或 30kW)；②加速器设置：低能传输线(low energy beam line，LEBT)斩波和 RCS 高频需要特殊设置。

通过加过滤材料，CSNS 反角白光中子源可以获得与大气中子相类似的能谱，是我国模拟临近空间中子的最佳装置。该装置已于 2019 年通过验收，目前输出功率已达到 100kW，运行稳定，并向国内外用户开放。

### 3.3.3　国外三个典型的白光中子源

1. 洛斯阿拉莫斯中子科学中心中子辐射装置

洛斯阿拉莫斯中子科学中心(Los Alamos Neutron Science Center，LANSCE)位于美国新墨西哥州，隶属于洛斯阿拉莫斯国家实验室。

LANSCE 的中子辐射装置及其束线布局如图 3.20 所示[38-40]。装置使用 LANSCE-WNR 束线 4 号靶产生中子束线。中子束流是由直线加速器加速得到的 800MeV 质子束流轰击裸钨靶(直径3cm、长7.5cm)而产生的。质子束流约为1.5μA。待测器件与测试电路板被放置在芯片与电子设备辐照(irradiation of chips and electronics，ICE)室内，该室位于中子产生靶顺流方向 19.97m 处。数据获取系统也安放在 ICE 室内。辐照点的中子束斑直径约为 8cm，辐照点位置由 He-Ne 激光器辅助给出。

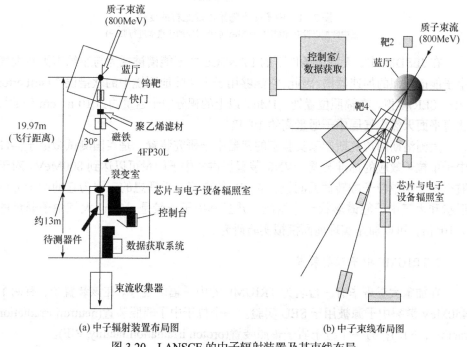

(a) 中子辐射装置布局图　　(b) 中子束线布局图

图 3.20　LANSCE 的中子辐射装置及其束线布局

基于飞行时间法，在宽能量范围(1～800MeV)内，使用一个 $^{238}U$ 裂变靶室对入射到待测器件上的中子能谱进行了测量，并同时监测辐照期间的中子通量。该裂变靶室放置在待测器件逆流方向 60～320cm 处。

通过在 ICE 室前逆中子束流的方向上放置各种类型滤束材料(如图 3.20(a)中的聚乙烯滤材)的方式，可以改变入射到器件上的中子能谱，如图 3.21 所示。随着聚乙烯厚度的增加，低能中子数量急剧减少，而 200MeV 以上的能谱却没有改变。对于利用由散裂反应产生的连续中子能谱来进行器件的能量响应研究而言，这种过滤技术非常有用。

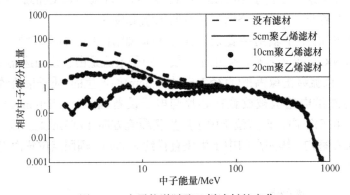

图 3.21　中子能谱随聚乙烯滤材的变化
(图中数据以没有滤材时 100MeV 能点对应的注量率进行归一)

在 JESD89 中，无滤束条件下的 LANSCE 中子能谱被视为与纽约市天然大气中子能谱相似的加速器谱。因此，它能够用于天然陆地环境中的软错误率(soft error rate，SER)模拟。在辐照位置处，1MeV 以上的积分中子通量约为 $10^6 n \cdot cm^{-2} \cdot s^{-1}$，比海平面天然大气层中子通量高约 $10^6$ 倍。

美国洛斯阿拉莫斯国家实验室的武器中子研究装置，是美国测试微电子器件中子单粒子效应的标准装置。WNR 装置提供的中子能量可以达到 800MeV。对于航空电子学单粒子翻转截面测量，WNR 的束流是最理想的，因为它的中子能谱形状和大气中子能谱形状十分相似，并且其中子通量是 12km 大气中子通量的 $3×10^5$ 倍，可以加速实现地面模拟实验研究。

2. TRIUMF 中子辐射装置

在加拿大温哥华有一台名为 TRIUMF 的中子辐射装置。在该装置中，有两个 450MeV 散裂中子源被用于 SEU 实验。一个位于中子辐照装置(neutron irradiation facility，NIF)；另一个位于质子辐照装置(proton irradiation facility，PIF)。

在 NIF 中，利用能量为 400～450MeV 的质子轰击被水环绕的多个铝板，从而可产生从热中子到高能中子的一系列中子。加拿大温哥华 TRIUMF 实验大厅如图 3.22

所示[41]。从 PIF 传输过来的质子束，其束流典型值为 100～150μA。图 3.23 显示了 0.1MeV 以上中子的典型能谱。0.1MeV 以上的中子注量率为 $6×10^6 n \cdot cm^{-2} \cdot s^{-1}$，比纽约海平面大气层的中子注量率高约 $10^7$ 倍。然而在 NIF 中，器件的物理空间被限制在 5cm×20cm 的区域内，对普通的大规模集成电路进行辐照实验很困难。

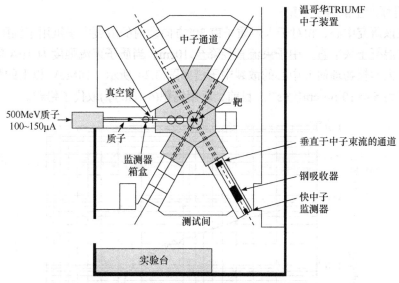

图 3.22　加拿大温哥华 TRIUMF 实验大厅

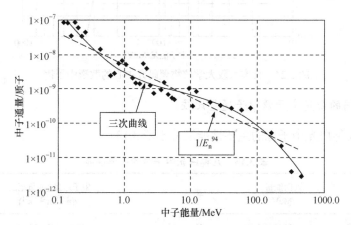

图 3.23　TRIUMF 中子装置 0.1MeV 以上中子的典型能谱
(虚线表示归一化的大气中子谱，$E_n$ 表示中子能量)

通过设置靶站和束流收集器，在 PIF 也获得了散裂中子束。研究人员采用 Bonner 球中子谱仪和中子活化技术测量了 PIF 处的中子能谱。将 3nA、110MeV 的质子束入射到铝靶上，可产生约 $10^5 n \cdot cm^{-2} \cdot s^{-1}$ 的中子通量。

### 3. RCNP 白光中子源

在日本大阪大学核物理研究中心可以得到能量最高约 350MeV 的散裂中子束，以及由 $^7$Li(p, n)反应产生的准单能中子束[42]。该装置使用方位磁场可变回旋加速器和环形回旋加速器产生能量约为 392MeV 的质子束，然后轰击铅靶(10cm 厚)，进而产生散裂中子束。

在该研究中心，相对于入射质子束 30° 方向发射的散裂中子被用于辐照实验。经铁和混凝土块准直，中子束流直径降至 10cm。当质子束流强度为 1μA 时，日本大阪大学核物理研究中心的散裂中子谱如图 3.24 所示。10MeV 以上的积分中子通量为 $5.4 \times 10^5$ n · cm$^{-2}$ · s$^{-1}$。目前，已用钨靶(6.5cm 厚)取代了铅靶。

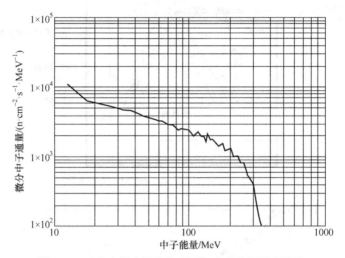

图 3.24　日本大阪大学核物理研究中心的散裂中子谱

### 4. 不同的白光中子源中子通量比较

上述几种白光中子源的主要性能汇总于表 3.13。

**表 3.13　几种白光中子源的主要性能**

| 设备 | 入射能量 /MeV | 靶 | 中子通量*(能量范围) /(n · cm$^{-2}$ · s$^{-1}$) |
|---|---|---|---|
| CSNS 反角 | 1600 | W | $9.3 \times 10^6$(>1MeV) |
| LANSCE | 800 | W | $6.5 \times 10^5$(>1MeV) |
| TRIUMF | 500 | Al | $6.0 \times 10^5$(>0.1MeV) |
| RCNP | 392 | Pb | $5.4 \times 10^5$(>10MeV) |

*给出的是测点位置典型的中子通量。

# 3.4　反应堆中子源

　　反应堆是利用易裂变物质使其发生可控、自持裂变链式反应的一种装置(目前可控聚变反应装置还在研究阶段，所有的反应堆都是裂变反应堆)[43]。从 20 世纪 40 年代开始，人们就对核裂变反应堆进行了研究。截至 2019 年，世界上建成的反应堆总数估计已超过两千座。反应堆按照用途的不同，一般可分为动力堆、生产堆和研究堆。其中，研究堆主要用于开展与反应堆有关的实验研究或利用反应堆产生的中子、伽马射线开展科学研究。在国外，美国国家标准与技术研究院、荷兰代尔夫特理工大学反应堆研究所的裂变中子反应堆都为器件的中子辐照提供了很好的条件。下面以我国 2000 年建成并投入使用的 TRIGA 型研究堆——西安脉冲反应堆为例，介绍其主要性能参数。

## 3.4.1　西安脉冲反应堆主要特点

　　西安脉冲反应堆由中国核动力研究设计院自主设计，是一座采用铀氢锆$(U\text{-}ZrH_{1.6})$燃料-慢化剂材料为元件、石墨-水为反射层的池式研究堆。堆芯靠池水自然循环冷却，具有固有安全性好、使用方便等特点。图 3.25 是西安脉冲反应堆的外观图。

图 3.25　西安脉冲反应堆的外观图

　　西安脉冲反应堆由反应堆本体(堆芯)、辐照实验装置、冷却水系统、净化系统、控制仪表系统、反应堆辅助系统和放射性废物处理系统等部分组成。西安脉冲反应堆的堆芯可在稳态和脉冲两种布置之间切换，因此可在稳态连续和方波脉冲两种方式下运行。其主要技术指标如下[44]：

　　(1) 在稳态运行工况下，额定功率为 2.0MW，堆芯平均中子注量率大于$4.82\times10^{13}\text{n}\cdot\text{cm}^{-2}\cdot\text{s}^{-1}$，堆芯平均热中子注量率大于 $1.34\times10^{13}\text{n}\cdot\text{cm}^{-2}\cdot\text{s}^{-1}$。

(2) 在脉冲运行工况下，最大峰值功率可达 4300MW，堆芯平均中子注量率峰值大于 $1.06 \times 10^{17} n \cdot cm^{-2} \cdot s^{-1}$，脉冲宽度为 7.2ms，一次脉冲释放能量约为 41.8MJ。

为了利用西安脉冲反应堆产生的射线开展科学研究和实验工作，围绕堆芯设置了多个实验孔道，包括辐照腔、水平径向孔道、水平切向孔道、热柱、中子照相孔道等，如图 3.26 所示。

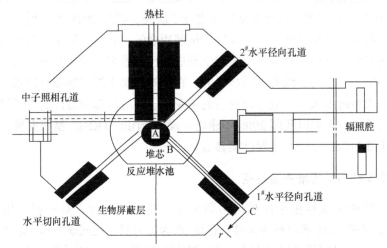

图 3.26　西安脉冲反应堆实验孔道示意图

需要说明的是，西安脉冲反应堆沿堆芯径向方向的水平实验孔道包括 1#水平径向孔道和 2#水平径向孔道。两个孔道均穿过反应堆水池和堆本体(堆芯和外面重混凝土屏蔽体)，但两个孔道在设计及屏蔽方面存在差异。1#水平径向孔道轴线穿过堆芯原点，孔道直接面向堆芯，中子束流沿孔道中心轴线对称性好。孔道前端圆柱形为金属筒体(内部为空气腔)，直接穿越反应堆水池和堆本体，后部为旋转屏蔽门；而 2#水平径向孔道轴线略偏于堆芯原点，中子束流沿孔道中心轴线对称性较好。两个孔道几何形状一致，不同之处在于：2#水平径向孔道前端金属筒体先穿过热柱孔道的石墨慢化体，再穿越反应堆水池和堆本体。

实验孔道可根据要求提供不同参数的中子辐射场或中子、伽马混合辐射场。表 3.14 列出了西安脉冲反应堆主要实验孔道的特点及其应用方向[44]。

表 3.14　西安脉冲反应堆主要实验孔道的特点及其应用方向

| 孔道名称 | 特点 | 应用方向 |
| --- | --- | --- |
| 辐照腔 | 内部空间大，属于中子伽马混合场，中子注量率高，可实现脉冲工况下的高注量率中子场 | 仪器仪表、电子元器件及各种材料的辐照效应实验等 |
| 水平径向孔道 | 与堆芯呈径向布置，辐射场和辐照腔类似，孔道内部空间相对较小，有 1#和 2#两条水平径向孔道 | 核素核参数测量、辐照效应实验和探测器考核标定等 |

续表

| 孔道名称 | 特点 | 应用方向 |
|---|---|---|
| 水平切向孔道 | 与堆芯呈切向布置，结构与水平径向孔道相同 | 核物理实验、反应堆屏蔽、辐射化学研究和材料辐照实验等 |
| 中子照相孔道 | 从热柱空腔引出热中子束，经均匀和准直后形成高质量的热中子束 | 中子无损检测实验、中子照相 |
| 热柱 | 经过对伽马的屏蔽和快中子的热化，形成镉比、中子伽马比、中子注量率可调的热中子场 | 热中子剂量仪表标定、生物辐照实验、热中子实验等 |
| 中子气动装置 | 孔道位于堆芯外围石墨圈，中子注量率高，一般样品量较小，可在运行工况下进出堆芯 | 中子活化分析 |
| 中央垂直孔道 | 位于堆芯中央水腔，是中子注量率最大的辐照实验孔道，也是与堆芯冷却剂接触的湿孔道 | 同位素生产、靶件辐照、材料辐照实验等 |

### 3.4.2　西安脉冲反应堆中子参数测试

为了解热柱孔道辐射场分布特点，刘书焕等[45]根据脉冲堆热柱孔道几何特点和设计的飞行时间法中子能谱测量系统配置，考虑了实验系统和环境因素对测量能谱准确性的影响；同时，利用金箔活化法测得热柱孔道出口前端热中子注量率为 $1.18 \times 10^5 \mathrm{n \cdot cm^{-2} \cdot s^{-1}}$，热中子注量率测量的不确定度为 3%。采用飞行时间法测量了西安脉冲反应堆热柱孔道热中子束流中子能谱分布，能谱测量结果较 Thermal Maxwellian 理论谱(20℃)偏软，这是由于堆池水和热柱孔道石墨体对孔道中子束流的充分慢化，热中子谱的平均能量为(0.042±0.01)eV，结果如图 3.27 所示。

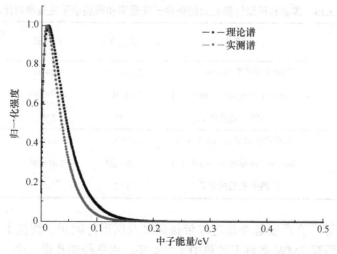

图 3.27　实测热中子谱与 Thermal Maxwellian 理论谱对比

　　西安脉冲反应堆 1# 水平径向孔道位于水平切向孔道与辐照腔之间,如图 3.26 所示。图 3.26 中 A 点为堆芯中央;B 点为 1# 水平径向孔道入口处中心;C 点为孔道出口处中心;BC 之间的距离为 237cm(孔道纵向空间分布距离);$r$ 为以 C 为原点垂直轴线 BC 的计数半径(即出口点横向空间分布距离)。孔道前端垂直于堆芯,堆芯出射的射线束经过反应堆水池和重混凝土生物屏蔽层到达外表面。该孔道可以开展裂变转换靶装置的建立、射线探测系统灵敏度标定、材料和电子元器件抗核辐射性能考核等实验研究,是脉冲堆应用的一条重要实验孔道。孔道出口处为中子、伽马混合场,必须获得准确的辐射场参数,为脉冲堆安全运行及其应用研究提供孔道热中子能谱和中子注量率参数。

　　全林等[46]对西安脉冲反应堆 1# 水平径向孔道出口处的中子能谱、伽马能谱和热中子注量率等参数进行了计算和测量,如图 3.28 和表 3.15 所示。

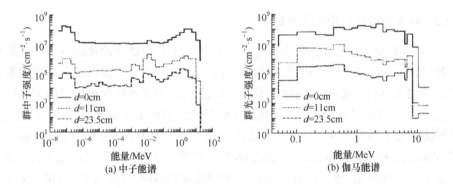

图 3.28　1# 水平径向孔道出口处的中子能谱和伽马能谱

**表 3.15　实验和理论计算得到的热中子注量率和超热中子注量率对比表**

| 测量位置 | 项目 | 实验值 | 理论值 | 理论值与实验值之比 |
|---|---|---|---|---|
| B<br>(孔道前端) | 热中子注量率/(n · cm⁻² · s⁻¹) | $2.15\times10^{12}$ | $2.32\times10^{12}$ | 1.08 |
| | 超热中子注量率/(n · cm⁻² · s⁻¹) | $3.62\times10^{11}$ | $4.63\times10^{11}$ | 1.28 |
| | 热中子/超热中子 | 5.93 | 5.02 | 0.85 |
| C<br>(孔道出口处) | 热中子注量率/(n · cm⁻² · s⁻¹) | $5.23\times10^{8}$ | $6.41\times10^{8}$ | 1.23 |
| | 超热中子注量率/(n · cm⁻² · s⁻¹) | $1.44\times10^{8}$ | $2.01\times10^{8}$ | 1.40 |
| | 热中子/超热中子 | 3.62 | 3.18 | 0.88 |

　　阿景烨等[47]在西安脉冲反应堆带核调试及试运行期间,测量了中央实验孔道、跑兔辐照管 2MW 条件下的热中子注量率,水平径向孔道、中子照相孔道、

热柱 2MW 条件下的热中子注量率, 中子照相孔道和热柱中子、伽马比, 脉冲运行条件下辐照腔等参数。测试的原理与方法如下。

(1) 中子能谱的测定采用多箔活化法, 共选取 20 余种活化箔, 利用 SAND-Ⅱ迭代解谱程序解出中子能谱分布, 并计算出总积分注量、积分热中子注量和积分快中子注量。

(2) 中子的两群注量(热中子注量和超热中子注量)的测定采用以 Au 为参比体的 $K_0$ 值法。测定方法选用以下三种对比, 或者其中的一种或两种:①以锆为活化箔探测器的双同位素箔法;②Au、Mn 样品联合求解, 测量热、超热两群中子注量参数;③Au、Zr 三同位素联合求解和拟合求解。

(3) 采用 Au 样品比对实验测定中子注量梯度、均匀性。

(4) γ剂量测试采用 $^7$LiF(Mg, Ti)热释光剂量片。对于新反应堆, 孔道中子、γ比测量的理论前提:①同一测点, 堆功率不同时, 中子能谱不变;②同一测点, 中子、γ比值不随堆功率变化而变化, 但对于旧反应堆, 由于γ本底较高, 需校正本底;③同一孔道的不同测点, 中子注量率和γ剂量率各自的比值不随堆功率变化而变化;④各测点上中子注量率(γ剂量率)与堆功率成正比。

表 3.16 给出了稳态堆芯 2MW 功率下中子注量率的测量结果。

表 3.16　稳态堆芯 2MW 功率下中子注量率的测量结果

| 反应堆位置 | 热中子注量率 /$(n \cdot cm^{-2} \cdot s^{-1})$ | 超热中子注量率 /$(n \cdot cm^{-2} \cdot s^{-1})$ | 热中子注量率/超热中子注量率 |
|---|---|---|---|
| 跑兔辐照管 1 | $1.41 \times 10^{13}$ | $3.79 \times 10^{11}$ | 37.2 |
| 1$^\#$水平径向孔道前端中心 | $2.15 \times 10^{12}$ | $3.59 \times 10^{10}$ | 59.9 |
| 2$^\#$水平径向孔道前端中心 | $2.27 \times 10^{11}$ | $1.64 \times 10^{9}$ | 138.4 |
| 1$^\#$水平径向孔道出口处中心 | $5.23 \times 10^{8}$ | $1.43 \times 10^{7}$ | 36.6 |
| 2$^\#$水平径向孔道出口处中心 | $1.66 \times 10^{8}$ | $4.22 \times 10^{6}$ | 39.3 |
| 中央孔道距燃料芯块底端 165mm 处 | $4.69 \times 10^{13}$ | $7.22 \times 10^{11}$ | 65.0 |
| 中央孔道距燃料芯块底端 195mm 处 | $4.45 \times 10^{13}$ | $6.95 \times 10^{11}$ | 64.0 |
| 中子照相孔道出口处中心 | $1.30 \times 10^{6}$ | $3.73 \times 10^{4}$ | 34.9 |
| 热柱距堆芯 2.85m 处中心 | $2.75 \times 10^{8}$ | $1.06 \times 10^{6}$ | 259.4 |

近年来, 中国原子能科学研究院的中国先进研究堆、四川绵阳的国家核技术工业应用工程技术研究中心的中国绵阳研究堆的建设和投入运行, 为辐射效应的实验研究提供了便利条件。

# 3.5 小　结

开展中子地面模拟实验必须要有合适的中子辐射模拟装置，主要包括：单能(或准单能)中子源、白光中子源和反应堆中子源等。以散裂中子源为代表的白光中子源由于具有能量范围宽、通量高等优点，近年来得到了迅速发展。

白光中子源在要求条件与真实自然环境相似的测试中很重要，而单能(或准单能)中子源在测量单个事件效应对能量的依赖性方面非常关键。用单能(或准单能)中子源进行的测试虽然耗时，但却非常重要。这一点在接近阈能的低能区更是如此。

目前，中子辐射装置的数量和作用还相当有限。未来需要强度更高的稳态中子源或脉冲中子源，以满足开展中子辐照实验和其他科学研究的需要。

## 参 考 文 献

[1] GOSSETT C A, HUGHOLCK B W, KATOOZI M, et al. Single event phenomena in atmospheric neutron environments [J]. IEEE Transactions on Nuclear Science, 1993, 40(6): 1845-1852.

[2] JOHANSSON K, DYREKLEV P, GRANBOM B, et al. Energy-resolved neutron SEU measurements from 22 to 160 MeV[J]. IEEE Transactions on Nuclear Science, 1998, 45(6): 2519-2526.

[3] OLSEN J, BECHER P E, FYNBO P B, et al. Neutron-induced single event upsets in static RAMS observed at 10km flight altitude [J]. IEEE Transactions on Nuclear Science, 1993, 40(2): 74-77.

[4] 中村刚史, 马场守, 伊部英治, 等. 大气中子在先进存储器件中引起的软错误[M]. 陈伟, 石绍柱, 宋朝晖, 等, 译. 北京: 国防工业出版社, 2015.

[5] JEDEC Solid State Technology Association. JESD89A-revision of JEDEC standard no.89：Measurement and reporting of alpha particle and terrestrial cosmic ray-induced soft errors in semiconductor devices[S/OL]. [2017-12-15]. http://www.seutest.co.

[6] 丁厚本, 王乃彦. 中子源物理[M]. 北京: 科学出版社, 1984.

[7] 丁大钊, 叶春堂, 赵志祥, 等. 中子物理学——原理、方法与应用(上册)[M]. 北京: 原子能出版社, 2001.

[8] 汲长松. 中子探测实验方法[M]. 北京:原子能出版社, 1982.

[9] 祖秀兰, 娄本超. ns-200 中子发生器束流脉冲化技术研究及束流传输模拟计算[J]. 核电子学与探测技术, 2006, 26(6): 963-965.

[10] 娄本超. ns-200 中子发生器脉冲电源系统[J]. 中国核科技报告, 2008, 24(2): 86-93.

[11] 沈冠仁, 关遏令, 陈洪涛. CPNG 脉冲化装置的研制[J]. 核技术, 2002, 25(9): 730-736.

[12] 马鸿昌, 李际周. 加速器单能中子源常用数据手册[R]. 北京: 中国科学院原子能研究所, 1976.

[13] 刘林茂, 刘雨人, 景士伟. 中子发生器及其应用[M]. 北京: 原子能出版社, 2005.

[14] 张建福. 薄膜塑料闪烁探测器中子灵敏度标定方法研究[D]. 北京:中国原子能科学研究院, 2008.

[15] BABA M, TAKADA M, IWASAKI T, et al. Development of monoenergetic neutron calibration fields between 8keV to 15MeV[J]. Nuclear Instruments and Methods in Physics Research A, 1996, 376(1): 115-123.

[16] BABA M, HIRAKAWA N, IWASAKI T, et al. Measurement of fast neutron induced fission cross section for actinide nuclides[J]. Journal of Nuclear Science and Technology, 1989, 26(1): 11-14.

[17] The Neutron Source of National Physics Laboratory [EB/OL]. [2017-12-15]. http://www.npl.co.uk/jonrad/services/ rn0201.html.

[18] JUNGERMAN J A, BRADY F P. A Medium-energy neutron facility[J]. Nuclear Instruments & Methods, 1970, 89: 167-172.

[19] BOL A, LELEUX P, LIPNIK P, et al. A novel design for a fast intense neutron beam[J]. Nuclear Instruments & Methods, 1983, 214(2-3): 169-173.

[20] HANNA S S, MARTOFF C J, POCANIC D, et al. A monochromatic neutron facility for (n, p) reactions[J]. Nuclear Instruments and Methods in Physics Research A, 1997, 401: 345-354.

[21] CONDE H, HULTQVIST S, OLSSON N, et al. A facility for studies of neutron-induced reactions in the 50-200MeV range[J]. Nuclear Instruments and Methods in Physics Research A, 1990, 292(1): 121-128.

[22] POMP S, PROKOFIEV A V, BLOMGREN J, et al. The new uppsala neutron beam facility[C] //Proceedings of International Conference on Nuclear Data for Science Technology, Santa Fe, 2005: 780-783.

[23] Indiana University Cyclotron Facility [EB/OL]. [2017-12-15]. http: //www.iucf.indiana.edu/.

[24] TANAKA S, NAKAMURA T, BABA M, et al. Evolution by Accelerators[C] //Proceedings of 2nd International Symposium on Advanced Nuclear Energy Research, Mito, 1992: 342.

[25] SAKAI H, OKAMURA H, OTSU H, et al. Facility for the (p, n) polarization transfer measurement[J]. Nuclear Instruments and Methods in Physics Research A, 1995, 343(1): 162-166.

[26] TERAKAWA A, SUZUKI H, KUMAGAI K, et al. New fast-neutron time-of-flight facilities at CYRIC [J]. Nuclear Instruments and Methods in Physics Research A, 2002, 491: 419-425.

[27] BABA M. Quasi-monoenergetic neutron sources[C] //Proceedings of International Symposium on Fast Neutron Detection and its Application (FNDA), Uppsala, 2006: 21-28.

[28] NAKAO N, UWAMINO Y, NAKAMURA T, et al. Development of a quasi-monoenergetic neutron field using the $^7$Li(p, n)$^7$Be reaction in the 70-210MeV energy range at RIKEN[J]. Nuclear Instruments and Methods in Physics Research A, 1999, 420: 218-231.

[29] TANIGUCHI S, NAKAO N, NAKAMURA T, et al. Development of a quasi-monoenergetic neutron field using the $^7$Li(p, n)$^7$Be reaction in the energy range from 250 to 390MeV at RCNP[J]. Radiation Protection Dosimetry, 2007, 126(1-4): 23-27.

[30] BABA M, NANCHI Y, IWASAKI T, et al. Characterization of a 40-90MeV $^7$Li(p, n) neutron source at TIARA using a proton recoil telescope and a TOF method[J]. Nuclear Instruments and Methods in Physics Research A, 1999, 428(2-3): 454-465.

[31] NOLTE R, ALLIE M S, BINNS P J, et al. High-energy neutron reference fields for the calibration of detectors used in neutron spectrometry[J]. Nuclear Instruments and Methods in Physics Research A, 2002, 476: 369-373.

[32] BABA M, OKAMURA H, HAGIWARA M, et al. Installation and application of an intense $^7$Li(p, n) neutron source for 20-90MeV region[J]. Radiation Protection Dosimetry, 2007, 126(1-4): 13-17.

[33] 胡西多, 陈少文, 曾志峰, 等. 中子散射技术及中国散裂中子源概述[J]. 东莞理工学院学报, 2007, 14(5):43-46.

[34] 张天爵.中国原子能科学研究院回旋加速器发展综述和展望[C] //中国核科学技术进展报告(第三卷)粒子加速器分卷. 北京: 原子能出版社, 2014.

[35] 王迪. 西安 200MeV 质子装置实验站束流均匀性监测系统研制[D]. 西安: 西北核技术研究所, 2016.

[36] 唐靖宇, 敬罕涛, 夏海鸿, 等. 先进裂变核能的关键核数据测量和 CSNS 白光中子源[J]. 原子能科学技术, 2013, 47(7): 1089-1095.

[37] CHEN Y H, LUAN G Y, BAO J, et al. Neutron energy spectrum measurement of the Back-n white neutron source at CSNS[J]. The European Physical Journal A. 2019, 55(115): 12808-1-12808-10.

[38] LANSCE Home Page[EB/OL]. [2017-12-15]. http://www.lanl.gov.

[39] WENDER S A, BALESTRINI S, BROWN A, et al. A fission ionization detector for neutron flux measurements at a spallation source[J]. Nuclear Instruments and Methods in Physics Research A, 1993, 336: 226-231.

[40] YAHAGI Y, IBE E, YAMAMOTO S, et al. Versatility of SEU function and its derivation from the irradiation tests with well-defined white neutron beams[J]. IEEE Transactions on Nuclear Science, 2005, 52(5): 1562-1567.

[41] BLACKMORE E W, DODD P E, SHANEYFELT M R. Improved capabilities for proton and neutron irradiation at TRIUMF[C]// Proceeding of 2003 IEEE Radiation Effects Data Workshop, Monterey, 2003: 149-155.

[42] Neutron Source of RCNP [EB/OL]. [2017-12-15]. http://www.rcnp.osaka-u.ac.jp/Division/npl-a/n0/information/index.html.

[43] 凌备备, 杨延洲. 核反应堆工程原理[M]. 北京:原子能出版社, 1982.

[44] 陈伟, 江新标, 陈立新, 等. 铀氢锆脉冲反应堆物理与安全分析[M]. 北京:科学出版社, 2018.

[45] 刘书焕, 江新标, 于青玉, 等.西安脉冲堆热柱孔道中子束流参数测量[J]. 核动力工程, 2007, 28(4): 1-4.

[46] 仝林, 江新标. 西安脉冲堆 1#径向孔道等效平面源的模拟计算[J]. 核动力工程, 2007, 28(6): 4-8.

[47] 阿景烨, 张文首, 王武尚, 等. 西安脉冲堆实验装置参数测试[J]. 核动力工程, 2002, 23(6): 85-88.

# 第4章 中子辐射环境测量技术

本章首先对中子辐射环境测量技术进行简要介绍，然后介绍空间辐射环境测量对探测系统的要求。针对这一要求，自主研制了空间环境高能中子探测系统，主要包括两类：一类是研制了基于液体闪烁体和塑料闪烁体的双层闪烁探测器，实现空间辐射场中高能中子、质子能谱的同时在线测量；另一类是研制了 Bonner 球探测系统，并在西藏羊八井宇宙射线观测站开展了大气中子实验测量工作，初步获得了羊八井地区大气中子的强度和能谱信息。本章对这两类探测系统的组成结构、探测原理、灵敏度标定和解谱技术分别进行介绍。

未来希望通过自研探测系统在我国空间飞行器上的搭载和运行，形成对空间中子能谱、强度和分布等参数的预报和测量能力，为我国空间飞行器的安全和抗辐射加固技术服务。

## 4.1 中子测量技术简介

### 4.1.1 大气中子探测技术

空间辐射环境主要来自高能宇宙射线与大气层中的氧、氮等原子相互作用引起的级联簇射，包括中子、质子、电子、γ射线等[1-2]。大气中子是导致临近空间[3]、航空和地面电子系统辐射效应的主要因素。目前，对空间辐射环境的认识主要还是依靠理论计算与模拟仿真[4-6]，由于缺乏实测数据，计算结果的准确性未经检验，对空间辐射环境的认识还不够深入。因此，必须开展空间辐射环境探测，特别是临近空间大气中子探测技术研究。

出于宇宙射线研究的需要，20 世纪 50 年代 Hess 等[7-8]最先开始对大气中子环境进行了系统的实验研究。他们先后将金活化片、含石蜡慢化层的 $BF_3$ 正比计数管、核乳胶等多种探测器放置在加州大学 White Mountain 实验室和新墨西哥州 Kirtland 空军基地的 B-36 轰炸机上，对低空大气中子环境进行探测。表 4.1 给出了他们在研究中使用过的中子探测器种类及在北纬 44°、高 3.3km 处的实验结果[9]。

表 4.1　不同种类中子探测器的实验结果

| 中子探测器种类 | 计算结果 | 实验结果 |
|---|---|---|
| 金活化片 | $4.9 \times 10^{-3} \mathrm{cm}^{-2} \cdot \mathrm{s}^{-1}$ | $(5.0 \pm 1.7) \times 10^{-3} \mathrm{cm}^{-2} \cdot \mathrm{s}^{-1}$ |
| $BF_3$ 正比计数管+7.62cm 石蜡慢化层 | $0.221 \mathrm{s}^{-1}$ | $(0.200 \pm 0.008) \mathrm{s}^{-1}$ |

| 中子探测器种类 | 计算结果 | 实验结果 |
|---|---|---|
| 裂变室 | 1.33h$^{-1}$ | (1.6±0.3)h$^{-1}$ |
| 正比计数管 | 1.46min$^{-1}$ | (1.55±0.18)min$^{-1}$ |
| 核乳胶 | 15cm$^{-3}$·d$^{-1}$ | 15 cm$^{-3}$·d$^{-1}$ |
| $^{14}$N(n, p)$^{14}$C 产生的 $^{14}$C | 3.1cm$^{-2}$·s$^{-1}$ | 2.6 cm$^{-2}$·s$^{-1}$ |
| BF$_3$ 正比计数管+ Cd 盖片 | 2.2×10$^{-3}$cm$^{-2}$ | (2.6±0.3)×10$^{-3}$cm$^{-2}$ |

　　20 世纪 90 年代以来，由于认识到大气中子对航空飞机的辐射损伤效应和对机组人员的健康威胁，促使人们进一步开展了航空高度大气中子实验研究。例如，1997 年美国国家航空航天局在高空飞机 ER-2 上利用多球中子谱仪测量了中子能谱。在航空高度，质子的能量偏低且强度较中子低一个量级以上，因此人们一般仅关注大气中子的影响。图 4.1 给出了空间中不同粒子的积分通量随高度的变化关系[10]。

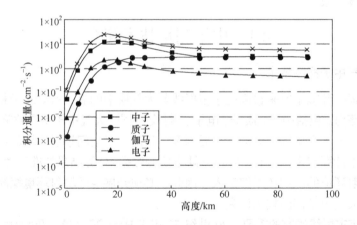

图 4.1　空间中不同粒子的积分通量随高度的变化关系

　　目前，对于高度为 20～100km 区域大气中子的探测研究相对较少。更高空域的探测研究仅见 Haymes 等[11]利用探空热气球开展的飞行实验，他们在热气球上搭载 BF$_3$ 正比计数管对大气中的慢中子进行探测研究，将探测范围扩展到 40km 左右的空域。图 4.2 是慢中子计数率随飞行高度的变化关系。

　　Gangnes 等[12]曾利用探空火箭搭载盖革计数器对总的宇宙射线强度进行探测研究，探测高度达 150km 以上。图 4.3 是总宇宙射线强度随高度变化的曲线，在 20km 左右时，总宇宙射线强度的峰值主要是大气中子的贡献[9]。

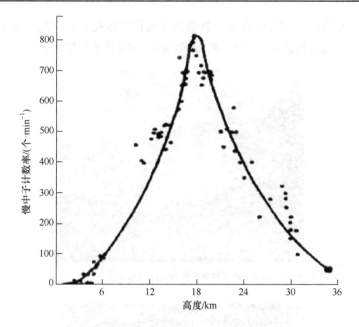

图 4.2 慢中子计数率随飞行高度的变化关系

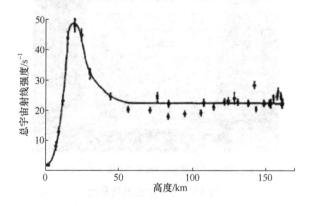

图 4.3 总宇宙射线强度随高度变化的曲线

探测临近空间(20~100km)的中子，关键是能谱测量，即将中子按照不同能量进行区分。另外还需要进行粒子甄别，将中子与质子、伽马等其他射线区分开。

以上探测方法中，盖革计数器不能区分粒子种类，核乳胶径迹探测器不能区分中子、质子，而 BF$_3$ 正比计数管没有能量分辨能力。为探测临近空间中子能谱，国外研究机构借鉴在航天飞机和航空高度中子探测的经验[13-14]，开发了 Bonner 球低能中子(热中子~数兆电子伏)探测系统和基于液体闪烁体的高能中子(数兆电子伏~100MeV)探测系统实验室样机，如图 4.4 所示。目前，尚未见到相关的应用报道或实测数据，而且样机也不具备质子能谱测量能力。因此，需要研究具有波形甄别能力的高性能中子探测器，同时兼顾高能质子的探测。

(a) 低能中子探测系统 (热中子～数兆电子伏)

(b) 高能中子探测系统 (数兆电子伏～100MeV)

图 4.4　中子能谱测量系统

在外层空间，辐射是以高能质子为主的初级宇宙射线，探测器包括核乳胶、热释光剂量仪，以及金硅面垒探测器、锂漂移探测器等半导体探测器[15-16]。此类探测器对中子、质子均灵敏，但无法区分高能中子、质子信号。

临近空间作为航空空间和外层空间的过渡空域，具有独特的空间辐射环境。从图 4.1 可知，在 50km 以上高空，中子与质子积分通量水平相当。因此，要求能够同时进行临近空间中子、质子能谱的测量，目前尚未见到相关文献报道，需要研究新的探测系统。

针对临近空间辐射环境的特点，以及临近空间飞行器所面临的主要辐射损伤威胁，辐射环境探测系统的研制工作应以临近空间高能中子探测为重点，同时兼顾高能质子的测量[17]。

临近空间高能中子、质子能谱测量必须解决以下关键问题：①强粒子分辨能力，包括对强本底伽马、电子的甄别和中子、质子信号的甄别。②高能量、宽能区测量问题，为覆盖 10～150MeV 能区，要求探测器具有较大的灵敏体积，这将影响系统能量分辨率的提高和性能参数标定工作的开展。③探测系统的小型化设计，以满足临近空间飞行器搭载要求。

根据上述分析和现有技术基础，认为临近空间辐射环境探测系统现阶段应达到的主要技术指标如下：测量中子能量范围为 10～100MeV，粒子能量分辨率<20%，探测系统整机质量≤10kg，性能稳定，工作可靠，成本尽可能低廉。

## 4.1.2　快中子能谱测量

为了研制临近空间辐射环境探测系统，实现 10～100MeV 的快中子能谱测量，对相关快中子能谱测量技术进行了调研。在单一中子场中衡量谱仪的优劣主要有三大指标，即能量分辨率、探测效率和动态范围。目前，国际上快中子能谱测量主要有以下五大技术手段[18-19]。

(1) TOF 谱仪：能量分辨率高、探测效率低、动态范围宽、使用最为广泛，但需要飞行距离和脉冲化，在临近空间无法实现。

(2) 利用核反应的快中子谱仪：$^3$He 夹心谱仪。能量分辨率约为 11%，探测效率约为 $3\times10^{-6}$(对应中子能量为 2.5MeV)，能量动态范围为 0.1～15MeV，可测能量范围不够宽。

(3) Bonner 球中子谱仪：动态范围一般从热能～几十兆电子伏，能量分辨率和探测效率取决于球壳的多少，但体积庞大。中子测量范围为热能～100MeV 时，需要外径为 2″～18″ 的 33 个球壳。

(4) 阈探测器测量方法：也称活化片法，动态范围为 0.1～18MeV，对测量时间有要求，不能在线测量。

(5) 反冲质子谱仪：①用含氢正比计数管的反冲质子谱仪，气体介质，探测效率低，动态范围为 0.02～2MeV。②反冲质子望远镜，能量分辨率好，但探测效率较低，小于 $1\times10^{-5}$，对入射中子有方向性要求。③反冲质子磁谱仪，由质子转换体、多丝正比室和磁分析器组成，中子能量测量上限高达 1600MeV，能量分辨率可达 3%，是目前世界上较为先进的高能中子测量方法。但体积庞大，造价高昂，只能在实验室使用。④核乳胶，能量分辨率好，动态范围宽，体积很小，使用方便。但探测效率低，对中子、质子都非常敏感，且在强伽马、电子本底下无法清晰判读反冲质子径迹，无法实现在线测量。⑤用有机闪烁体制成的反冲质子谱仪，探测效率很高；能量分辨率一般，但随中子能量提高逐渐改善；动态范围宽，下限主要由 n-γ 甄别下限决定，上限原则上没有限制。但随着中子能量的增加，中子与闪烁体中碳核的反应变得复杂，同时 n-p 散射微分截面的精度变差，由此引入的不确定度也随之增大。体积大小可根据需要调整，有固态和液态两种形式，制作方便，价格相对低廉。本书后续介绍的双层闪烁探测器就属于此种类型。

## 4.2 大气中子辐射探测器

在分析临近空间辐射环境特点并借鉴前人工作的基础上[20-23]，研制了可用于大气中子辐射环境和临近空间辐射环境测量的探测器，主要包括两类：双层闪烁探测器和 Bonner 球探测器[19]。

双层闪烁探测器方面，根据测量对象特点，建立了基于液体闪烁体(简称"液闪")和塑料闪烁体(简称"塑闪")两种闪烁体的双层探测器，实现临近空间辐射场高能中子、质子能谱测量的物理模型；研究了中子、质子与闪烁体的作用规律，基于欧洲核子研究中心开发的大型粒子输运模拟程序 GEANT4[24]计算了 10～150MeV 中子、质子与闪烁体作用产生的次级粒子能量强度谱，获得了主要次级粒子类型、贡献大小、级联粒子比重等信息；基于文献数据和 Cecil 发光修正理论[25]，研究了适用范围更大的闪烁发光修正参数，计算了发光能量谱，对闪烁体发光的贡献几乎全部来自质子，其次为 α、d 和 t 粒子；研究了光学模型和探测器结构参数对探测器光收集效率的影响，得到了液闪和塑闪的光收集效率差异；在此基础上对探测器进行了设计、优化和性能研究，研究了液闪尺寸、塑闪厚度、粒子入射角度等对探测器响应的影响，并计算了探测器能量响应矩阵。

Bonner 球探测器方面，采用国产 $^3$He 和 BF$_3$ 正比计数管，完成了慢化体的设计和加工，基于 MCNP5 程序计算了正比计数管和 Bonner 球探测器的中子能量响应。在中国原子能科学研究院高压倍加器上开展了 d-T 和 d-D 中子灵敏度标定实验[26]，研究了探测器的灵敏度及其与粒子入射方向的依赖关系。将自主开发的谱仪系统安放在西藏羊八井宇宙射线观测站，通过远程数据传输，开展了为期半年的大气中子实验测量工作。初步获得了羊八井地区的大气中子强度和能谱，同时也验证了 Bonner 球探测器能够长期、稳定、可靠的工作。

### 4.2.1 双层闪烁探测器

#### 1.探测器结构及工作原理

根据中子、质子和伽马、电子的甄别需要，设计了以下探测器方案：探测器主要由两层不同类型的闪烁体构成，内层为液体闪烁体，外层为塑料闪烁体；液闪和塑闪分别配合一只光电倍增管收集闪烁体发出的荧光，再分别转化成电信号输出。其结构设计如图 4.5 所示。

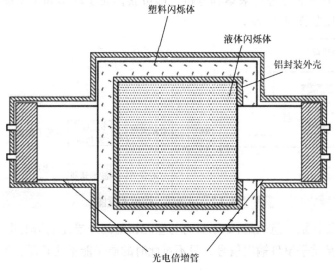

图 4.5　双层闪烁探测器结构设计

　　双层闪烁探测器的工作原理：当空间中同时存在质子和中子时，质子属于带电粒子，一旦进入探测器灵敏体积内，必然与外层闪烁体(塑闪)和内层闪烁体(液闪)都发生作用，使其都发荧光，如图 4.6(a)所示。

图 4.6　质子与中子的作用过程示意图

　　因此，两只光电倍增管都会输出脉冲电流信号，两路信号相加即代表了质子事件输出信号(低能质子可能被探测器外壳或外层的塑闪阻挡而不能进入内层液闪，此时只有与塑闪相配的一只光电倍增管有信号)；同时，由于外层闪烁体(塑闪)较薄，不带电的中子或伽马射线不易与其发生作用(发生核反应的概率很低)，绝大多数是穿过外层的塑闪与内层的液闪发生作用(因为液闪体积较大，发生核反应的概率较高)，即此时只有与液闪相配的内层光电倍增管有输出信号,如图 4.6(b)所示。

　　虽然中子、伽马射线都会与内层的液闪发生相互作用，但由于液闪本身具有中子/伽马射线分辨能力，其中子信号与伽马信号的脉冲形状有一定差别，利用后端脉冲甄别电路即可对其进行实时甄别，得到中子信号。通过多道系统对探测器质子信号和中子信号进行采集和分析，即可获得质子能谱和中子能谱。探测器工作原理框图如图 4.7 所示。

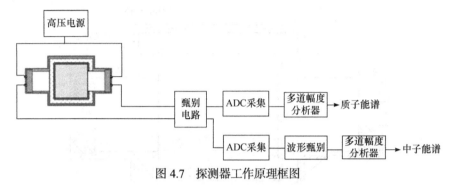

图 4.7　探测器工作原理框图

这里需要特别注意的是，如果只有与塑闪相配的外层光电倍增管有信号输出，则极有可能是质子事件输出信号，只不过此时的质子能量比较低，不是研究的重点测量范围。

2. 中子、质子与闪烁体的相互作用

以上所使用的液体闪烁体和塑料闪烁体均为有机闪烁体，其主要成分均为氢元素和碳元素，几种有机闪烁体的主要性能参数如表 4.2 所示[27-30]。

表 4.2　几种有机闪烁体的主要性能参数

| 主要参数 | 液体闪烁体 | | 塑料闪烁体 | | |
|---|---|---|---|---|---|
| | EJ-301 | BC-501A | EJ-299-13 | BC-444 | ST401 |
| 光输出(相对于蒽)/% | 60 | 78 | 41 | 41 | 40 |
| 峰值波长/nm | 425 | 425 | 435 | 428 | 423 |
| 快成分衰减时间/ns | 3.5 | 3.2 | 285 | 285 | 3 |
| 密度/(g·cm⁻³) | 0.9 | 0.874 | 1.035 | 1.032 | 1.06 |
| 氢碳比 | 1.61 | 1.212 | 1.109 | 1.109 | 1.1 |

因此，研究探测器与辐射的作用机理，本质上就是研究中子、质子(特别是高能中子和高能质子)与氢元素和碳元素的作用规律及其对中子探测过程的影响[31]。

1) 作用截面

中子与氢核和碳核的作用截面分别如图 4.8 和图 4.9 所示。对于 10～150MeV 能区，碳核的作用截面与氢核相当，甚至更大。

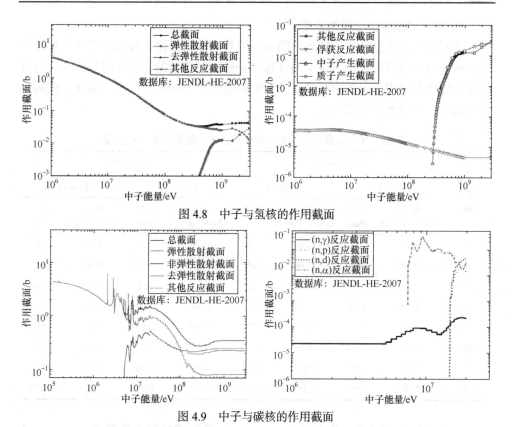

图 4.8　中子与氢核的作用截面

图 4.9　中子与碳核的作用截面

中子与碳核的非弹性散射截面如图 4.10，主要反应包括 $^{12}C(n, np)^{11}B$、$^{12}C(n, 2n)^{11}C$、$^{12}C(n, n'\gamma)^{12}C$、$^{12}C(n, 3\alpha)n'$、$^{12}C(n, \alpha)^{9}Be$ 等。

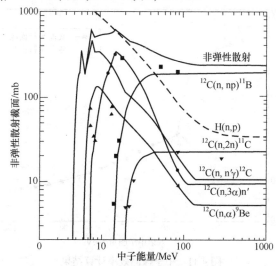

图 4.10　中子与碳核的非弹性散射截面

2) 质子射程与中子探测效率

探测器所能测量的中子能量范围由探测器液体闪烁体几何尺寸和中子转化产生的质子射程共同决定。表 4.3 是计算得到的不同能量的质子在闪烁体中的电离能量损失率和射程。由表中数据可知，为测量 10～100MeV 的中子能谱，探测器几何尺寸至少应大于 90.2mm。

表 4.3　不同能量的质子在闪烁体中的电离能量损失率和射程

| 质子能量/MeV | 液体闪烁体 | | | | 塑料闪烁体 | | | |
|---|---|---|---|---|---|---|---|---|
| | EJ-301 | | BC-501A | | EJ-299-13 | | BC-444 | |
| | dE/dx /(MeV·mm⁻¹) | 射程 /mm | dE/dx /(MeV·mm⁻¹) | 射程 /mm | dE/dx /(MeV·mm⁻¹) | 射程 /mm | dE/dx /(MeV·mm⁻¹) | 射程 /mm |
| 10 | 3.97 | 1.4 | 3.94 | 1.4 | 4.70 | 1.2 | 4.68 | 1.2 |
| 20 | 2.26 | 4.9 | 2.24 | 4.9 | 2.67 | 4.1 | 2.66 | 4.2 |
| 50 | 1.07 | 25.7 | 1.06 | 25.9 | 1.27 | 21.8 | 1.27 | 21.8 |
| 100 | 0.628 | 89.3 | 0.621 | 90.2 | 0.741 | 75.6 | 0.738 | 75.8 |
| 150 | 0.468 | 182.8 | 0.463 | 184.7 | 0.552 | 154.9 | 0.551 | 155.3 |
| 200 | 0.386 | 301.1 | 0.382 | 304.3 | 0.455 | 255.2 | 0.454 | 255.9 |
| 500 | 0.234 | 1360 | 0.231 | 1380 | 0.276 | 1160 | 0.275 | 1160 |
| 1000 | 0.187 | 3820 | 0.185 | 3860 | 0.22 | 3240 | 0.22 | 3250 |

假设探测器液闪尺寸为 $\phi$100mm×100mm，外层塑料闪烁体厚度为 4mm。利用 GEANT4 计算该尺寸下不同能量中子探测效率，结果如图 4.11 所示。

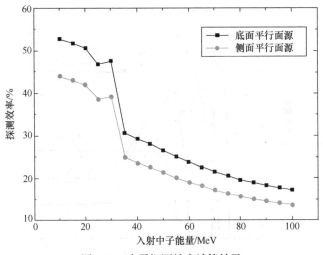

图 4.11　中子探测效率计算结果

由图 4.11 可知，当能量低于 100MeV 时，中子探测效率高于 10%。结合图 4.1 临近空间辐射环境数据和计算结果可知，2～10h 即可完成一次中子能谱测量。

3) 次级粒子类型及能谱信息

中子、质子入射后，通过与氢、碳核的散射作用或核反应产生带电粒子，这些粒子在探测器中沉积能量并引起信号输出，因此须研究各类带电粒子贡献的大小[31]。利用 GEANT4 计算了中子、质子入射到 6 英寸液闪(BC501A)后所产生的次级粒子强度和能谱分布情况。

在 10～150MeV 能区，利用 GEANT4 中的 QGSP_BERT_HP 模型进行计算，记录到了 30 余种中子产生的次级粒子，其中以 p、α 和 $^{12}$C 为主，其次为 d、T、$^3$He、$^8$Be、$^{10}$B、$^{11}$B、$^{11}$C，这 10 种粒子所占比重在 96%以上，如表 4.4 所示。质子入射产生的主要次级粒子及其比重如表 4.5 所示，与中子入射时的结果非常类似。

表 4.4　中子与液体闪烁体作用产生的主要次级粒子及其比重

| 中子能量/MeV | p | d | T | $^3$He | α | $^8$Be | $^{10}$B | $^{11}$B | $^{11}$C | $^{12}$C | 比重 |
|---|---|---|---|---|---|---|---|---|---|---|---|
| 10 | 0.571 | 0.006 | 0 | 0 | 0.035 | 0 | 0 | 0 | 0 | 0.350 | 0.962 |
| 20 | 0.353 | 0.007 | 0 | 0 | 0.086 | 0.060 | 0 | 0.007 | 0 | 0.474 | 0.987 |
| 60 | 0.285 | 0.016 | 0.012 | 0.004 | 0.194 | 0.055 | 0.023 | 0.041 | 0.018 | 0.327 | 0.975 |
| 100 | 0.289 | 0.027 | 0.014 | 0.008 | 0.194 | 0.058 | 0.025 | 0.034 | 0.025 | 0.297 | 0.971 |
| 150 | 0.330 | 0.036 | 0.016 | 0.011 | 0.210 | 0.062 | 0.029 | 0.038 | 0.037 | 0.198 | 0.967 |

表 4.5　质子与液体闪烁体作用产生的主要次级粒子及其比重

| 质子能量/MeV | p | d | T | $^3$He | α | $^8$Be | $^{10}$B | $^{11}$B | $^{11}$C | $^{12}$C | 比重 |
|---|---|---|---|---|---|---|---|---|---|---|---|
| 10 | 0.524 | 0 | 0 | 0 | 0.009 | 0 | 0 | 0 | 0 | 0.462 | 0.995 |
| 20 | 0.358 | 0 | 0 | 0 | 0.027 | 0.024 | 0 | 0 | 0 | 0.585 | 0.994 |
| 60 | 0.300 | 0.004 | 0.002 | 0.001 | 0.164 | 0.051 | 0.009 | 0.018 | 0.017 | 0.422 | 0.988 |
| 100 | 0.344 | 0.012 | 0.006 | 0.004 | 0.167 | 0.051 | 0.016 | 0.024 | 0.021 | 0.338 | 0.983 |
| 150 | 0.423 | 0.023 | 0.011 | 0.008 | 0.169 | 0.051 | 0.023 | 0.033 | 0.025 | 0.210 | 0.976 |

值得注意的是，由于中子、质子产生的次级粒子能量较高、液闪体积较大，存在级联效应(主要是次级中子或质子与物质继续发生作用)。不同能量的中子、质子入射到 6 英寸液闪(BC501A)中，级联效应产生的次级粒子所占比重如表 4.6 所示。入射粒子能量越高，级联次级粒子所占比重就越大。这部分效应不可忽略，因此后续工作均考虑所有次级粒子的总效应。中子、质子在 BC501A 中产生的次

级粒子能量谱分布如图 4.12 所示。

**表 4.6　级联效应产生的次级粒子所占比重**

| 入射粒子 | | 级联次级粒子比重/% | 入射粒子 | | 级联次级粒子比重/% |
|---|---|---|---|---|---|
| 类型 | 能量/MeV | | 类型 | 能量/MeV | |
| 中 | 10 | 14.52 | 质 | 10 | 0.50 |
| | 20 | 25.10 | | 20 | 0.76 |
| | 60 | 31.49 | | 60 | 7.29 |
| 子 | 100 | 33.23 | 子 | 100 | 14.57 |
| | 150 | 36.24 | | 150 | 22.30 |

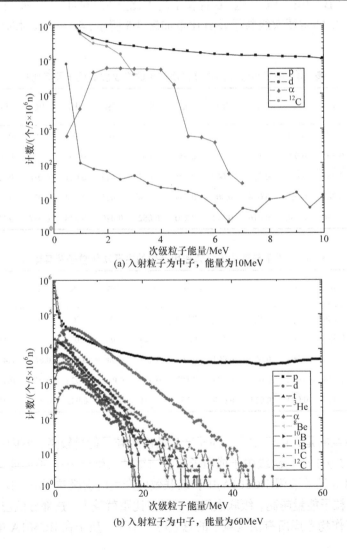

(a) 入射粒子为中子，能量为10MeV

(b) 入射粒子为中子，能量为60MeV

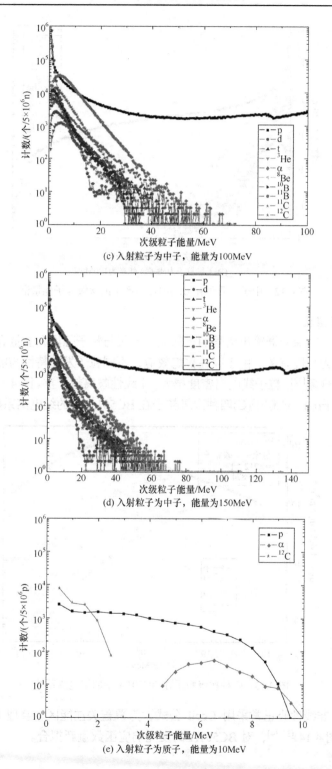

(c) 入射粒子为中子，能量为100MeV

(d) 入射粒子为中子，能量为150MeV

(e) 入射粒子为质子，能量为10MeV

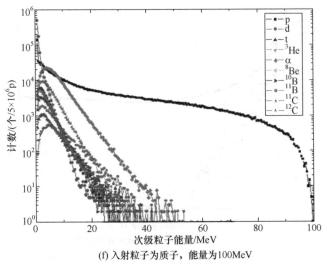

(f) 入射粒子为质子，能量为100MeV

图 4.12　中子、质子在 BC501A 中产生的次级粒子能量谱

4) 发光修正

次级粒子对探测器输出信号的贡献大小不仅与粒子强度和能量有关，还与液闪本身的发光特性有关。由于存在猝熄效应，不同粒子发光特性与能量沉积之间存在非线性现象[32]。粒子线电离密度越大，非线性歧离越严重。图 4.13 是质子(p)、氘(d)、α粒子(α)、C 粒子(C)四种次级粒子在 BC501A 中的线电离系数。

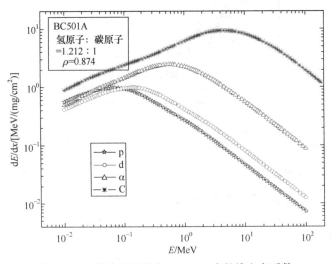

图 4.13　四种次级粒子在 BC501A 中的线电离系数

目前，非线性修正常采用 Cecil 公式，为覆盖关注能区，整理了相关文献报道的数据(图 4.14)[33-34]，对 BC501A 的发光响应函数重新拟合。

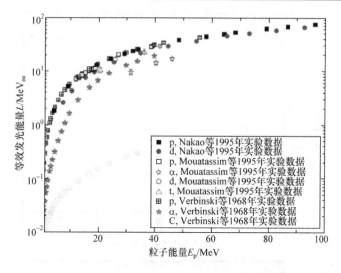

图 4.14　带电粒子在 BC501A 中的发光响应测量结果

参照 Cecil 公式[25]，设拟合函数为 $L = \alpha_1 E_p - \alpha_2 \left[ 1.0 - \exp(-\alpha_3 E_p) \right]$，其中，$L$ 为等效发光能量(MeVee)，$E_p$ 为带电粒子能量，$\alpha_1$、$\alpha_2$、$\alpha_3$ 为拟合系数。利用最小二乘法进行拟合后，得到的参数拟合结果如表 4.7 所示。

表 4.7　液闪 BC501A 发光响应参数拟合结果

| 粒子类型 | 拟合系数 | | | 拟合参数 $R$ |
|---|---|---|---|---|
| | $\alpha_1$ | $\alpha_2$ | $\alpha_3$ | |
| 质子 | 0.7894 | 2.067 | 0.3685 | 0.9986 |
| D 粒子 | 0.7487 | 4.306 | 0.1941 | 0.9995 |
| α 粒子* | 0.6946 | 8.469 | 0.09296 | 0.9997 |
| C 粒子 | 0.02656 | 1.872 | 0.01123 | 0.9993 |

*α 粒子的发光函数拟合时，仅采用了 Verbinski 的实验数据。

综合文献[35]～[42]报道，取 $L_T(E)=L_D(E)$、$L_{Be}(E)=4.829 L_C(E)$、$L_B(E)=2.206 L_C(E)$。质子在塑料闪烁体(ST401)中的拟合系数 $\alpha_1 =0.6776$、$\alpha_2 =2.286$、$\alpha_3 =0.2453$，拟合参数 $R=0.9996$。中子入射到 BC501A 后，次级粒子沉积能量并发光，考虑发光修正后的等效发光能量谱如图 4.15 所示，在 10～150MeV 能区，等效发光能量几乎全部来自质子，其次为 α、d 和 t 等。

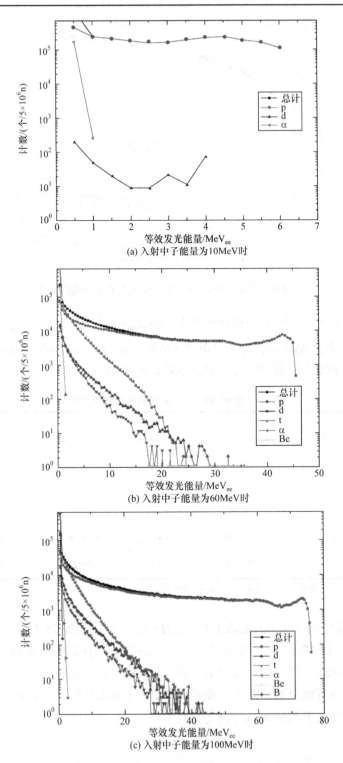

(a) 入射中子能量为10MeV时

(b) 入射中子能量为60MeV时

(c) 入射中子能量为100MeV时

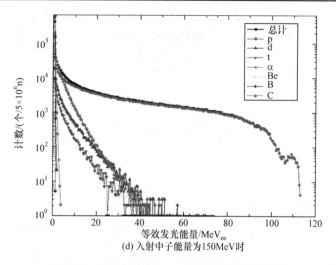

图 4.15　中子在 BC501A 中的等效发光能量谱

对比图 4.12 和图 4.15 可以看到，当入射中子能量在 100MeV 及其以下时，等效发光能量谱与液闪 BC501A 中产生的次级质子能量谱相似，近似为矩形；而当入射中子能量为 150MeV 时，高能端矩形边界变得不再明显，这主要是受液闪尺寸影响。

5) 光收集效率

闪烁体在抛光模型下，中子入射时的光收集效率随中子能量和闪烁体厚度的变化如图 4.16 所示，质子入射时的光收集效率随质子能量的变化如图 4.17 所示。中子入射时，塑闪中的光收集效率随着塑料闪烁体厚度增大而变高，随着中子能量升高而降低，10～150MeV 能区光收集效率变化约 15%；液闪中的光收集效率对塑料闪烁体的厚度和中子能量均不敏感。质子入射时情况类似。

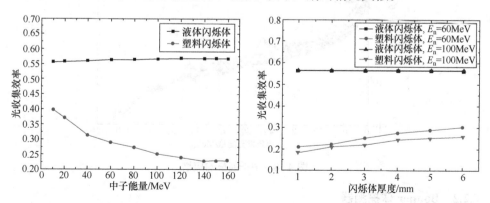

图 4.16　中子入射时的光收集效率随中子能量和闪烁体厚度的变化

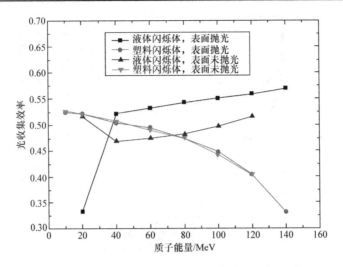

图 4.17　质子入射时的光收集效率随质子能量的变化

### 3. 探测器的能量响应

利用蒙特卡罗方法模拟计算了由 6 英寸 BC501A 和 5mm ST401 塑料闪烁体组成的双层闪烁探测器对中子和质子的能量响应，如图 4.18 和图 4.19 所示。模拟时假设中子源和质子源均为空间球面源，图中计数都是在入射中子数和质子数为 100 万个时获得的结果(没有归一)。

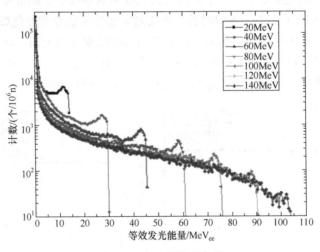

图 4.18　中子能量响应谱

### 4.2.2　Bonner 球探测器

除上述双层闪烁探测器外，应用 Bonner 球探测器也是实现 10～100MeV 中

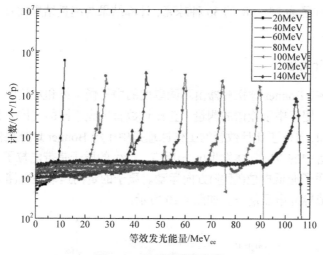

图 4.19　质子能量响应谱

子能谱测量的另一个可行的方案,为此开展了 Bonner 球探测器的中子能谱探测技术研究。

1. Bonner 球探测原理

Bonner 球中子谱仪,又称多球中子谱仪,是由多个直径不同的聚乙烯慢化体球壳组成的。球壳的中心放置体积较小的热中子探测器,主要是 $^3$He 正比计数管或 $^6$Li 探测器,有时也用 $BF_3$ 正比计数管和对热中子灵敏的活化片或带转换体(如 $^{10}$B、$^6$Li、$^{235}$U 等)的径迹探测器。$^3$He 正比计数管用得最多,因为它对热中子的灵敏度比其他探测器高一个数量级以上。球壳的外径一般为 5~40cm,视测量中子最高能量而定。直径越大,测量的中子能量越高。球壳的内径一般为 2~5cm,条件是放得下中子探测器。

Bonner 球中子谱仪的测量原理如下:假设有 $N_d$ 个大小不同的球壳,第 $i$ 个球壳的中子计数为

$$M_i = \int_{E_{min}}^{E_{max}} F_i(E)\Phi(E)\mathrm{d}E \quad (i=1,2,\cdots,N_d) \tag{4.1}$$

式中,$F_i(E)$ 为该球壳对能量为 $E$ 的中子的响应函数;$\Phi(E)$ 为待测中子能谱;$E_{min}$ 和 $E_{max}$ 为待测中子的最低能量和最高能量。

通过解谱,即从 $N_d$ 个 $M_i$,以及每个球壳对单能中子的响应函数 $F_i(E)$ 中求出 $\Phi(E)$,从而得到中子能谱。

不同球壳的单能中子响应矩阵是采用实验测量和蒙特卡罗计算相结合的方法得到的。目前,这方面的计算已比较完善,据文献报道,对于热能~100MeV 的

51 个能点和外径为 2″～18″的 33 种球壳，计算结果与测量结果在±8%的误差范围内一致[19]。

2. 正比计数管

如上所述，Bonner 球探测器由不同厚度的中子慢化体和对热中子敏感的正比计数管组成，用于中子能谱的测量。正比计数管内充不同的气体，其工作原理有所不同。例如，$^3$He 正比计数管的工作原理是中子经 Bonner 球外层慢化体慢化后与正比计数管中的 $^3$He 气体发生(n, p)反应，产生的质子是带电粒子。在高压电场的作用下，质子向低电位(管壁)方向运动。质子的定向运动在电路上产生感应电压脉冲，形成脉冲电压信号，如图 4.20 所示。

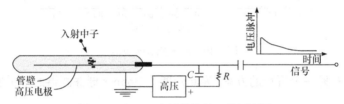

图 4.20　$^3$He 正比计数管的工作原理图

正比计数管包括 $^3$He 正比计数管和 BF$_3$ 正比计数管两种。前者工作电压较低并可以工作在较高的中子计数率环境下；而后者工作电压偏高且探测效率较前者略低，但坪区更长且价格便宜得多。考虑到空间中子强度不高，以及降低实验成本的需要，专门定制了一批 BF$_3$ 正比计数管，并订购了一个 $^3$He 正比计数管作对比。为保证空间探测时的各向同性，所有正比计数管的主体部分都加工成直径为 50 mm 的球形，$^3$He/ BF$_3$ 正比计数管外观如图 4.21 所示。正比计数管的外壳采用不锈钢金属制成，中心阳极为镀金钨丝。连接筒一端采用 LEMO ERAOS 插座，配套使用的是 LEMO ERAOS 插头。

图 4.21　$^3$He/BF$_3$ 正比计数管外观

3. 慢化体设计

当慢化体材料确定为聚乙烯后，慢化体的尺寸决定了 Bonner 球探测器对中子的能量响应。为实现中子能谱测量，需要制作一系列具有不同慢化体的 Bonner 球探测器，因此设计并加工制作了 11 套 Bonner 球探测器(9 种尺寸慢化体，如图 4.22 所示，夹铅层屏蔽和夹铁层屏蔽各一种)，Bonner 球探测器内部结构如图 4.23 所示。

图 4.22　Bonner 球探测器

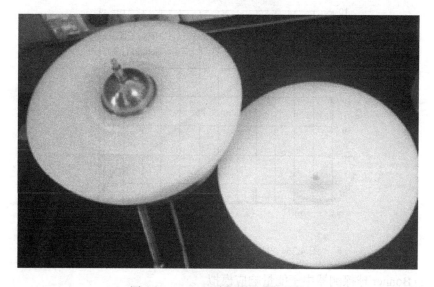

图 4.23　Bonner 球探测器内部结构

### 4. 探测器中子响应模拟计算

探测器响应的理论研究分两步进行，先研究 $^3$He 正比计数管的本征响应，再研究完整 Bonner 球探测器的能量响应。正比计数管和 Bonner 球探测器的中子响应可以用响应函数 R 来表示(R=中子计数率/中子注量率)。

1) ³He 正比计数管的本征响应

³He 正比计数管的本征响应理论计算模型如图 4.24 所示，³He 正比计数管的中子能量响应如图 4.25 所示。图 4.25 同时还展示了有、无管壳时的能量响应曲线，并与 ³He(n, p)³H 截面曲线进行了比较，获得的主要结论如下：

(1) 两者在 10eV 以上的能区完全匹配，表明理论计算模型正确；

(2) 低能区截面大，探测效率趋于 100%，因此与截面曲线偏离；

(3) 有管壳时，管壳对热中子的吸收将导致低能中子探测效率降低；

(4) ³He 正比计数管的最高探测效率出现在 10meV 左右。

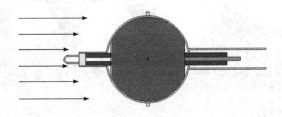

图 4.24　³He 正比计数管的本征响应理论计算模型

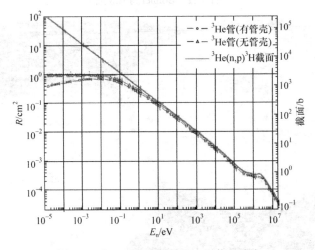

图 4.25　³He 正比计数管的中子能量响应

2) Bonner 球探测器中子能量响应模拟

采用 MCNP5 程序计算 Bonner 球探测器对中子的能量响应曲线。图 4.26 给出了不同尺寸 Bonner 球探测器的中子能量响应曲线。图 4.27 是 Bonner 球探测器(直径为 300.9mm)中分别设置夹铅层屏蔽和夹铁层屏蔽后的能量响应曲线。

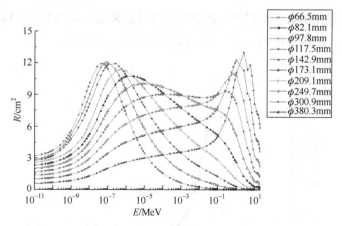

图 4.26　不同尺寸 Bonner 球探测器的中子能量响应曲线

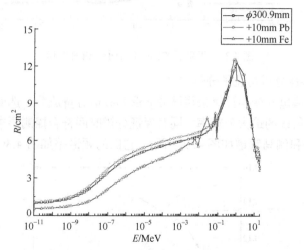

图 4.27　夹铅层屏蔽和夹铁层屏蔽的 Bonner 球探测器的中子能量响应曲线

### 4.2.3　粒子甄别与能谱采集

#### 1. 基于频域的粒子甄别方法研究

为了实现粒子甄别，已经建立了各种波形甄别方法[43]，如上升时间甄别法[44]、过零甄别法[45]、电荷比较法[46]、梯度比较法[47]、小波分析法[48]等。这些方法大多采用了数字化波形甄别电路，考虑到数字化波形甄别电路需采用高集成度芯片[49]，自身的抗辐射性能并不太适合应用于空间辐射探测[50]。因此，利用中子、伽马射线在液闪中产生的波形存在频谱差异，通过频域分析的方法来实现粒子分辨[43,51-52]。

#### 1) 获取中子、伽马波形

利用高采样率数字化示波器采集探测器在中子、伽马射线照射下的输出波形。

中子反应一般伴随着伽马射线，故利用从伽马源采回的波形参数来剔除中子场中的伽马波形，识别后的归一化中子、伽马波形如图 4.28 所示。

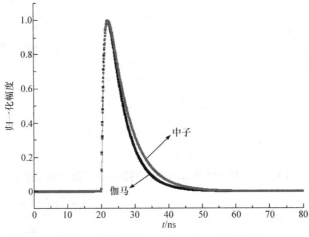

图 4.28　识别后的归一化中子、伽马波形

2) 频谱特性分析与粒子分辨方法

利用快速傅里叶变换计算采集脉冲波形的频谱分量成分，选取合适的频点实现中子、伽马射线的最大分辨率，同时保证分辨时间符合探测要求。

中子频谱和伽马频谱如图 4.29 所示，它们的频谱差如图 4.30 所示[22]。低频

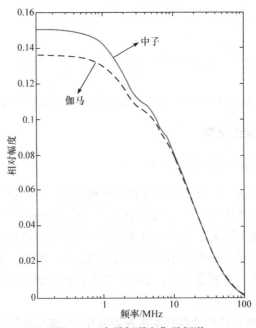

图 4.29　中子频谱和伽马频谱

区(0～10MHz)，中子频谱和伽马频谱差异较大，且中子频谱占优势；15MHz 时，中子频谱和伽马频谱强度相当；高频区(16MHz～40MHz)，伽马频谱占优势，但两者差别不大。

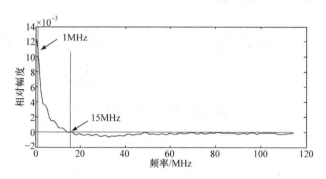

图 4.30　中子频谱和伽马频谱差

　　虽然在低频区，中子信号和伽马信号分辨效果好，但是如果选的频率很低，则会导致滤波之后的波形尾部较长，时间分辨效果变差。因此，频点不宜过低，拟选取 1MHz 作为分辨的主要频率。

　　在实际测量过程中，为克服信号强度对频谱分析的影响，在分辨时需对信号幅度进行归一。归一化可以通过直接测量所产生的信号幅度，然后进行除法运算实现，也可以在频域中选取中子、伽马波形频谱中成分接近的频点实现，即图 4.30 所示的 15MHz 频点。两种方案的流程如图 4.31 和图 4.32 所示。

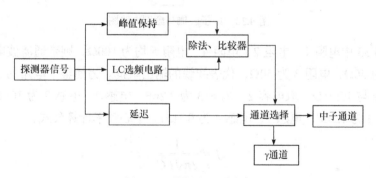

图 4.31　单频点甄别流程

## 3) 电路仿真

　　采用 Matlab 自带的 simulink 工具，将采集的归一化波形作为输入信号对电路进行测试，检验电路是否满足要求。电路中心频率分别为 1MHz 和 15MHz，左右截止频率满足几何对称巴特沃思二阶带通滤波器，具体电路如图 4.33 所示。

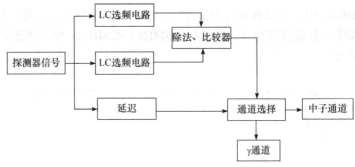

图 4.32　双频点甄别流程

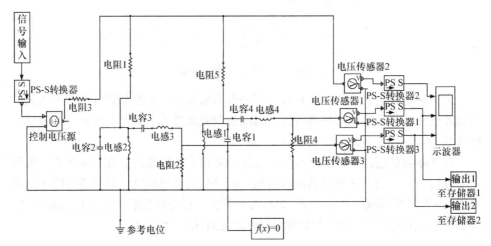

图 4.33　中子、伽马甄别电路图

图 4.33 中电阻 1、电阻 2、电阻 4、电阻 5 均为 100Ω，则带通滤波电路的输入阻抗为 50Ω，电阻 3 为 50Ω，代表线缆的输出阻抗。为使整个电路的中心频率为 1MHz 与 15MHz，取电容 2、电容 3 为 2.2nF，电感 2、电感 3 为 10μH，电容 1、电容 4 为 1.2nF，电感 1、电感 4 为 0.1μH。中心频率计算公式：

$$f = \frac{1}{2\pi\sqrt{LC}} \tag{4.2}$$

式中，$L$ 为电感；$C$ 为电容。由式(4.2)计算可知：$f_1$=1.073MHz、$f_2$=14.529MHz。

中子、伽马分辨方案中的双频点分辨效果，可以通过 1MHz 处的峰值除以 14.5MHz 处的峰值实现。仿真结果表明：双频点方案对中子、伽马的甄别效果优于单频点电路的甄别效果。

4) 原理性实验

选用贴片元件搭建电路，分别在 $^{60}$Co 伽马源和 Am-Be 中子源上测试电路的实际效果，输出波形由 5GS/s 采样率示波器记录，之后提取峰值。双频点和单频点电路甄别效果分别如图 4.34 和图 4.35 所示。由于带通滤波电路输出信号有正负之分，图 4.34 选取的是 1MHz 与 14.5MHz 两个频点的带通滤波电路输出信号的第一个正峰值(也是最大正向峰值)进行比较。对于单频点，图 4.35 选取的是 1MHz 带通滤波电路输出信号的第一个正峰值与并联带通滤波电路输入端口的电压原始信号(负峰值)进行比较。

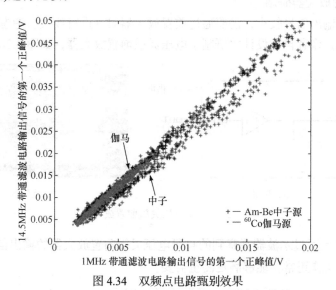

图 4.34　双频点电路甄别效果

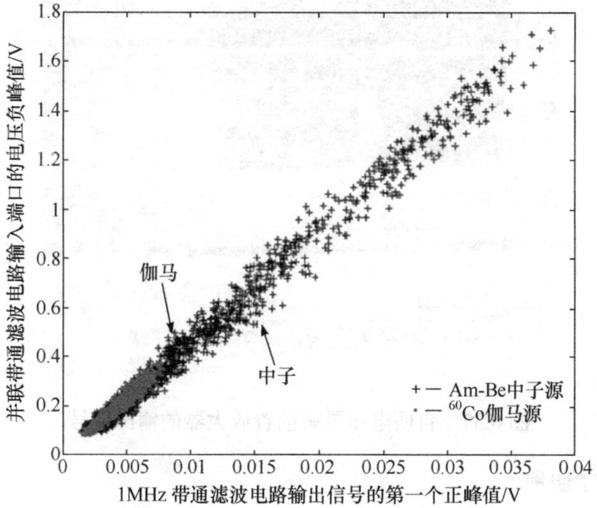

图 4.35　单频点电路甄别效果

正如仿真结果所预计的，单频点电路甄别效果较差，虽然有中子、伽马甄别效果，但不是十分明显；而利用 1MHz 与 14.5MHz 带通滤波器选频分辨结果较好，较为明显地实现了中子、伽马甄别。因此，宜采用双频点电路实现中子、伽马的实时甄别。

**2. Bonner 球谱仪前端电子学**

**1) 前置放大器研制**

探测器输出信号较小，需要通过前置放大器对其进行放大。考虑到易维护性和使用成本，作者自主设计并研制了电压灵敏前置放大器，如图 4.36 所示。

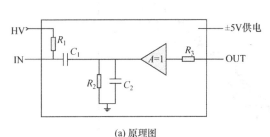

(a) 原理图　　　　　　　　　　　　　　　　(b) 实物图

图 4.36　自研电压灵敏前置放大器

图 4.37 是通过示波器观察到的自研电压灵敏前置放大器的输出信号，表明该前置放大器工作正常，能够满足测量需要。

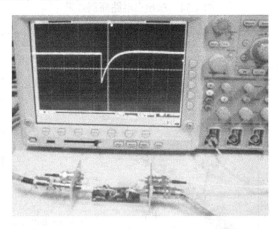

图 4.37　自研电压灵敏前置放大器的输出信号

**2) 主放大器研制**

主放大器主要由极零相消电路、滤波成形电路和线性放大电路等部分组成。探测器输出信号经前置放大器成型后，通过交流耦合进入主放大器，基于增益稳定的高速电压反馈型芯片 OPA820 进行一级反向放大和极零相消。为了将前置放大部分输出脉冲信号的幅度信息无失真地进行滤波成形放大,采用 Sallen-Key 滤波成形电路将输出信号波形成形为高斯型(准高斯型)波形。主放大器电路中采用了两级级联的四阶 RC 积分滤波成形电路,最后调节输出至适合多道采集的幅度。主放大器系统实物图及其输出的高斯型波形如图 4.38 所示。

(a) 主放大器系统实物图

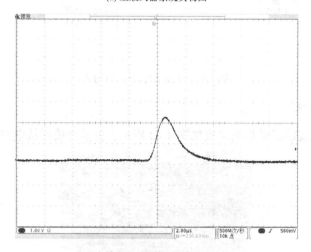

(b) 主放大器系统输出的高斯型波形

图 4.38　主放大器系统实物图及其输出的高斯型波形

主放大器系统采用±6V 电源(电池组)供电,选用低纹波可调 LDO 芯片 TPS7A4901 和 TPS7A3001 设计供电电压,调节电源电压为±5V 输出。主放大器电源电路图如图 4.39 所示,有利于降低电源纹波,保证供电稳定性。

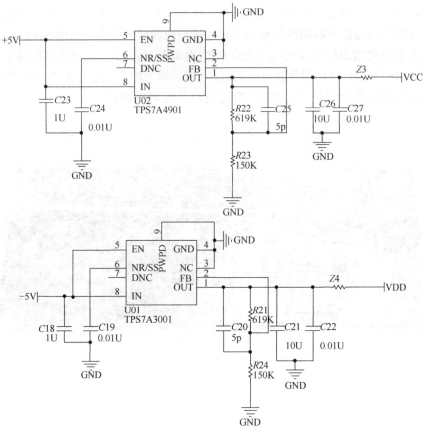

图 4.39　主放大器电源电路图

## 3. 多道谱仪

研制的多道数据采集电路板如图 4.40 所示，包括峰值保持电路、定逻辑控制

图 4.40　多道数据采集电路板

电路、系统主控及采样电路、数据输出处理单元、电源设计、数据采集等部分。

　　根据嵌入式系统所需要完成的数据采集和数据通信等功能，设计了嵌入式系统软件，主程序流程图如图 4.41 所示。

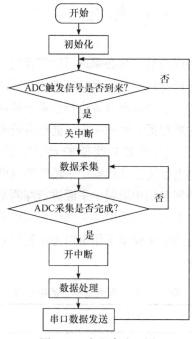

图 4.41　主程序流程图

采用 VB 编程环境进行软件开发，上位机数据获取及谱分析软件界面如图 4.42

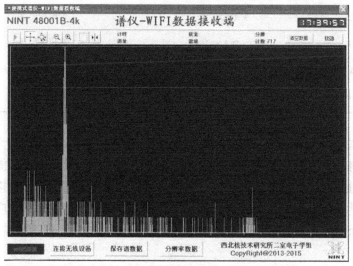

图 4.42　上位机数据获取及谱分析软件界面

所示，支持多种通信连接方式，如 USB、WiFi 等，可实时测量，测量谱数据可自动或者手动进行存储。

# 4.3 标 定 方 法

任何探测系统在研制成功后，都必须进行性能标定。一般会采用多个单能中子源或伽马源对全系统进行标定[26-29]，以验证理论计算的准确性。有时也会采用具有连续谱的中子源或中子、伽马混合源进行全系统的性能考核。

探测器的性能指标主要包括：时间响应、能量分辨率、粒子甄别能力、探测效率等。时间响应可以采用快脉冲 X 射线源进行标定，能量和效率刻度可采用第 3 章介绍的高压倍加器、静电加速器或散裂中子源等来共同完成。

需要指出的是，国外普遍利用散裂中子源进行探测系统高能中子响应性能标定[39-42]，受我国现有条件制约，现阶段主要利用表 4.8 所示的中子源进行探测系统实验研究，19MeV 以上的中子标定工作可以考虑利用 CSNS 反角白光中子源专用模式(单束团、窄脉冲)开展。

**表 4.8　用于探测器标定的中子源**

| $E_n$/MeV | 核反应 | 备注 |
|:---:|:---:|:---:|
| 0.565 | $^7Li(p, n)^7Be$ | 静电加速器 |
| 1.2 | $T(p, n)^3He$ | 静电加速器 |
| 2.5 | $T(p, n)^3He$ | 静电加速器 |
| 5 | $D(d, n)^3He$ | 高压倍加器 |
| 14.1 | $T(d, n)^4He$ | 高压倍加器 |
| 19 | $T(d, n)^4He$ | 高压倍加器 |

不同粒子的发光响应一般是用等效电子发光能量表示，因此通常为了标定电子在闪烁体中的响应或刻度数据采集系统 ADC 道数与等效电子发光能量之间的关系，往往采用稳定的单能同位素伽马源。之所以采用伽马源而不直接采用电子源，是因为单能电子源不易获得，而且入射到闪烁体时还存在表面效应的影响。伽马源性能稳定、使用方便，探测器标定常用的伽马源如表 4.9 所示。

表 4.9　探测器标定常用的伽马源

| 源 | $E_\gamma$/MeV | $E_e$/MeV |
|---|---|---|
| $^{22}$Na | 0.511 | 0.341 |
| $^{137}$Cs | 0.662 | 0.478 |
| $^{54}$Mn | 0.835 | 0.639 |
| $^{22}$Na | 1.275 | 1.062 |
| $^{40}$K | 1.461 | 1.244 |
| $^{208}$Tl | 2.614 | 2.381 |
| p+$^{19}$F | 6.129 | 5.884 |

下面具体介绍以上双层闪烁探测器和 Bonner 球探测器中子灵敏度的标定方法和模拟计算方法。

### 4.3.1　双层闪烁探测器

1. 伽马射线刻度

如上所述，采用伽马射线刻度的目的是确定数据采集系统 ADC 道数与等效电子能量的关系，得到 ADC 的零点，并确定系统的硬件阈。电子的光响应可以表示为 $L_e(E_e)=k \cdot E_e+L_0$，其中 $E_e$ 是电子能量，$k$ 是系数因子，$L_0$ 是偏移量。一般利用不同能量伽马测量谱康普顿边的位置进行线性拟合得到电子能量，而其核心问题是如何精确确定脉冲高度谱康普顿边的位置($L_e(E)$)。

确定康普顿边的位置有三种方法，分别是取康普顿边的半高点($L_{1/2}$)、最高点($L_{max}$)，或者通过蒙特卡罗模拟($L_{MC}$)确定。前两种方法与探测器能量分辨率($\Delta L/L$，是入射粒子能量的函数)和探测器尺寸密切相关。这三种方法得到不同能量分辨率的康普顿边如表 4.10 所示，选用最为精确的蒙特卡罗模拟方法。

表 4.10　不同能量分辨率的康普顿边　　　　　　　　(单位：%)

| 能量分辨率($\Delta L/L$) | $L_{1/2}$ | $L_{max}$ | $L_{MC}$ |
|---|---|---|---|
| 10 | 2.6 | 6.1 | <1 |
| 30 | 7.4 | 15.1 | <1 |

数据处理具体过程如下。

(1) 利用康普顿边的半高点对实验谱进行刻度。扣除本底的伽马谱如图 4.43 所示。

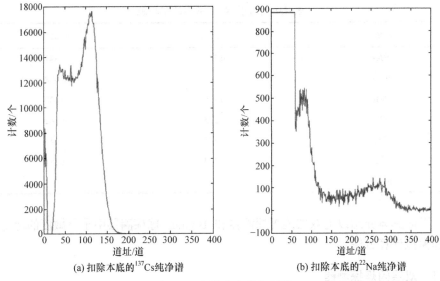

(a) 扣除本底的¹³⁷Cs纯净谱        (b) 扣除本底的²²Na纯净谱

图 4.43　扣除本底的伽马谱

　　根据伽马源能量和实测脉冲高度谱康普顿边半高点处的道址，得到康普顿边的拟合数据，如表 4.11 所示。由表 4.11 得到初步的电子光响应结果 $L_e(E_e)$，由此计算出 1MeV 电子对应的道址($K_0$)和 ADC 零点($Z_0$)。根据 ¹³⁷Cs 和 ²²Na 康普顿边沿中间位置进行刻度，得到康普顿边半高点液闪伽马刻度函数：$E=3.553x-8.752(\text{keV})$。

表 4.11　康普顿边的拟合数据

| 道址/道 | 康普顿边沿能量/keV |
| --- | --- |
| 100.1 | 341 |
| 134.7 | 477 |
| 301.4 | 1061 |

　　(2) 利用 MCNP 对探测器的理论谱进行谱展宽仿真。液闪探测器的展宽可由如下半经验公式表示：

$$\frac{\Delta L}{L}(E) = \sqrt{A^2 + \frac{B^2}{E_{ee}} + \frac{C^2}{E_{ee}^{\ 2}}} \tag{4.3}$$

式中，$\Delta L/L$ 为探测器能量分辨率；$E_{ee}$ 为带电粒子在液闪中的等效电子能量；$A$ 为位置灵敏参数；$B$ 为光电子收集的统计涨落参数(与入射粒子能量、探测器尺寸有关)；$C$ 为噪声系数。根据经验，取 $A$、$B$、$C$ 三个参数的初始值为 0.05、0.10、0.005。

(3) 将仿真的理论谱和实验所得的实验谱进行比较，利用最小二乘法求解最优参数，得到真实的探测器刻度参数。为了使结果更加精确有效，选取两个实验谱的有效部分同时进行拟合，结果如图 4.44 所示。

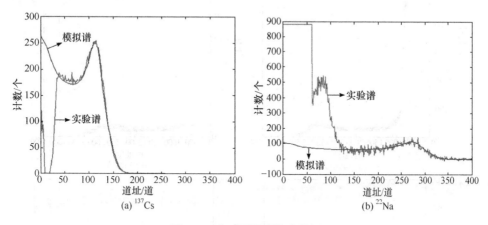

图 4.44　伽马测量谱拟合结果

从图 4.44 中可以看出，在康普顿边附近，实验谱与模拟谱拟合得非常好，经计算模拟谱的康普顿边沿在最高点高度的 88%位置。最终拟合展宽参数为 $A$=0.041、$B$=1.053、$C$=0.00634。

**2. 中子响应谱**

中子刻度实验主要利用中国原子能科学研究院的计量站串列加速器进行，实验流程框图如图 4.45 所示。实验测量了 1.2MeV、2.5MeV、5MeV、14.8MeV、16MeV、18MeV、19MeV 总共 7 个能点的中子响应，利用 MPD4 得到 PSD 谱，从而剔除伽马射线的影响，得到较为纯净的反冲质子谱。

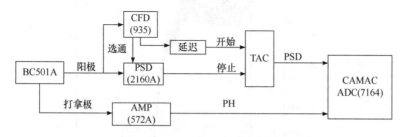

图 4.45　中子刻度实验流程框图

对应不同能量的中子，实验测得的脉冲高度谱如图 4.46 所示。

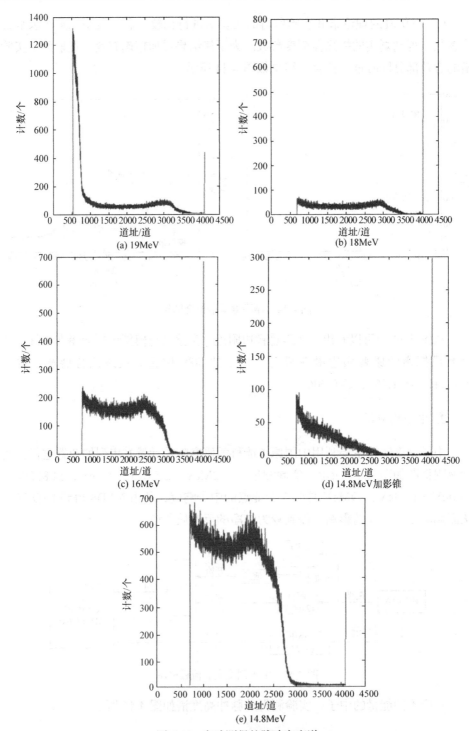

图 4.46　实验测得的脉冲高度谱

## 4.3.2　Bonner 球探测器

### 1. Bonner 球探测器灵敏度实验刻度

利用中国原子能科学研究院的 600kV 高压倍加器中子对 Bonner 球探测器的灵敏度进行刻度，包括 d-T 反应产生的 14.1MeV 中子和 d-D 反应产生的 2.5MeV 中子。Bonner 球探测器的中子灵敏度用 Bonner 球的输出信号计数率与单位面积中子注量率的比值表示，实验刻度结果见表 4.12。

**表 4.12　Bonner 球探测器中子灵敏度实验刻度结果**

| Bonner 球外径/mm | 中子灵敏度/[cps/(n · cm$^{-2}$ · s$^{-1}$)] | |
|---|---|---|
| | d-D | d-T |
| 66.5 | 0.021 | — |
| 97.8 | 0.52 | 0.37 |
| 117.5 | 1.39 | 0.72 |
| 142.9 | 2.70 | 1.02 |
| 173.1 | 3.84 | 2.02 |
| 209.1 | 4.75 | 2.86 |
| 249.7 | 5.28 | 3.34 |
| 300.9(夹铅层) | 5.00 | 3.76 |

由于 Bonner 球是轴向对称，中子入射方向可能会影响其灵敏度，实验中考察了中子入射方向与 Bonner 球轴向夹角对其灵敏度的影响。结果表明，中子沿轴向入射时(0°角)的灵敏度小于中子垂直于轴向入射时(90°角)的灵敏度，Bonner 球尺寸越大，其差异越小。例如，$\phi$142.9mm Bonner 球的 0°角灵敏度比 90°角灵敏度小 30%，而 $\phi$249.7mm Bonner 球的 0°角灵敏度比 90°角灵敏度小 5%。

利用实验结果对模拟计算结果进行修正，可以有效提高实际中子能谱测量结果的准确性和可靠性。

### 2. 空间中子监测实验

西藏羊八井海拔高达 4300 多米，在羊八井宇宙射线观测站建立了测试平台，可以通过测量该地区的空间中子能谱分布，对临近空间中子能谱进行预估。羊八井实验场景如图 4.47 所示。

根据羊八井大气中子理论模拟结果，以及 Bonner 球探测器的中子响应函数计算结果，选取了 5 个典型尺寸的探测器用于羊八井中子能谱测量。Bonner 球探测器从 2014 年 10 月开始进行监测，监测数据如图 4.48 所示。可见，Bonner 球外径太小(1#球)和太大(5#球)，计数率都很低，其原因是球外径太小，慢化的热中子太少；球外径太大，自屏蔽和吸收较为严重。

图 4.47　羊八井实验场景

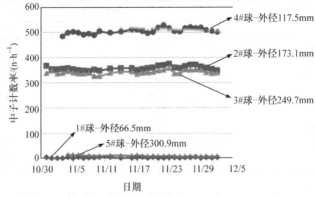

图 4.48　羊八井 Bonner 球探测器监测数据

　　通过对数据进行统计分析，结合探测器的响应函数及灵敏度，编写 SAND-Ⅱ迭代程序求解出羊八井的中子能谱分布。Bonner 球探测器的测量数据解谱结果如图 4.49 所示。

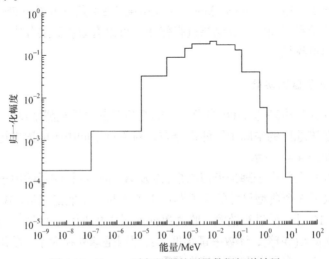

图 4.49　Bonner 球探测器的测量数据解谱结果

## 4.4 双层闪烁探测器中子、质子能谱解谱方法

Bonner 球中子谱仪的解谱方法相对简单，也比较成熟，在此不再做详细介绍。下面着重介绍双层闪烁探测器的实验数据处理方法，主要是中子、质子能谱的解谱方法。

### 4.4.1 探测器能量响应

为了针对关注的 10～150MeV 能区，计算西安市上空 20km 高度处中子、质子能谱，如图 4.50 所示。

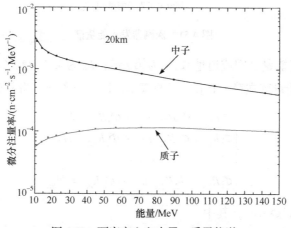

图 4.50 西安市上空中子、质子能谱

以西安市上空 20km 高度处中子、质子能谱作为源粒子能谱，通过理论计算得到空间面源照射下的探测器发光能量谱如图 4.51 所示，可以看到塑料闪烁体 ST401 厚度的变化对质子和中子响应谱的影响可以忽略。值得指出的是，质子发光能量谱是塑闪和液闪中发光能量之和，塑闪厚度变化将影响发光能量在两者之间的分配比例，以及塑料闪烁探测器的灵敏度。

### 4.4.2 解谱原理

设粒子能谱为 $\Phi_i$（$i$ 为粒子能区序号），探测器计数测量得到的每一道(道址对应能量)计数为 $N_j$，则有式(4.4)成立：

$$\sum_{i=1}^{m} \Phi_i R_{ij} = N_j \tag{4.4}$$

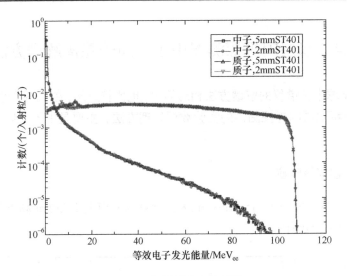

图 4.51　探测器发光能量谱

式中，$m$ 为发光能量区间或道址数；$j$ 为第 $j$ 道；$R_{ij}$ 为第 $i$ 个能区的粒子入射到探测器上，发光能量落在第 $j$ 个道址内的概率，即响应函数。将其离散化，得

$$\begin{cases} \Phi_1 R_{11} + \Phi_2 R_{21} + \cdots + \Phi_n R_{n1} = N_1 \\ \Phi_1 R_{12} + \Phi_2 R_{22} + \cdots + \Phi_n R_{n2} = N_2 \\ \qquad\qquad\cdots\cdots \\ \Phi_1 R_{1m} + \Phi_2 R_{2m} + \cdots + \Phi_n R_{nm} = N_m \end{cases} \tag{4.5}$$

用矩阵表示为 $R^{\mathrm{T}} \Phi = N$，其中

$$\Phi = \begin{bmatrix} \Phi_1 \\ \Phi_2 \\ \vdots \\ \Phi_n \end{bmatrix}, R = \begin{bmatrix} R_{11} & R_{12} & \cdots & R_{1m} \\ R_{21} & R_{22} & \cdots & R_{2m} \\ \vdots & \vdots & & \vdots \\ R_{n1} & R_{n2} & \cdots & R_{nm} \end{bmatrix}, N = \begin{bmatrix} N_1 \\ N_2 \\ \vdots \\ N_m \end{bmatrix} \tag{4.6}$$

　　测量能谱 $\Phi$ 可转化为解线性方程组的问题。探测器的响应矩阵 $R^{\mathrm{T}}$ 是一个严重病态矩阵，因此已知脉冲高度谱和探测器的响应矩阵，求解能谱是一个反演问题，也称不适定问题，需要研究迭代算法，对其反演[53-54]。

### 4.4.3　解谱算法

1. GRAVEL 算法

GRAVEL 算法是由 SAND-Ⅱ解谱算法演化而来[55]，可表示为

$$\Phi_j^{k+1} = \Phi_j^k \exp \frac{\sum_j W_{ij}^k \ln \dfrac{N_i}{\sum_{j'} R_{ij'} \Phi_{j'}^k}}{\sum_j W_{ij}^k} \tag{4.7}$$

$$W_{ij}^k = \frac{R_{ij} \Phi_j^k}{\sum_{j'} R_{ij'} \Phi_{j'}^k} \cdot \frac{N_i^2}{\sigma_i^2} \tag{4.8}$$

式中，$N_i$ 为第 $i$ 个脉冲幅度间隔的强度；$R_{ij}$ 为第 $i$ 个脉冲幅度间隔与第 $j$ 个能量间隔耦合的响应矩阵；$\sigma_i$ 为 $N_i$ 的统计误差，一般取 $N_i$ 的平方根，若 $N_i$ 的数值为 0，则 $\sigma_i$ 取为 1；$\Phi_j^k$ 为第 $k$ 次迭代得到的第 $j$ 个能量间隔的辐射强度，开始第一次迭代时的初始能谱 $\Phi_j^0$ 对迭代计算的结果影响不大，因此取为常数谱。将 $\Phi_j^0$ 代入式(4.7)，计算得到 $\Phi_j^1$。重复以上步骤，直到计算得到的能谱满足停止迭代计算的要求为止。最后得到粒子能谱 $\Phi$。

结束迭代计算一般有三种方法：一是设定迭代能谱和实验值之间的标准偏差小于一个预先给定的值；二是设定最大的迭代次数；三是设定相邻两次迭代解出的能谱之间的偏差小于一个预先设定的值。这三种方法相互独立，只要其中的一种方法得到满足，即可停止迭代计算的过程。

2. 最大期望算法

最大期望(expectation maximum，EM)算法是基于泊松分布得到的迭代方法[56]，其迭代过程为

$$\Phi_j^{k+1} = \Phi_j^k \frac{\sum_{i=1}^m \dfrac{R_{ij} N_i}{N_i(c)}}{\sum_{i=1}^m R_{ij}} \tag{4.9}$$

$$N_i(c) = \sum_{j=1}^n R_{ij} \Phi_j^k \tag{4.10}$$

式中，$k$ 为迭代次数；$\Phi_j^k$ 为迭代进行 $k$ 次后得到的重建能谱，$\Phi_j^0$ 为初始迭代谱，可以为大于零的任意谱；$N_i$ 为实际测量得到的计数；$N_i(c)$ 为由重建能谱 $\Phi_j^k$ 计算得到的计数值。

3. 截断奇异值分解算法

对病态线性方程组：$AF = T$。$A$ 奇异，可以对 $A$ 进行奇异值分解(singular value

decomposition，SVD)[57]得到矩阵 $A$ 的伪逆矩阵 $A^+$，从而求得 $F = A^+T$。

伪逆矩阵 $A^+$ 求法如下：

$$A^+ = V \Sigma^+ U^{\mathrm{T}} \tag{4.11}$$

式中，$\Sigma^+ = \Sigma_{n \times m}^+ = \begin{bmatrix} D_m & 0 \end{bmatrix}$，$D_m = \mathrm{diag}\left\{ \dfrac{1}{\sigma_1}, \dfrac{1}{\sigma_2}, \cdots, \dfrac{1}{\sigma_m} \right\}$；$V^{\mathrm{T}}V = I_{n \times n}$；$U^{\mathrm{T}}U = I_{m \times m}$。

截断奇异值分解 (truncated singular vector decomposition, TSVD)算法稳定[58]，运算量很大，适用于高信噪比的数据反演。当信噪比较低时，其反演精度不高。为了抑制噪声的影响，通常选取一个截断指标 $r < m$，形成对角阵 $D_r$，它只有 $r$ 个非零元素，将 $D_r = \mathrm{diag}\left\{ \dfrac{1}{\sigma_1}, \dfrac{1}{\sigma_2}, \cdots, \dfrac{1}{\sigma_r}, 0, \cdots, 0 \right\}$ 替换 $D_m$ 得到截断后的伪逆。

### 4. SIRT 算法

在医学图像重建中广泛使用代数重建技术(algebraic reconstruction technique，ART)算法，一般的迭代方式为

$$G^{k+1}\left( E_j \right) = G^k\left( E_j \right) + \frac{\left[ T(x_i) - C^k(x_i) \right] A_{ij}}{\sum_{i=1}^{m} A_{ij}^{2}} \tag{4.12}$$

迭代跳出条件是使 $\|AF - T\|^2$、$\|F\|^2$ 取得最小值。式(4.12)是每次考虑一个相对测量数据就更新一次能谱，而联立同时迭代重建技术(simultaneous iterative reconstruction technique，SIRT)算法是考虑所有计数谱数据后才更新一次能谱[59]，其迭代方式为

$$G^{k+1}\left( E_j \right) = G^k\left( E_j \right) + \frac{1}{\sum_{i=1}^{m} A_{ij}} \sum_{i=1}^{m} \frac{\left[ T(x_i) - C^k(x_i) \right] A_{ij}}{\sum_{j=1}^{n} A_{ij}} \tag{4.13}$$

$$C^k(x_i) = \sum_{l=1}^{n} A_{il} G^k\left( E_l \right) \tag{4.14}$$

### 5. Waggener 迭代扰动算法

给一列归一化的初始谱 $\left\{ F_{\mathrm{initial}}(E_j) \right\}$，对每一个离散的谱值依次扰动，寻找差异量 $D_{\mathrm{TF}}$ 最小的值[60]：

$$D_{\text{TF}} = \frac{1}{m}\sum_{i=1}^{m}\frac{\left|T_{\text{calc}}(x_i)-T_{\text{meas}}(x_i)\right|}{T_{\text{meas}}(x_i)} + \frac{\alpha}{n-1}\sum_{j=2}^{n}\left[F(E_j)-F(E_{j-1})\right]^2 \tag{4.15}$$

能谱扰动方法为

$$F(E_j)=F_{\text{initial}}(E_j)\pm\Delta F(E_j) \tag{4.16}$$

其中,

$$\Delta F(E_j)=F_{\text{initial}}(E_j)/2^k \quad (k=1,2,3,\cdots) \tag{4.17}$$

对所有的 $F(E_j)$ 经过一轮扰动后,获得的一组谱作为下一轮迭代计算循环的新谱估计,当差异量不再比上一轮循环小时,跳出迭代。

### 4.4.4　能谱反演

1. 反演结果

使用上述算法,对图 4.51 所示的探测器等效电子发光能量谱进行反演,求解中子和质子能谱,并将其与源粒子能谱进行比较(按全谱面积或区间面积归一),如图 4.52 和图 4.53 所示。在能谱反演时,初始迭代谱均采用均匀谱。

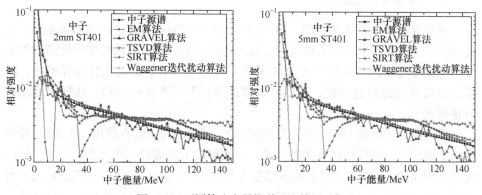

图 4.52　不同算法中子能谱反演结果比较

由重建结果可以看出,解中子能谱时,GRAVEL 算法效果最佳,EM 算法次之,解质子能谱时,EM 算法效果最佳,GRAVEL 算法次之,GRAVEL 算法和 EM 算法是解决本书中能谱反演问题的有效算法。TSVD 算法为直接求逆算法,属于解析算法,在解中子能谱时,50MeV 以下部分畸变严重,解质子能谱时,谱型波动较严重,从总体趋势上看,谱型中线与真实谱相近。SIRT 算法解中子谱时,谱型趋势有差异,解质子谱时,低能部分甚至出现负值,并不满足非负迭代的要求,总体效果都不好。Waggener 迭代扰动算法解中子能谱时,20~140MeV 能区解谱

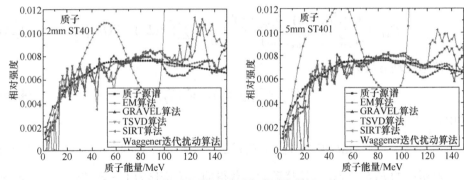

图 4.53　不同算法质子能谱反演结果比较

结果与真实谱符合较好，但在小于 20MeV 和大于 140MeV 能段有畸变，解质子能谱时，10～70MeV 能区解谱结果与真实谱相符，小于 10MeV 尤其是大于 70MeV 能段谱型严重畸变，结果不可信。

在探测系统中的塑闪厚度为 2mm 与 5mm 两种情形下，中子解谱反演结果差异完全可以忽略，质子解谱反演结果也无明显变化，两种厚度的塑料闪烁体均符合探测系统测量需求。

2. 解谱算法的适应性

解谱算法有一定的通用性，但针对具体的实际问题，算法的适用程度有一定差异[61-62]。在本书求解中子和质子能谱问题中，GRAVEL 算法解中子能谱效果最佳，解质子能谱时，效果次于 EM 算法。其他三种算法的适用性差异明显。因此，针对具体的解谱问题，需要通过理论研究不同算法的影响，选择出最佳的解谱算法。

算法的迭代次数与跳出条件对解谱结果有很大的影响。在使用 GRAVEL 算法解中子能谱时，迭代次数越多越收敛，而在解质子能谱时，迭代次数越多，往高能部分积累的误差越大，低能部分越接近真实谱，在上述 GRAVEL 算法解质子能谱中，选择了迭代次数为 10 次的解谱结果。对 GRAVEL 算法在什么迭代次数下效果最佳，以及如何改进，还有待进一步研究。在使用 EM 算法解谱时，均采用迭代谱与原始真实谱进行比较，采用最小二乘法对其差异性进行比较，作为最终跳出条件；将迭代谱与测量数据之间的差异进行比较，按照收敛于测量数据程度作为跳出条件时，解谱结果效果比真实谱差；这两种跳出方式还有待进一步深入研究。

算法迭代初始谱选择对算法有一定影响。GRAVEL 算法对初始谱并不敏感，即使将真实谱作为初始谱进行首次迭代，最终的解谱结果与初始谱为其他谱情形基本类似。EM 算法对初始谱也敏感，但若将真实谱作为初始谱进行迭代，解谱效果明显要比其他情形好。

# 4.5　小　　结

　　开展中子辐射效应必须对器件所处的中子辐射环境进行监测。在分析空间中子辐射环境特点并借鉴前人工作的基础上，作者自主研制了可用于大气和临近空间辐射环境高能中子能谱测量的探测系统。主要包括两类：双层闪烁探测系统和 Bonner 球探测系统。双层闪烁探测系统基于液闪和塑闪两种闪烁体的符合效应，可实现空间辐射场中高能中子、质子能谱的同时在线测量；Bonner 球探测系统则利用不同厚度的聚乙烯慢化层将高能中子慢化为低能中子，通过 $BF_3$ 正比计数管或 $^3He$ 正比计数管记录。这两类探测系统尽管在探测原理和组成结构上各不相同，但在灵敏度标定和解谱技术上却有着不少相似之处。在西藏羊八井宇宙射线观测站，利用 Bonner 球探测系统开展了大气中子的实验测量工作，初步获得了羊八井地区大气中子的强度和能谱信息。

## 参 考 文 献

[1] BARTH J L, DYER C S, STASSINOPOULOS E G, et al. Space, atmospheric, and terrestrial radiation environment[J]. IEEE Transactions on Nuclear Science, 2003, 50(3): 466-482.

[2] VAINIO R, DESORGHER L, HEYNDERICKX D, et al. Dynamics of the earth's particle radiation environment[J]. Space Scientific Review, 2009, 147: 187-231.

[3] STEPHENS H. Near-space[J]. Air Force Magazine, 2005, 88(7): 36-40.

[4] LEI F, CLUCAS S, DYERC, et al. An atmospheric radiation model based on response matrices generated by detailed Monte Carlo simulation of cosmic ray interaction[J].IEEE Transactions on Nuclear Science, 2004, 51(6): 3442-3451.

[5] SATO T, NIITA K. Analytical function to predict cosmic-ray neutron spectra in the atmosphere[J]. Radiation Research, 2006, 166(3): 544-555.

[6] 蔡明辉, 韩建伟, 李小银, 等. 临近空间大气中子环境的仿真研究[J]. 物理学报, 2009, 58(9): 6659-6664.

[7] HESS W N, PATTERSON H W, ROGER W. Cosmic-ray neutron energy spectrum[J]. Physics Review, 1959, 116(2): 445-457.

[8] HESS W N, CANFIELD E H, LIGENFELTER R L. Cosmic-ray neutron demography[J]. Journal of Geophysics Research, 1961, 66(3): 665-677.

[9] 蔡明辉, 张振龙, 封国强, 等. 临近空间中子环境及其对电子设备的影响研究[J]. 装备环境工程, 2007, 4(5): 23-29.

[10] 张振力. 临近空间大气中子及其诱发的单粒子效应仿真研究[D]. 北京: 中国科学院空间科学与应用研究中心, 2010.

[11] HAYMES R C, KORFF S A. Slow-neutron intensity at high balloon altitudes[J]. Physics Review, 1960, 120(4): 1460-1462.

[12] GANGNES A V, JENKINS J F, VAN ALLEN J A. Erratum: The Cosmic-ray intensity above the atmosphere[J].

Physics Review, 1949, 75(5): 57-69.

[13] MATSUMOTO H, GOKA T, KOGA K, et al. Real-time measurement of low-energy-range neutron spectra on board the space shuttle STS-89(S/MM-8)[J]. Radiation Measurements, 2001, 33(3): 321-333.

[14] HUBERT G, TROCHET P, RIANT O, et al. A neutron spectrometer for avionic environment investigation[J]. IEEE Transactions on Nuclear Science, 2004, 51(6): 3452-3456.

[15] 邹鸿, 陈鸿飞, 邹积清, 等. 星内粒子探测器观测结果与辐射带模型的比较[J]. 地球物理学报, 2007, 50(3): 678-683.

[16] 王世金, 朱光武, 梁金宝, 等. FY-1C 卫星空间粒子成分监测器及其探测结果[J]. 上海航天, 2001, 2: 24-28.

[17] 谭新建. 临近空间高能中子和质子能谱测量技术研究[R]. 西安: 西北核技术研究所, 2015.

[18] 汲长松. 中子探测实验方法[M]. 北京: 原子能出版社, 1998.

[19] 丁大钊, 叶春堂, 赵志祥, 等. 中子物理学——原理、方法与应用(上册)[M]. 北京: 原子能出版社, 2001.

[20] KLEIN H, NEUMANN S. Neutron and photon spectrometry with liquid scintillation detectors in mixed fields[J]. Nuclear Instruments and Methods in Physics Research A, 2002, 476(1-2): 132-142.

[21] 卞正柱, 张钰, 张金卫. 液体闪烁计数器进展简述[J]. 核电子学与探测技术, 2006, 26(4): 536-538.

[22] 彭升宇. 临近空间高能中子谱测量技术研究[D]. 西安: 火箭军工程大学, 2016.

[23] KNOLL G F. Radiation Detection and Measurement [M]. New York: Wiley, 2010.

[24] GEANT4 Collaboration. Physics Reference Manual for GEANT4 [EB/OL]. [2017-12-15].http://GEANT4.web.cern.ch.

[25] CECIL R A, ANDERSON B D, MADEY R. Improved predictions of neutron detection efficiency for hydrocarbon scintillator from 1MeV to about 300MeV[J]. Nuclear Instruments & Methods, 1979, 161: 439-447.

[26] 张建福. 薄膜塑料闪烁探测器中子灵敏度标定方法研究[D]. 北京: 中国原子能科学研究院, 2008.

[27] ZHANG S Y, CHEN Z J, HAN R, et al. Study on gamma response function of EJ301 organic liquid scintillator with GEANT4 and FLUKA[J]. Chinese Physics C, 2013, 37(12): 126003-1-126003-6.

[28] Eljen Technology Homepage. EJ-301 data sheet [EB/OL]. [2017-12-15]. http://www.eljentechnology.com/index.php/joomla-overview/this-is-newest/71-ej-301.

[29] ARNEODO F, BENETTI P, BETTINI A, et al. Calibration of BC501A liquid scintillator cells with monochromatic neutron beams[J]. Nuclear Instruments and Methods in Physics Research A, 1998, 418: 285-299.

[30] 汲长松. 核辐射探测器及其实验技术手册[M]. 北京: 原子能出版社, 1990.

[31] 席印印. 液体闪烁体高能中子探测器研究[D]. 哈尔滨: 哈尔滨工程大学, 2013.

[32] BIRKS J B. The Theory and Practice of Scintillation Counting[M]. London: Pergamon Press, 1964.

[33] MOUATASSIM S, COSTA G J, GUILLAUME G, et al. The light yield response of NE213 organic scintillators to charged particles resulting from neutron interactions[J]. Nuclear Instruments and Methods in Physics Research A, 1995, 359(3): 530-536.

[34] NAKAO N, NAKAMURA T, BABA M, et al. Measurements of response function of organic liquid scintillator for neutron energy range up to 135MeV[J]. Nuclear Instruments and Methods in Physics Research A, 1995, 362(2): 454-465.

[35] MEIGO S. Measurements of the response function and the detection efficiency of an NE213 scintillator for neutrons between 20 and 65MeV[J]. Nuclear Instruments and Methods in Physics Research A, 1997, 401(2): 365-378.

[36] NAKAO N, KUROSAWA T, NAKAMURA T, et al. Absolute measurements of the response function of an NE213 organic liquid scintillator for the neutron energy range up to 206MeV[J]. Nuclear Instruments and Methods in

Physics Research A, 2001, 463(1): 275-287.

[37] LOCKWOOD A, CHEN C, FRILINGL A, et al. Response functions of organic scintillators to high energy neutrons[J]. Nuclear Instruments & Methods, 1976, 138: 353-362.

[38] UWAMINO Y, SHIN K, FUJII M, et al. Light output and response function of an NE-213 scintillator to neutrons up to 100MeV[J]. Nuclear Instruments and Methods in Physics Research A, 1982, 204(1): 179-189.

[39] SHIN K, ISHII Y, UWAMINO Y, et al. Measurements of NE-213 response functions to neutrons of energies up to several tens of MeV[J]. Nuclear Instruments and Methods in Physics Research A, 1991, 308: 609-615.

[40] SATOH D, SATO T, ENDO A, et al. Measurement of response functions of a liquid organic scintillator for neutrons up to 800MeV[J]. Journal of Nuclear Science and Technology, 2006, 43(7): 714-719.

[41] SASAKI M, NAKAO N, NAKAMURA T, et al. Measurements of the response functions of an NE213 organic liquid scintillator to neutrons up to 800MeV[J]. Nuclear Instruments and Methods in Physics Research A, 2002, 480: 440-447.

[42] DAIKI S, TATSUHIKO S, AKIRA E, et al. Measurement of response functions of a liquid organic scintillator for neutrons up to 800MeV[J]. Journal of Nuclear Science and Technology, 2006, 43(7): 714-719.

[43] 段绍节. 实验核物理测量中的粒子分辨[M]. 北京: 国防工业出版社, 1999.

[44] 骆志平, SUZUKI C, KOSAKO T, 等. 上升时间甄别法测量中子能谱[J]. 辐射防护, 2009 (4): 219-224.

[45] NAKHOSTIN M, WALKER P M. Application of digital zero-crossing technique for neutron-gamma discrimination in liquid organic scintillation detectors[J]. Nuclear Instruments and Methods in Physics Research A, 2010, 621(1): 498-501.

[46] 陈宇, 王子敬, 毛泽普, 等. 电荷比较法测量液体闪烁体 n, 分辨性能[J]. 高能物理与核物理, 1999, 23(7): 616-621.

[47] D'MELLOW B, ASPINALL M D, MACKIN R O, et al. Digital discrimination of neutrons and γ-rays in liquid scintillators using pulse gradient analysis[J]. Nuclear Instruments and Methods in Physics Research A, 2007, 578(1): 191-197.

[48] YOUSEFI S, LUCCHESE L, ASPINALL M D. Digital discrimination of neutrons and gamma-rays in liquid scintillators using wavelets[J]. Nuclear Instruments and Methods in Physics Research A, 2009, 598(2): 551-555.

[49] KIM H J, KIM E J, KIM S Y. Development of a neutron tagger module using a digital pulse shape discrimination method[C]. Nuclear Science Symposium Conference Record, Dresden, 2008: 2917-2919.

[50] JOYCE M J, ASPINALL M D, CAVE F D, et al. Real-time, digital pulse-shape discrimination in non-hazardous fast liquid scintillation detectors: Prospects for safety and security[C]. Advancements in Nuclear Instrumentation Measurement Methods and their Applications (ANIMMA), 2nd International Conference on IEEE, Ghent, 2011: 1-7.

[51] LIU G, JOYCE M J, MA X, et al. A digital method for the discrimination of neutrons and γ-rays with organic scintillation detectors using frequency gradient analysis[J]. IEEE Transactions on Nuclear Science, 2010, 57(3): 1682-1691.

[52] YANG J, LUO X L, LIU G F, et al. Digital discrimination of neutrons and rays with organic scintillation detectors in an 8-bit sampling system using frequency gradient analysis[J]. Chinese Physics C, 2012, 36(6): 544-551.

[53] MATZKE M. Unfolding of pulse height spectra: The HEPRO program system[R]. Braunschweig: PTB Report PTB-N-19, 1994.

[54] MATZKE M. Unfolding of particle spectra[C]//Proceedings of International Society of Photo-Optical Instrumentation Engineers, 1997, 2867(59): 598-607.

[55] 张驰, 王玉东, 周荣, 等. *G(E)*法与 Gravel 法处理能谱-剂量转换效果研究[J]. 核电子学与探测技术, 2017, 37(3): 268-273.

[56] 赵杨璐, 段丹丹, 胡饶敏, 等. 基于 EM 算法的混合模型中子总体个数的研究[J]. 数理统计与管理, 2020, 39(1): 35-50.

[57] HOCKER A, KARTVELISHVILI V. SVD approach to data unfolding[J]. Nuclear Instruments and Methods in Physics Research A, 1996, 372(3): 469-481.

[58] 林存宝. 基于信赖域算法的中子能谱反演方法研究[D]. 长沙: 国防科学技术大学, 2011.

[59] GILBERT P. Iterative methods for the three-dimensional reconstruction of an object from projections[J]. Journal of Theoretical Biology, 1972, 36(1): 105-117.

[60] XU Y, FLASKA M, POZZI S, et al. A sequential least squares algorithm for neutron spectrum unfolding from pulse-height distributions measured with liquid scintillators[C]. Joint International Topical Meeting on Mathematics & Computation and Supercomputing in Nuclear Applications(M & C+SNA 2007), Monterey, 2007: 15-26.

[61] MUKHERJEE B. BOND I-97: A novel neutron energy spectrum unfolding tool using a genetic algorithm[J]. Nuclear Instruments and Methods in Physics Research A, 1999, 432(2): 305-312.

[62] 李建伟, 李德源, 刘建忠, 等. 三种解谱算法求解中子能谱的解谱效果比较[J]. 核电子学与探测技术, 2017, 37(2): 147-151.

# 第5章 中子单粒子效应机理与数值模拟

半导体器件中子单粒子效应数值模拟技术主要借助模拟计算和图像显示等手段，通过物理建模和数学建模，模拟辐射与器件相互作用的过程，有助于深入理解中子与器件材料相互作用、器件内部辐射感生载流子漂移扩散机制、器件宏观电学响应等物理过程和规律，涉及材料学、电子学、核科学和计算机科学等学科的交叉与融合，是开展中子单粒子效应或其他辐射效应研究的重要技术手段。

## 5.1 中子单粒子效应物理过程

中子单粒子效应是单个中子通过与器件材料相互作用产生的次级带电粒子引起的电离辐射损伤效应[1-3]，可引发电路扰动，严重时也可引起器件闭锁或烧毁。其过程可分解为电荷沉积、电荷收集、电路响应三个过程。下面以静态随机存储器(static random access memory，SRAM)为例，详细阐述这三个物理过程。

### 5.1.1 电荷沉积

中子与材料相互作用可分为直接相互作用与间接相互作用[4]。直接相互作用是指中子直接与材料原子的相互作用，主要有弹性散射、非弹性散射、辐射俘获和裂变反应等[1]。间接相互作用是指中子与材料发生反应后生成的次级粒子也能与材料发生更进一步的相互作用[1,4]。

中子与器件材料相互作用后的带电粒子在材料中输运时，通过电磁相互作用的方式损失能量，进而引起材料原子电离而产生电子空穴对，其产生过程随入射粒子的不同而有所差别。电离辐射在半导体或绝缘体中产生电子空穴对的数量取决于材料的禁带宽度和吸收的电离能量值。

电离能量沉积与产生的电荷量在给定的器件中存在换算关系[4]，换算的比值与器件材料的禁带宽度相关。例如，要产生一个电子空穴对，在硅材料中需要消耗 3.6eV 的电离能量，而在砷化镓材料中需要消耗 4.8eV 的电离能量[4]。从这个换算关系可以得出，粒子产生的电荷沉积分布与其产生的电离能量沉积分布相似。如图 5.1 所示，对于不同能量不同类型的入射粒子，存在一个沿径迹变化的电荷密度，即形成所谓的能量沉积布拉格峰。低能粒子的射程较短，沉积的电荷更为集中；而高能粒子的射程较长，因此能在较大范围内产生电荷沉积。

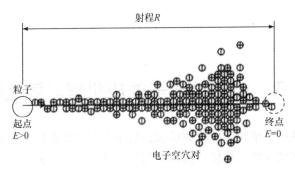

图 5.1　带电粒子在其径迹附近产生的电子空穴对

### 5.1.2　电荷收集

在反偏的 PN 结附近存在强电场，导致 PN 结对其耗尽区域内产生电荷的收集效率非常高，因此认为反偏 PN 结是半导体器件的单粒子效应敏感区域[1,5]。

当高能带电粒子射入到器件反偏 PN 结的耗尽区时，将引起耗尽区原子的电离，产生高密度的等离子体，并在沿着粒子径迹方向上形成一个电离通道[5]。若粒子的能量足够高，那么产生的电离通道可进入衬底区域。这种形状像漏斗(funnel)的电离等离子区的等离子体密度可较衬底掺杂浓度高出几个数量级，等离子体周围的耗尽层被中和并消失，加在结上的电场被推进到衬底内部。

等离子区域内的载流子在漏斗状电场作用下快速分离并向电极处漂移，开始电荷收集，随着通道内等离子体密度的减小，耗尽层逐渐形成，并结束电荷收集。整个电荷收集过程的持续时间约在皮秒量级。这种漂移收集机理称为漏斗效应[1,5-6](图 5.2)，该效应使瞬间收集的总电荷远远超过粒子在耗尽区沉积的电荷。

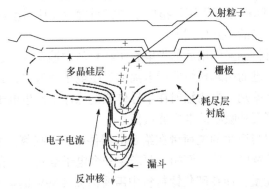

图 5.2　粒子入射产生的漏斗效应

被电极收集的电荷会在节点处形成一个瞬态电流，瞬态电流的峰值大小、脉冲宽度、持续时间和波形的形状与粒子入射器件的部位、粒子产生的初始电荷沉积分布和 PN 结反偏电压(图 5.3)等参数相关[1,4-5]。

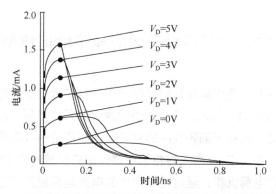

图 5.3　不同反偏电压下粒子入射产生的瞬态电流波形示意图

### 5.1.3　电路响应

　　电路响应过程就是瞬态电流脉冲在电路中的传播与耗散过程。典型的 SRAM 存储单元电路模型如图 5.4 所示。当高能粒子入射 SRAM 存储单元的敏感区域，如处于截止状态的 NMOS 管漏区，发生电荷收集的漏斗效应，并在该漏极产生瞬态收集电流。瞬态收集电流流过截止 NMOS 管时，会产生一个压降，即粒子入射产生的电压瞬态响应。这个电压的瞬态响应与 SRAM 存储单元正常写入的脉冲相类似，最终导致错误的状态被锁存到 SRAM 存储单元中[5]。

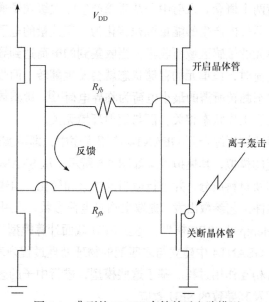

图 5.4　典型的 SRAM 存储单元电路模型

## 5.2　中子单粒子效应粒子输运模型

　　粒子输运模拟方法是模拟各种射线粒子在材料中微观输运过程行之有效的方法[7-8]，其物理过程清晰、直观，几乎不受问题边界条件限制，而且计算误差与求解问题的维度无关。单粒子翻转效应的粒子输运模拟是通过跟踪入射粒子与器件材料之间的各种主要反应，获得入射粒子在器件敏感区域内产生的电离能量沉积，并转化为器件内的电荷沉积，通过比较产生的电荷是否超过给定阈值的方式判断翻转是否发生[9-10]。

　　SRAM 是现代数字信号处理系统中的关键器件，开展 SRAM 的中子单粒子效应粒子输运模拟，有助于深入理解中子单粒子效应的机理及规律。SRAM 中子单粒子翻转效应的模型应包含两个方面的内容：一是建立粒子输运模型，以模拟中子与器件材料的相互作用以及在器件敏感节点内部产生能量沉积的过程。目前，GEANT4 软件库[11]提供了一套完整的中子与材料相互作用的模拟方案。二是建立 SRAM 单元的单粒子翻转模型，以模拟能量沉积到电子空穴对的生成，进而产生 SEU 过程[12-13]。

　　对于能量沉积到电子空穴对的生成，进而发生 SEU 过程的模拟，需要用到敏感体积与临界电荷两个概念。入射中子及碰撞产生的次级粒子通过直接电离与间接电离的方式将在器件内产生的能量沉积转化为一定数量的电子空穴对，这些电子空穴对被存储单元的敏感区域所收集，当收集到的电荷达到导致单元逻辑状态翻转所需的最小电荷时，该单元的存储状态就会发生翻转，而收集电荷的敏感区域为敏感体积，状态翻转所需的最小电荷为临界电荷[14]。敏感体积与临界电荷仅与器件的制造工艺及工作状态相关，而与辐射环境无关。

　　将这两个方面的模型综合到 GEANT4 应用程序中，即可实现 SRAM 单元中子单粒子翻转效应的模拟，其模拟框架如图 5.5 所示。从 SRAM 的工艺参数提取出器件的几何结构及材料成分，并进行适当的抽象和简化，构建器件的 GEANT4 几何模型[15]。从器件工艺参数出发，提取出临界电荷参数，采用 SEU 的平行六面体(rectangle parallelepiped, RPP)模型，建立 SEU 截面计算模型。分析需要模拟的中子能量范围，在 GEANT4 中建立与之匹配的物理处理过程列表，用于模拟中子与器件材料的所有相互作用过程。基于这些模型，进行中子的虚拟辐照和跟踪模拟，记录能量沉积及其导致的 SEU 效应。

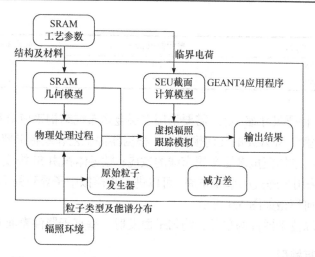

图 5.5　SRAM 单元中子单粒子翻转效应 GEANT4 模拟框架

## 5.2.1　器件几何模型

SRAM 的主体是由大量完全相同的存储单元构成，这些存储单元在版图中呈矩阵排列，并占据了器件版图上的绝大部分面积(图 5.6)。

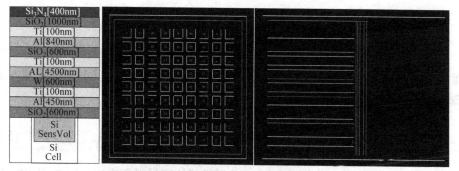

图 5.6　模拟采用的器件几何模型(9×9)bits SRAM

特征尺寸是器件集成度和制造工艺水平的主要标志，同时也是器件芯片面积、单元尺寸等几何构造方面的重要设计参数。在几何模型构建中，重点需要关注单元和敏感体积的几何尺寸及器件材料的特性。可参考器件的制造属性及相关文献资料，构建不同特征尺寸的 SRAM 单元几何模型[12-13]，详细的几何模型参数如表 5.1 所示。

表 5.1　SRAM 单元几何模型参数

| 特征尺寸/μm | 单元面积/μm² | 敏感体积/μm³ |
| --- | --- | --- |
| 0.13 | 2.5 | 0.07 |
| 0.18 | 5 | 0.123 |
| 0.25 | 10 | 0.28 |

续表

| 特征尺寸/μm | 单元面积/μm² | 敏感体积/μm³ |
|---|---|---|
| 0.35 | 20 | 0.72 |
| 0.50 | 40 | 2.1 |

当 SRAM 特征尺寸缩小后,需要采用多层金属布线结构来应对复杂的电路连接。因此,在建立 SRAM 的几何模型时,根据器件工艺和蒙特卡罗模拟的特点,采用堆栈式几何结构模拟多层金属布线的效应;敏感体积由 Si 构成,位于堆栈结构的正下方。采用矩阵式的单元布局,可以进一步模拟中子导致的多位翻转效应。完整的器件几何模型如图 5.6 所示。

中子辐射源位于器件的顶部,均匀平面发射,垂直于器件表面向下。

### 5.2.2 截面计算模型

截面计算模型是模拟能量沉积到 SEU 过程的关键。

若几何模型包含 $k$ 个敏感体积,假设在单元面积为 $S$ 的 SRAM 单元上的入射中子数为 $N$,产生了 $U$ 记数的 $m$ 位翻转($m = 1, 2, \cdots,$ 且 $m \leqslant k$),记为 $U_{\text{mbits}}$,则器件的中子单粒子多位翻转截面 $\sigma_{\text{mbits}}(\text{cm}^2)$ 为

$$\sigma_{\text{mbits}} = \frac{S \cdot U_{\text{mbits}}}{N} \tag{5.1}$$

设第 $i$ 个能量为 $E_0$ 的入射中子在所有敏感体积 $V_1, \cdots, V_k$ 内产生的最大的 $m$ 个能量沉积分别为 $\text{Ed}_{i1}, \cdots, \text{Ed}_{im}$,记为向量 $\text{Ed}_i$。如果对于向量 $\text{Ed}_i$ 中的任意元素 $\text{Ed}_{ii}$,都有 $\text{Ed}_{ij} \geqslant E_{\text{th}}$ 成立,则产生一次 $m$ 位翻转,即

$$\delta(\overline{\text{Ed}_i}) = \prod_{j=1}^{m} \delta(\text{Ed}_{ij}) = \begin{cases} 0, & \text{其他} \\ 1, & \text{Ed}_{ij} \geqslant E_{\text{th}} (j = 1, \cdots, m) \end{cases} \tag{5.2}$$

式中,$E_{\text{th}}$ 可以由临界电荷值和 SRAM 单元敏感体积材料所决定。以 Si 基 SRAM 单元为例,每产生一个电子空穴对,平均需要 3.6eV 的能量沉积,因此临界能量可表示为

$$E_{\text{th}}(\text{MeV}) = 0.02247 \cdot Q_{\text{c}}(fC) \tag{5.3}$$

根据蒙特卡罗计算方法,很容易得到能量为 $E_0$ 的中子在敏感体积 $V_1, \cdots, V_m$ 内分别产生 $\text{Ed}_{i1}, \cdots, \text{Ed}_{im}$ 的能量沉积的概率为 $\sigma_{\text{prod}}(E_0, \overline{\text{Ed}_i})$,则该中子对 $m$ 位翻转记数的贡献 $U_{\text{mbits}}(E_0, i)$ 可表示为

$$U_{\text{mbits}}(E_0, i) = \sigma_{\text{prod}}(E_0, \overline{\text{Ed}_i}) \cdot \delta(\overline{\text{Ed}_i}) \tag{5.4}$$

那么,$N$ 个能量为 $E_0$ 的入射中子产生的 $m$ 位翻转记数 $U_{\text{mbits}}$ 可表示为

$$U_{\text{mbits}}(E_0) = \sum_{i=1}^{N} \sigma_{\text{prod}}(E_0, \overrightarrow{\text{Ed}_i}) \cdot \delta(\overrightarrow{\text{Ed}_i}) \tag{5.5}$$

将式(5.5)代入 $\delta(x)$ 函数，$U_{\text{mbits}}$ 可简化为

$$U_{\text{mbits}}(E_0) = \sum_{\substack{i=1,\cdots,N \\ j=1,\cdots,m}}^{\text{Ed}_{ij} > E_{\text{th}}} \sigma_{\text{prod}}(E_0, \overrightarrow{\text{Ed}_i}) \tag{5.6}$$

因此，中子单粒子多位翻转截面可写为

$$\sigma_{\text{mbits}}(E_0) = \frac{S}{N} \sum_{\substack{i=1,\cdots,N \\ j=1,\cdots,m}}^{\text{Ed}_{ij} > E_{\text{th}}} \sigma_{\text{prod}}(E_0, \overrightarrow{\text{Ed}_i}) \tag{5.7}$$

(1) SEU 截面为一位翻转截面，即 $m=1$，可得

$$\sigma_{\text{mbits}}(E_0) = \sigma_{\text{seu}}(E_0) = \frac{S}{N} \sum_{i=1,\cdots,N}^{\text{Ed}_i > E_{\text{th}}} \sigma_{\text{prod}}(E_0, \text{Ed}_i) \tag{5.8}$$

式中，$\text{Ed}_i$ 为第 $i$ 个能量为 $E_0$ 的中子在某个敏感体积内产生的能量沉积。

(2) MBU 截面为两位和两位以上翻转截面，即 $m=2$，可得

$$\sigma_{\text{mbits}}(E_0) = \sigma_{\text{mbu}}(E_0) = \frac{S}{N} \sum_{i=1,\cdots,N}^{\text{Ed}_i > E_{\text{th}}} \sigma_{\text{prod}}(E_0, \text{Ed}_{i1}, \text{Ed}_{i2}) \tag{5.9}$$

式中，$\text{Ed}_{i1}$ 和 $\text{Ed}_{i2}$ 分别为第 $i$ 个能量为 $E_0$ 的中子在所有敏感单元内产生的最大的两个能量沉积。

(3) 以此类推，可以得到更为详细的三位翻转截面或更多位翻转截面数据。

### 5.2.3　物理处理列表

GEANT4 应用程序必须根据特定的物理问题设计相应的物理处理列表。物理处理列表包含两方面的内容：一是模拟过程中可能产生的粒子的定义；二是每种粒子需要模拟的物理处理过程。其中，物理处理过程的定义最为关键。

物理处理用于描述粒子在飞行过程中发生某种特定物理过程的时刻和方式，一个物理处理代表着粒子与材料的一种相互作用过程，其可以是多种多样的，因此一个粒子通常需要指定多个物理处理。GEANT4 规定了七种类型的物理处理：电磁处理、强子处理、输运处理、衰变处理、光学处理、光核反应处理和参数化处理。

对于能量低于 20MeV 的中子与材料相互作用过程的模拟，可采用 GEANT4 内嵌的高精度中子模型(neutron high precision models，NeutronHP)，该模型是以多个中子评价数据库(表 5.2)的截面数据为基础的数据驱动模型，包含了中子与材料弹性

散射、非弹性散射、辐射俘获及裂变反应的过程，是对低能中子与物质相互作用进行精确模拟的首选模型。大气中子能谱范围广，主要能量范围为 0.1MeV～10GeV，考虑高能中子与材料的相互作用过程。在强子弹性散射作用方面，可采用参数化的 CHIPS 强子弹性散射模型，该模型由截面数据库驱动，其包含了 19MeV 至数吉电子伏的中子和质子与材料之间的弹性散射截面数据。在中子与材料的非弹性散射方面，根据能量范围的不同，主要采用中子弹性散射模型和 Bertini 级联模型，截面数据采用考虑了相对论效应的强子非弹性散射截面数据库，其中包含三种类型的非弹性散射截面数据，分别用于处理介子、质子和中子。在辐射俘获方面，采用参数化的辐射俘获模型，可以处理能量低于 200TeV 的中子与核的辐射俘获过程，截面数据采用 Gheisha 强子辐射俘获数据包数据集。在裂变反应方面，采用参数化的裂变模型，截面数据采用 Gheisha 强子裂变数据包数据集。

**表 5.2　GEANT4 中子截面数据库 G4NDL 的主要数据来源**[11]

| 核数据中心 | 中子评价数据库 |
| --- | --- |
| 俄罗斯(CJD) | Brond-2.1 |
| 中国(CNDC) | CENDL-2.2 |
| 欧洲(NEA Data Bank) | EFF-3 |
| 美国(NNDC) | ENDF/B-VI.0,1,4 |
| 日本(NDC) | JENDL-3.1,2 |
| 国际核数据委员会(IAEA-NDS) | FENDL/E-2.0 |

# 5.3　典型存储器中子单粒子效应模拟

SRAM 单元的中子单粒子翻转敏感性由单元的几何尺寸、电荷收集及电路响应过程、工艺参数和中子辐射环境等因素共同决定。在 SRAM 单元中子单粒子效应模型的基础上，计算 SRAM 单元的中子单粒子翻转截面与特征尺寸、临界电荷、多层金属布线和入射中子能量之间的关系，可以进一步分析工艺参数与辐射环境对 SRAM 单元中子单粒子翻转截面影响的关系。

本节将利用中子单粒子效应仿真模型，分析大气中子和反应堆裂变中子对 SRAM 单元中子单粒子效应的影响特点及规律。

## 5.3.1　大气中子单粒子效应模拟

1. 敏感体积内电荷沉积分析

图 5.7 为不同特征尺寸 SRAM 单元在单能中子入射条件下的电荷沉积曲线。

从图中不难看出：特征尺寸越大，中子在单元敏感体积内沉积电荷的概率就越大。中子在敏感体积内产生的电荷沉积存在阈值，且这个阈值随特征尺寸的增大而增大。当产生的电荷沉积较小时，电荷沉积的概率与特征尺寸的三次方几乎成比例，即在相同中子入射条件下，电荷沉积概率与敏感体积成准线性关系。当产生的电荷沉积较大时，中子在不同特征尺寸 SRAM 单元中产生电荷沉积概率的差异急剧增大。

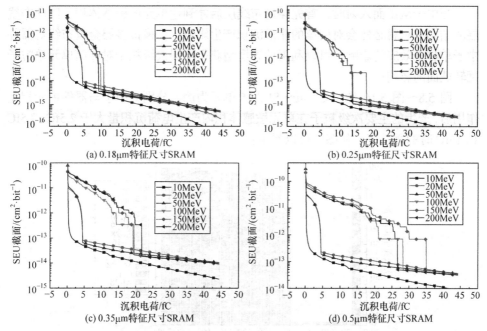

图 5.7　不同特征尺寸 SRAM 单元在单能中子入射条件下的电荷沉积曲线

由于中子的穿透能力较强，大量中子在器件材料中产生的平均电荷沉积体密度在较大范围内(相对于器件的几何尺寸)是相对均匀的。因此，中子在单元敏感体积内产生电荷沉积的概率与敏感体积的大小成准线性关系。同样地，平均电荷沉积体密度受 SRAM 单元敏感体积的限制，在统计意义上必然存在电荷沉积阈值。当入射中子能量增大时，产生的次级带电离子的能量将增大，其平均电荷沉积体密度也随之增大。因此，随着入射中子的能量不断增大，SRAM 单元的电荷沉积分布曲线会向上平移，且对应的最大电荷沉积阈值也会有不同程度的增大。

单粒子效应考虑的是单个径迹产生的电荷沉积，进一步分析产生电荷沉积的次级带电粒子在单元敏感体积内的径迹长度差异，当敏感体积增大时，单个径迹产生较大电荷沉积的概率会明显降低，即中子在不同特征尺寸 SRAM 单元的敏感体积内产生较大能量沉积的概率差异会明显增大。

## 2. 次级粒子对截面的贡献

顶层布线是版图设计和器件制造过程中非常重要的环节。随着设计规模的不断扩大，器件的布线变得异常复杂，传统的两层布线方法已经很难适应当前和将来的超大规模集成电路(very large scale integration circuit, VLSI)设计。为了有效处理大规模的布线问题，一个用于解决 VLSI 设计的多层金属布线框架被提了出来，并得到了广泛应用。

当中子从正面入射时，首先穿过布线层后才到达单元的敏感体积，因此布线层的结构和材料必然会对后续的能量沉积产生影响。为模拟多层金属布线对器件中子单粒子效应的影响，可以利用计算模型获得不同次级粒子对存储单元单粒子翻转截面的影响。

图 5.8～图 5.10 是以 0.18μm SRAM 单元为例，分别为中子与器件单元相互作用后，产生的主要次级粒子在单元敏感体积内产生电荷沉积量大于 2.5fC、7.5fC和 15fC 时的贡献率。从图中可以看出：

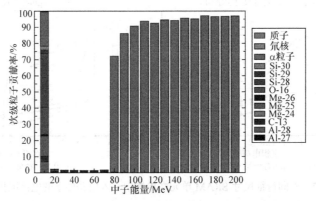

图 5.8　次级粒子在 0.18μm SRAM 单元中产生 2.5fC 电荷沉积时的贡献

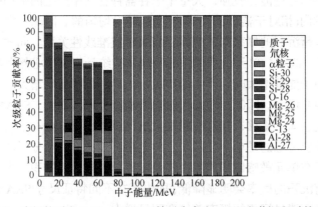

图 5.9　次级粒子在 0.18μm SRAM 单元中产生 7.5fC 电荷沉积时的贡献

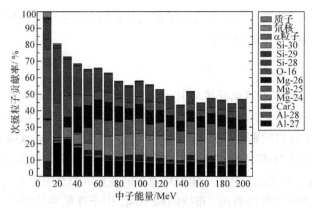

图 5.10  次级粒子在 0.18μm SRAM 单元中产生 15fC 电荷沉积时的贡献

1) α粒子是单粒子翻转效应的重要贡献粒子

高能中子与材料相互作用，通过非弹性碰撞产生α粒子。从图 5.8 和图 5.9 中可以看出，对于高能中子而言，α粒子的贡献几乎占到 100%。这些α粒子具有较高的能量和穿透深度，可以在敏感体内产生一定量的电荷沉积。但产生的α粒子的能量有上限，即α粒子在敏感体内产生的电荷沉积量也是有上限的。当电荷沉积量较小时($Q_c$<10fC)，200MeV 以内的中子与材料相互作用后产生的α粒子可以在器件的敏感体内沉积足够的电荷；但当电荷沉积量较小时(约 15fC)，产生的α粒子就不足以触发单粒子效应。

2) 核反应产生的反冲原子核也是单粒子翻转效应的重要贡献粒子

高能中子与材料相互作用，可通过弹性碰撞产生反冲原子，以及非弹性碰撞产生多种反冲核。这些粒子的质量数较大，射程较短；另外因其能量较高，更容易在敏感体积内产生大量的电荷沉积。图 5.8～图 5.10 中可以看出，重核产生的电荷沉积范围很广。当产生低电荷沉积($Q_c$<2.5fC) 时，大量次级粒子可产生重要贡献，由于次级粒子的种类非常多，在 GEANT4 跟踪过程中，未完全记录下这些粒子的贡献值。但从已记录的量上分析，漏记的就是各类重核。当产生电荷沉积较高($Q_c$>7.5fC) 时，重核的贡献与α粒子的贡献存在一定的竞争关系。当射程较短时，重核占优；当射程较长时，α粒子占优；当超出α粒子能够沉积的最大电荷后，仅有重核对截面产生贡献。

3) 高能中子与材料的反应过程非常复杂

在对仿真过程进行跟踪时，对于常见的基本粒子、次级重核均进行了跟踪记录。但从图 5.8～图 5.10 中可以看出，还是存在大量的漏记粒子，特别是如图 5.8 所示，漏掉了大量可产生较小电荷沉积的次级重离子。原因在于中子与某种材料相互作用的反应道会随着中子的能量升高而变得异常复杂，从可以罗列的几十个反应道增加到上千个反应道，要对大量反应道的次级粒子贡献进行详细地跟踪分析几乎不可能。特别是在包含多层金属布线和材料中存在放射性同位素分布的条件下，其反应道将变得更加复杂。

3. 多层金属布线和次级粒子

用物理的连线将不同单元按照其电路线网的信息连接到一起的过程称为布线，布线是版图设计和器件制造过程中非常重要的环节。为模拟多层金属布线对器件中子单粒子效应的影响，在已建立的带多层金属布线的 SRAM 几何模型的基础上，用 Si 层和 SiO₂ 层代替多层金属布线的堆栈层，并分别计算这三种堆栈结构的 0.13μm SRAM 单元在单能中子辐射环境下的能量沉积及中子单粒子翻转截面。

比较这三种结构可以看出，布线结构不同，中子在敏感体积内的能量沉积存在着较大差异，如图 5.11 所示。中子在 Si 层结构 SRAM 单元的敏感体积内的最大沉积能量和截面均最小，金属布线层结构 SRAM 单元次之，SiO₂ 层结构 SRAM 单元为最大。例如，对于 0.13μm SRAM 单元，1MeV 中子通过 Si 层、多层金属布线层或 SiO₂ 层后，在单元的敏感体积内产生相同沉积能量(沉积能量小于 130keV 左右)的截面依次相差约 1 倍；此外，中子入射到 Si 层结构 SRAM 中，在 130keV 附近存在显著的沉积能量阈值，而其他两种结构的沉积能量阈值约为 220keV。

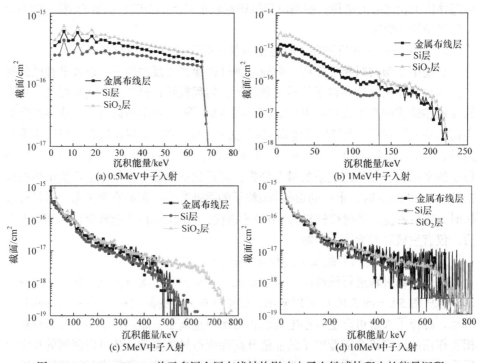

图 5.11　0.13μm SRAM 单元多层金属布线结构影响中子在敏感体积内的能量沉积

次级粒子对 SEU 截面的贡献有助于理解堆栈层结构对能量沉积曲线的影响。首先分析中子入射与材料发生的反应类型及产生的次级粒子。表 5.3 为中子与半导体器件主要材料相互作用的反应类型及其中子能量阈值。在物理模型中，采用天然同位素和天然丰度比构建器件的材料，每种同位素与中子均会发生各种反应。因此，产生的次级粒子种类更多。

**表 5.3　中子与半导体器件主要材料相互作用的反应类型及其中子能量阈值**

| 反应类型 | 中子能量阈值/MeV | 次级粒子类型 |
|---|---|---|
| Si(n, α) | 2.75 | n、α、Mg |
| Si(n, p) | 4 | n、p、Al |
| Si(n, n-α) | 10.42 | n、α、Mg |
| Si(n, 2n) | 8.78 | n、Si |
| Si 非弹性散射 | 1.32 | n、Si |
| Si 弹性散射 | 约为 0 | n、Si |
| O(n, α) | 3 | n、α、C |
| O(n, p) | 10.5 | n、p、N |
| O(n, d) | 11 | n、d、N |
| O 非弹性散射 | 6.5 | n、O |
| O 弹性散射 | 约为 0 | n、O |

从表 5.3 可以看出，能量为 1MeV 的中子与主要半导体材料发生弹性散射作用，而产生的次级带电粒子主要有 $^{28}$Si、$^{29}$Si、$^{30}$Si 和 $^{16}$O 反冲核。图 5.12 为 1MeV 中子产生的次级粒子对 SEU 截面的贡献。从图中可以看出，与其他次级粒子相比，$^{16}$O 粒子对截面的贡献较大，且产生的沉积电荷也较大。

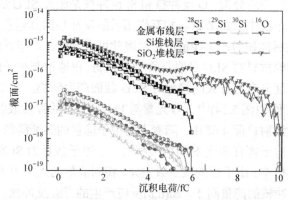

图 5.12　1MeV 中子产生的次级粒子对 SEU 截面的贡献

构建的 SiO$_2$ 堆栈层和多层金属布线层中都含有 O 元素, 而 Si 堆栈层中没有。因此, Si 堆栈层结构 SRAM 单元的 SEU 总截面最小。入射中子或产生的次级粒子需穿过堆栈层后才到达单元的敏感体积, 当它们穿过堆栈层时, 会受到堆栈层材料的散射作用, 从而改变粒子运动的能量和方向, 最终导致粒子在单元敏感体积内的能量沉积发生改变。如图 5.12 所示, 从 Si 反冲核在单元敏感体积内的能量沉积来看, 多层金属布线层的平均密度最大, 因此其散射作用最大; 其次是 Si 堆栈层; SiO$_2$ 堆栈层产生的散射作用影响最小。

当入射中子能量升高到 5MeV 时, 中子与材料发生的反应增多, 同时产生的次级粒子种类也较多, 如 $^{28}$Si、$^{29}$Si、$^{30}$Si、$^{16}$O、$^{25}$Mg、$^{26}$Mg、$^{13}$C、$^{27}$Al 和 $^{28}$Al 反冲核及 α 和 p 等。

从图 5.13 中可以看出, 随着临界电荷的改变, 激发 SEU 的次级粒子的类型及所占的份额也会有所改变。对于 Si 堆栈层, 主要有两种次级粒子, 均为 Si 反冲核; 对于金属布线层, 主要次级粒子增加了 O 反冲核和 α 粒子; 对于 SiO$_2$ 堆栈层, 主要次级粒子又增加了 Mg 反冲核和 C 反冲核。随着入射中子能量的继续升高, 产生次级粒子的种类会更为丰富。

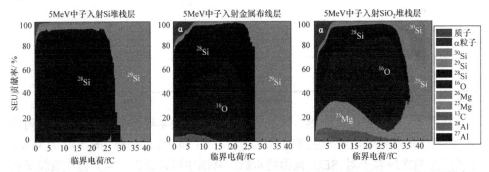

图 5.13   5MeV 中子入射不同堆栈层的 0.13μm SRAM 产生的次级粒子对 SEU 截面贡献率

通过对次级粒子的分析, O 反冲核和 Si 反冲核是激发 SEU 的主要次级粒子。中子与多层金属布线中的高 Z 材料相互作用后的反冲核因其射程的因素, 未能在 SRAM 单元的敏感体积内产生能量沉积。因此可以判断, 对于低能入射中子, 远离敏感体积的其他材料对 SEU 的直接贡献很微弱, 仅通过与中子的相互作用改变中子的能量及角度分布的方式间接地对 SEU 截面产生影响。在 GEANT4 提供的中子弹性散射截面库(图 5.14)中, $^{16}$O 元素与 1MeV 中子的弹性散射截面为 8.154b, 大于 $^{28}$Si 的弹性散射截面 4.681b。随着入射中子能量的逐渐降低, 弹性散射截面还会有所升高; 对于含有 SiO$_2$ 材料的堆栈层, O 原子数量为 Si 原子数量的一倍, 也增大了反应的概率; 由于核的质量数差异, 相同能量的入射中子发生 $^{16}$O(n,n)反应产生的 $^{16}$O 反冲核的能量高于 $^{28}$Si(n,n)反应产生的 $^{28}$Si 反冲核, $^{16}$O 反冲核能产生更大的能量沉积。总体上，$^{16}$O(n,n)截面更占优。

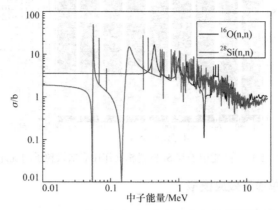

图 5.14　GEANT4 截面库中 $^{16}$O 与 $^{28}$Si 的中子弹性散射截面

　　入射中子能量不同，其与材料原子的反应也不同，则产生 SEU 的次级粒子种类存在差异。对于能量较低的入射中子，弹性散射占优，产生 SEU 的次级粒子主要来源于弹性散射碰撞后的反冲核。对于能量较高的入射中子，非弹性散射截面上升，产生 SEU 的次级粒子种类更多，各自的贡献也比较均衡。由此可见，器件单粒子效应对低能中子的敏感性源于中子与材料的弹性碰撞，其中氧反冲核的贡献最为突出。

### 4. 高能中子与材料的核反应过程

　　针对高能中子与材料核反应过程的复杂性，通过设计专用的计算程序，对不同能量段的中子与 Si 材料的相互作用过程进行了模拟。在模拟过程中，重点记录了反应后产生的重离子、α粒子、质子、中子、T 核、D 核、He-3 核，从中可以得出如下规律：

　　(1) 高能中子与材料的作用几乎可以产生比其质量数低的所有原子核。基于不同能量段的中子与 Si 材料的相互作用的反应道分析，能量越高，产生的次级重核的种类就越多。200MeV 的中子与 Si 反应后，可产生 Si 同位素 8 种、Al 同位素 9 种、Mg 同位素 10 种、Na 同位素 10 种、Ne 同位素 11 种、F 同位素 9 种、O 同位素 10 种、C 同位素 8 种、B 同位素 5 种、Be 同位素 4 种、Li 同位素 3 种、He 同位素 2 种、H 同位素 3 种。

　　(2) 整体上分析高能中子与 Si 材料相互作用后的次级粒子分布与入射中子能量的相互关系，可以得到如图 5.15 所示的组分分布。中子与质子是其主要次级粒子。在同位素核中，稳定核的产生率远高于不稳定核。Mg 元素的产额高于其他元素，其次为 Al 元素，再次为 Si 元素。

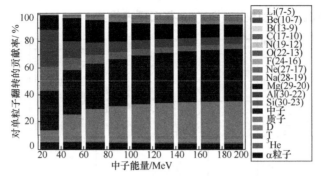

图 5.15　高能中子与 Si 材料相互作用后次级粒子的统计

### 5.3.2　裂变中子单粒子效应模拟

#### 1. 中子能量响应分析

入射中子能量是影响 SRAM 的中子单粒子翻转截面的重要因素之一。从中子单粒子翻转效应的物理机理上分析，必定存在着使 SRAM 单元发生翻转的最小中子能量，即 SEU 中子能量阈值。

计算 0.13～0.50μm 工艺 SRAM 单元在不同入射中子能量下的 SEU 截面，其截面的能谱响应曲线如图 5.16(a)所示，得到图 5.16(b)所示的特征尺寸与产生 SEU 的中子单粒子效应能量阈值的关系。

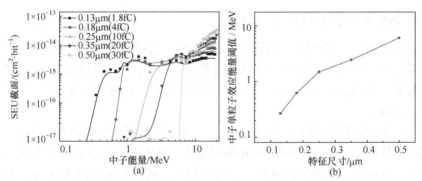

图 5.16　不同特征尺寸 SRAM 单元 SEU 效应的中子能谱响应

#### 2. 中子单粒子效应趋势

随着特征尺寸的减小，器件的敏感体积也减小，粒子在敏感体积内的沉积能量及产生的电荷沉积也会随之降低，相应地，器件的单粒子效应的敏感性也会降低[2,10]；器件的临界电荷也会随着特征尺寸的减小而降低，粒子只要产生少量的电荷沉积就能触发翻转，即器件的 SEU 敏感性会增加；通常情况下，入射粒子的能量越高，其在器件内产生的沉积能量就越大，发生翻转的可能性也就越大。

利用建立的物理模型，计算特征尺寸、临界电荷和入射中子能量与 SRAM 单元的中子 SEU 截面之间的关系，如图 5.17 所示。可以看出，当其他条件不发生变化时，SRAM 单元的中子 SEU 截面随特征尺寸的减小而减小，随临界电荷的减小而增大，随入射粒子能量的减小而减小。

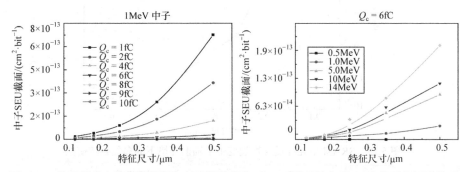

图 5.17　特征尺寸、临界电荷和入射中子能量与 SRAM 单元的中子 SEU 截面之间的关系

### 3. 裂变谱中子单粒子效应

应用建立的中子单粒子物理模型和 GEANT4 应用程序，模拟特征尺寸为 $0.13\sim0.60\mu m$ 的典型 SRAM 单元在西安脉冲反应堆裂变中子谱辐射环境下的中子单粒子效应，获得的 SRAM 单元的反应堆中子 SEU 截面仿真数据和实验数据如图 5.18 所示。从图中可以看出，仿真和实验所获得的 SRAM 单元的反应堆中子 SEU 截面随特征尺寸的变化趋势较为吻合。图 5.19 展示了 SRAM 单元在反应堆裂变中子辐射环境下的多位翻转截面随特征尺寸的变化趋势。与 SRAM 单元的一位翻转相比，反应堆中子导致的两位以上翻转的截面约低四个数量级，而三位以上翻转的截面约低七个数量级。说明在低能的裂变中子辐射环境中，中子导致的多位翻转并不严重。

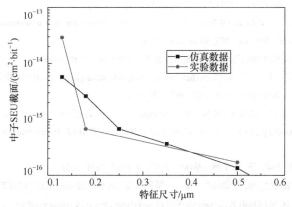

图 5.18　SRAM 单元的反应堆中子 SEU 截面仿真数据和实验数据

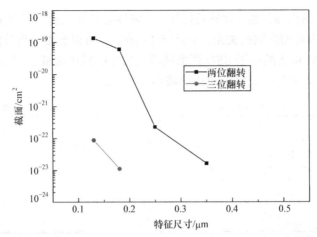

图 5.19　SRAM 单元在反应堆裂变中子辐射环境下的多位翻转模拟

# 5.4　小　　结

本章介绍了中子单粒子效应的数值模拟技术,包含中子单粒子效应物理过程、中子单粒子效应模拟和中子单粒子效应仿真方法三个方面;介绍了中子单粒子效应粒子输运技术,并以典型存储器为例,重点阐述了中子单粒子效应过程及粒子输运仿真技术。

## 参 考 文 献

[1] LAMBERT D, BAGGIO J, FERLET-CAVROIS V, et al. Neutron-induced SEU in bulk SRAMs in terrestrial environment: Simulations and experiments [J]. IEEE Transactions on Nuclear Science, 2004, 51(6): 3435-3441.

[2] ARMANI J M, SIMON G, POIROT P. Low-energy neutron sensitivity of recent generation SRAMs [J]. IEEE Transactions on Nuclear Science, 2004,51(5): 2811-2816.

[3] GRANLUND T, GRANBOM B, OLSSON N. Soft error rate increase for new generations of SRAMs [J]. IEEE Transactions on Nuclear Science, 2003, 50(6): 2065-2068.

[4] 陈盘训. 半导体器件和集成电路的辐射效应[M]. 北京: 国防工业出版社, 2005.

[5] DODD P E, MASSENGILL L W. Basic mechanisms and modeling of single-event upset in digital microelectronics [J]. IEEE Transactions on Nuclear Science, 2003, 50(3): 583-602.

[6] DYER C S, CLUCAS S N, SANDERSON C, et al. An experimental study of single-event effects induced in commercial SRAMs by neutrons and protons from thermal energies to 500MeV [J]. IEEE Transactions on Nuclear Science, 2004, 51(5): 2817-2824.

[7] 丁大钊, 叶春堂, 赵志祥, 等. 中子物理学[M]. 北京: 原子能出版社, 2005.

[8] 赖祖武, 包宗明, 宋钦歧, 等. 抗辐射电子学——辐射效应及加固原理[M]. 北京: 国防工业出版社, 1989.

[9] TANAY K, PETER H, JAGDISH P. Characterization of soft errors caused by single event upsets in CMOS processes [J]. IEEE Transactions Dependable and Secure Computing, 2004, 1(2): 128-142.

[10] JOHN R L. Guidelines for predicting single-event upsets in neutron environments[J]. IEEE Transactions on Nuclear Science, 1991, 38(6): 1500-1506.

[11] GEANT4 Web page [EB/OL]. [2017-12-15]. http://www.cern.ch/geant4.

[12] BAGGIO J, LAMBERT D, FERLET-CAVROIS V, et al. Single event upsets induced by 1−10MeV neutrons in static-RAMs using mono-energetic neutron sources [J]. IEEE Transactions on Nuclear Science, 2007, 54(6): 2149-2155.

[13] LAMBERT D, BAGGIO J, HUBERT G, et al. Neutron-induced SEU in SRAMs: Simulations with n-Si and n-O interactions [J]. IEEE Transactions on Nuclear Science, 2005, 52(6): 2332-2339.

[14] HUBERT G, BUARD N, WEULERSSE C, et al. A review of DASIE code family: Contribution to SEU/MBU understanding [C]. The 11th IEEE International On-Line Testing Symposium, French Riviera, France, 2005: 87-94.

[15] LEI F, CLUCAS S, DYER C, et al. An atmospheric radiation model based on response matrices generated by detailed MC simulations of cosmic ray interactions [J]. IEEE Transactions on Nuclear Science, 2004, 51(6): 3442-3451.

# 第6章 中子单粒子效应测量及数据处理方法

不同的微电子器件,如 SRAM、FLASH、FPGA、DSP 和 SOC 等都会遭受大气中子单粒子效应的威胁[1-5],虽然器件的种类、尺寸结构各不相同,但产生单粒子效应的机理是相似的。本章主要介绍一些通用的中子单粒子效应判别方法和实验数据处理方法、不同实验源条件下的单粒子效应实验方法和典型的中子单粒子效应测量系统。其中,中子单粒子效应判别方法包括单粒子软错误和单粒子硬错误的判断方法;实验数据的处理方法包括 MCU 的提取、不确定度的评定;实验方法包括单能中子源、散裂中子源和高山大气中子条件下,单粒子效应的开展、截面或软错误率计算等;典型的中子单粒子效应测量系统包括加速器环境的测量系统和大气中子环境下的测量系统。

## 6.1 中子单粒子效应测量和判别

### 6.1.1 中子单粒子效应测量

在不考虑中子源种类的情况下,中子单粒子效应测量的基本原理与传统重离子和质子单粒子效应测量方法没有本质的区别,都包括以下几种测量模式。

#### 1. 在线测量和离线测量

根据待测器件(device under test,DUT)是否接入测试系统进行实时监测,中子单粒子效应测量方法可以分为在线测量和离线测量两种测量模式。在线测量需要将 DUT 连接到配套的测试系统,并在辐照过程中利用测试系统对 DUT 进行实时监测,在需要时可以对实验过程进行在线配置。离线测量中,DUT 不需要在线连接测试系统,但需要在辐照开始前完成对 DUT 的所有配置。在离线辐照过程中,DUT 甚至可能不加电,如对 FLASH 进行中子单粒子效应实验时。相对于离线测量,在线测量更加灵活,能够实时监控辐照过程中的实验现象,并根据反馈的实验结果对实验参数进行在线配置。

#### 2. 动态测量和静态测量

在单粒子翻转测试过程中,根据在测到翻转后是否重新写入数据,中子单粒子效应测量方法可以分为静态测量和动态测量两种测量模式。静态测量的基本原理为辐照前在 DUT 中写入指定的测试图形(数据)，辐照达到指定的总注量后，关闭束流，然后读取 DUT 中储存的数据，将回读数据与写入的初始值进行逐位对比，记录保存翻转地址和数据。动态测量的基本原理为辐照前在 DUT 中写入指定的测试图形(数据)，辐照过程中对器件进行实时连续回读，将读取数据与写入的初始值进行对比，如果发生了单粒子效应，记录保存效应数据，同时在翻转的地址中重新写入指定的测试图形(数据)。

### 6.1.2 中子单粒子效应判别

单粒子效应分为单粒子软错误和单粒子硬错误，其中软错误分为瞬态软错误和静态软错误，硬错误主要包括单粒子锁定和硬损伤。下面主要介绍单粒子效应的判断方法。

#### 1. 中子单粒子翻转的判别

单粒子翻转是一种静态软错误，是发生在存储单元中最常见的单粒子效应。中子单粒子翻转是中子辐照导致的单粒子翻转。可以直接利用其定义判断存储单元是否发生了中子单粒子翻转，即预先向存储单元中写入 0 或 1，中子辐照后读出。如果多次读出的数据均与写入数据不同，且单元可以正常写入，则可判定该存储单元在中子辐照过程中发生了单粒子翻转。

#### 2. 中子单粒子瞬态软错误判别

中子单粒子瞬态软错误是在中子幅照过程中发现的一种非静态的软错误，只在少数器件实验中能够发现。该现象与中子单粒子翻转类似，区别在于其翻转状态能够自行恢复。中子单粒子瞬态软错误判别方法与中子单粒子翻转类似，即预先向存储单元中写入 0 或 1，中子辐照后读出数据。如果读出的数据与写入数据不同，但等待一段时间后再次读出的数据与写入数据相同，且存储单元仍可以正常写入，则可判定该存储单元在中子辐照过程中发生了中子单粒子瞬态软错误。目前，中子单粒子瞬态软错误已在多篇单粒子翻转测试中有所报道，但具体原因尚不明确。

#### 3. 中子单粒子锁定判别

中子单粒子锁定是中子辐照导致的单粒子锁定，有时也被称为中子单粒子闩锁或单粒子闭锁，主要发生于互补金属氧化物半导体(complementary metal oxide-semiconductor，CMOS)晶体管器件上。一般根据器件的静态电流判断器件是否发生了中子单粒子锁定。具体判断方法是中子辐照过程中实时监测器件的静态电流，如果器件的静态电流明显大于其正常工作电流，则认为该器件发生了中子单粒子锁定。上述几种中子单粒子效应测试一般是同时进行的，根据各种中子单粒子效应的判别方法，图 6.1 给出中子单粒子效应的判别流程。

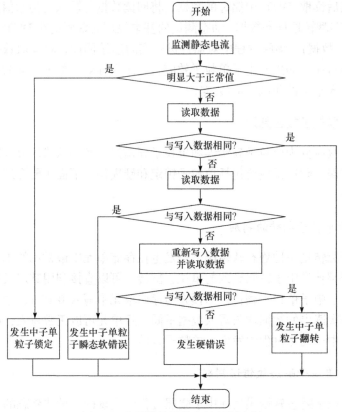

图 6.1　中子单粒子效应的判别流程

# 6.2　MCU 提取方法

单粒子效应实验中，无论是动态测量还是静态测量，保存的均是发生翻转的存储单元逻辑地址以及相应的数据信息，无法分辨任意 2 个发生翻转的存储单元是否在物理上相邻，即是否为 MCU。因此，在单粒子效应实验中如何实现对 MCU 的测量和提取是开展 MCU 研究工作的基础。下面给出几种单粒子效应实验中可采用的 MCU 信息提取方法。

### 6.2.1　基于时间或空间的提取方法

1. 时间分辨方法

如果实验时中子注量率可调，则辐照时采用尽量低的中子注量率进行实验，测试系统高速回读，记录测得的单粒子翻转位置和发生时间，数据处理时一旦发现同一测试周期多个存储单元发生翻转，则认定其为 MCU，这种方法应保证平均每个回读周期内发生 SEU 的数目小于 1。该方法可以估计出 MCU 的大小和比例。

时间分辨方法开展实验需要较长的加速器机时，成本较高，在加速器机时越来越紧张的大背景下，该方法变得更加得不偿失。此外，这种方法只能得到 MCU 的大小和比例，无法判断 MCU 的形状，而且有可能引入伪 MCU，即将单测试周期内多个入射中子引起多个 SEU 事件记作 MCU。

2. 空间分辨方法

空间分辨方法测试注量率同常规的单粒子测试方法一样，可采用高注量率中子入射。数据处理时结合存储器的位图分析最终结果中有没有物理上相近的位[6]。该方法虽然测得的翻转数较多，但是每个测试周期内的翻转数与存储器总的位数相比仍很少，假设翻转均匀发生，那么任意两位翻转处于相邻物理位置的概率还是较低的。这种方法需要被辐照器件的位图信息。对于商用器件，须首先通过逆向工程的方式获取器件的版图，才能进一步利用空间分辨方法。

空间分辨方法也可能引入伪 MCU，即将多个入射中子在相邻存储单元引起多个 SEU 事件记为 MCU。但相对于时间分辨方法，这种方法导致伪 MCU 的概率要小得多，但是随着入射粒子注量率的增大会变得更加严重。因此，当注量率较大时，只有去除伪 MCU 的因素导致的过估计，才能保证 MCU 提取结果的准确性[7]。

发生一次伪 MCU 的概率为

$$P = E_{\mathrm{SRP}} \times \frac{\mathrm{AdjCell}}{N_{\mathrm{bit}}} \tag{6.1}$$

式中，$E_{\mathrm{SRP}}$ 为一个测试周期内记录的 SEU 数；$N_{\mathrm{bit}}$ 为存储器的存储容量(位数)；AdjCell 为在 1 个翻转位周围可能被记作 MCU 的存储单元数目，取决于 MCU 判断时的最大间距标准，如表 6.1 所示。如果认为物理上完全相邻的存储单元发生翻转才被记做 MCU，则计算时 AdjCell 取值为 8。

**表 6.1　1 个翻转位周围可能被记作 MCU 的存储单元数目与最大间距标准之间的关系**

| MCU 最大间距标准 | 1 | 3 | 5 | 8 |
| --- | --- | --- | --- | --- |
| AdjCell | 8 | 48 | 120 | 288 |

MCU 发生的概率为无 MCU 发生的互补概率($n=0$)，由累积泊松概率给出：

$$\mathrm{MCU}_{\mathrm{proba}} = 1 - \sum_{i=0}^{n} \frac{e^{-P} \times P^i}{i!} \tag{6.2}$$
$$= 1 - e^{-P}$$

由式(6.1)和式(6.2)可知，伪 MCU 占的比例为

$$\text{false MCU\%} = 1 - e^{-E_{\text{SRP}} \times \frac{\text{AdjCell}}{N_{\text{bit}}}} \tag{6.3}$$

空间分辨方法是较为有效的 MCU 提取方法，能够得到全面的 MCU 信息。但空间分辨方法需要器件的部分版图信息，即器件的物理地址和逻辑地址映射关系。一般情况下，器件厂商为了保护其商业机密，不公开上述映射关系信息。因此，使得该方法受到一定的限制，也有一些研究者利用逆向工程的方式获得该信息，但增大了研究的成本。

### 3. 时空联合分辨方法

辐照时低注量率中子入射，测试系统高速回读，将本次测试数据和上一次测试数据进行比较，这样每次回读统计的是新增加的翻转数，结合位图分析有没有物理上相近的位[8]。尽量保证 1 个回读周期内发生 SEU 的数量较少，这样观察到伪 MCU 的概率低很多。时空联合分辨方法是前两种方法的综合，集成了上述两种方法的优点，相对于前两种方法能够得到更加准确的结果，但是仍然需要器件的物理地址和逻辑地址映射关系。

### 6.2.2　基于统计学的提取方法

当无法获得器件的物理地址和逻辑地址映射关系时，可以采用统计分析的方法获取器件 MCU 的相关信息。

### 1. 统计方差法

假定在稳定的束流辐照下，每个周期读到的翻转数 $M = nk$，其中 $n$ 是每次事件引起的平均翻转数，$k$ 是单粒子事件数。$M$ 的均值和方差分别为 $\mu_M$ 和 $\sigma_M$，那么 2 个随机变量乘积的方差为[9]

$$\sigma_M^2 = \left(\sigma_k^2 + \mu_k^2\right)\left(\sigma_n^2 + \mu_n^2\right) - \mu_M^2 \tag{6.4}$$

一般情况下，$k$ 服从泊松分布，因此有

$$\frac{\sigma_M^2}{\mu_M^2} = \frac{\sigma_k^2}{\mu_k^2} + \frac{\sigma_n^2}{\mu_n^2} + \frac{\sigma_k^2 \sigma_n^2}{\mu_M^2} = \frac{\mu_n}{\mu_M} + \frac{\sigma_n^2}{\mu_n \mu_M} + \frac{\sigma_n^2}{\mu_M^2} \tag{6.5}$$

由此得到了每个周期读到的翻转数 $M$ 的均值和方差(可测量)与 $n$ (MCU 的比例+1)的均值和方差的关系式，这时只需知道 $n$ 的分布形式，就可以得到 $n$ 的均值和方差的关系，从而推出 $\mu_n$ 的表达式。实验数据表明，$n$ 服从几何分布，即每多一位，发生的概率都下降一个固定的比例，即

$$P(n=N)=(1-q)q^{N-1} \tag{6.6}$$

由此可得

$$\mu_n = \frac{1-2\mu_M + \sqrt{(2\mu_M-1)^2 + 4(\sigma_M^{\ 2}+\mu_M)}}{2} \tag{6.7}$$

当均值大于 1 时，说明存在 MCU，并获知 MCU 的百分比。统计方差法具有较高的精度，缺点在于无法获知 MCU 的图形，并对实验时束流稳定性要求较高。

### 2. 逻辑地址间距统计法

逻辑地址间距统计法利用单粒子翻转实验数据提取出 MCU 的模板，然后利用该模板从数据中提取 MCU，包括以下四步[10]。

第一步：收集 SEU 实验数据，按照逻辑地址组织实验数据；

第二步：计算翻转位地址的间距，统计不同间距的数量，并绘制柱状图；

第三步：利用统计数据建立物理相邻模型；

第四步：利用物理相邻模型从实验数据中提取 MCU 信息。

每一步的具体方法如下。

### 1) SEU 实验数据收集

第一步是从辐照实验中收集单粒子翻转数据，尽量保证每个测试周期回读得到的翻转数尽量低，从而保证同步 SEU 不污染数据。因此，收集 SEU 数据时，需要注量率足够低或者测试系统回读频率足够快。

为了进行物理相邻关系分析，每个翻转位用一个二维向量[X,Y]表示。例如，FPGA 中将 X 定义为配置帧的编号，Y 定义为翻转所在配置帧中的位；对于 SRAM，X 定义为字地址，Y 定义为翻转位在字中的位。这个坐标系不表示物理实体，仅用于表示 SEU 的逻辑位置。因此，该方法中一个翻转位($u_i$)表示为($x_i,y_i$)，$x_i$ 表示翻转位所在的逻辑帧或字地址，$y_i$ 表示翻转位在帧或字中的位置。图 6.2 给出 6 个不同翻转位利用上述方法表示的示意图，其中翻转位 $u_1$ 用编号为"1"的方形表示，可以看出翻转位 $u_1$ 位于第 3 帧中的第 4 位。

### 2) 计算翻转位坐标的间距

一个周期内所有的翻转位用上述的二维坐标($x_i,y_i$)表示后，则可以通过比较两个二维坐标计算任意两个翻转位之间的距离，在此过程中 N 个 SEU 可以得到 $N(N-1)/2$ 个间距，图 6.2 中的 6 个翻转位可以得到 30 个间距。用 $UP_{i,j}$ 表示一个翻转对($u_i,u_j$)，翻转对之间的间距为 $UPO_{i,j}$，可以由式(6.8)计算：

$$UPO_{i,j} = (\Delta x_{i,j}, \Delta y_{i,j}) = (x_j - x_i, y_j - y_i) \tag{6.8}$$

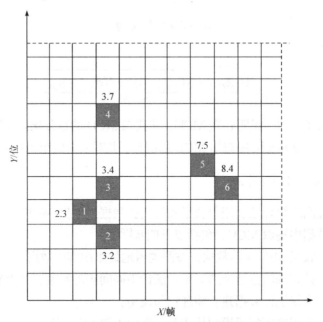

图 6.2　翻转位的坐标表示举例

式中，$i \neq j$。例如，图 6.2 中的翻转对 $(u_1, u_2)$ 对应 $\mathrm{UPO}_{1,2} = (3-2, 2-3) = (1, -1)$。为了保证一个翻转对之间只有一个间距计算结果，所有的翻转按照下面的方法排序：如果 $x_i > x_j$，则 $u_i > u_j$；如果 $x_i = x_j, y_i > y_j$，则 $u_i > u_j$。此时所有的 $\mathrm{UPO}_{i,j}$ 都在 $u_i < u_j$ 时进行计算。但是如果翻转位数太多，计算所有两个翻转对之间的间距不太实际，可以选择部分结果进行计算。得到翻转位之间的间距后，绘制结果的三维柱状图。

3) 建立物理相邻模型

完成翻转位之间的间距计算和画图后，可以利用间距的出现次数建立物理相邻模型。考虑到逻辑地址编码的规律性，如果有 MCU，物理相邻的两个单元，其逻辑地址间距出现的频率应该比别的间距出现得多。如果没有 MCU，所有间距出现的频率就较为平均。因此，在绘制的柱状图中如果存在明显比其他间距出现次数多的间距，则可以选择为"物理相邻模型"间距。

4) MCU 提取

物理相邻模型建立后，可以通过在一个测试周期内对比所有 2 个翻转之间的间距与物理相邻模型间距进行判断。如果 2 个翻转之间的间距与上述模型一致，则物理相邻，不同则不相邻，从而提取出所有 2 位的 MCU。

逐步合并所有具有相同翻转位的 MCU 可以得到更大尺寸的 MCU。

逻辑地址间距统计法通过概率统计的方式从包含 MCU 的 SEU 数据中提取出

一个 MCU 模板(即物理相邻模型)，然后利用该模板再从 SEU 数据中提取 MCU 信息。这种方法可以得到 MCU 的大小、比例和形状。但是，只提取出一个模板忽略了很多 MCU 信息，因此提取率不高。

### 3. 基于映射关系提取的方法

基于映射关系提取的方法通过逐位提取存储器物理地址的最低有效位(least significant bit，LSB)与逻辑地址之间的映射关系来提取 MCU。这种方法不仅可以提取出 MCU 的占比，还可以提取出 MCU 的形状。虽然存储器的物理地址对用户不开放，但内部物理地址和外部逻辑地址之间存在独特的一一映射关系。因此，一些对内部物理地址线数量的统计结论也适用于外部逻辑地址。对于二进制编码的内部物理地址，相邻地址之间的编码一般从全 0 到全 1 顺序排列，如表 6.2 第 1 列所示。如果 2 个相邻地址之间进行按位异或(binary exclusive OR，XOR)，可以得到表 6.2 中第 2 列给出的 XOR 参数，则 XOR 参数中 1 的个数是 2 个相邻地址之间的二进制汉明距离(binary hamming distance，BHD)，定义为 BHD 参数，由表 6.2 第 3 列给出。不难发现，对于连续的 $n$ 位二进制地址空间，不同 BHD 值对应的相邻地址在所有相邻地址总数中的占比约为

$$P_{\mathrm{BHD}=i} = \frac{2^{n-i}}{2^n - 1} (i = 1, 2, 3, \cdots, n) \tag{6.9}$$

**表 6.2　二进制编码地址相邻的特点**

| 相邻地址 | 按位异或<br>(XOR) | XOR 中 1 的个数<br>(BHD) |
|---|---|---|
| ……0000 | 0001 | 1 |
| ……0001 | 0011 | 2 |
| ……0010 | 0001 | 1 |
| ……0011 | 0111 | 3 |
| ……0100 | 0001 | 1 |
| ……0101 | 0011 | 2 |
| ……0110 | 0001 | 1 |
| ……0111 | 1111 | 4 |
| …… | …… | …… |

由表 6.2 可以看出，相同的 BHD，对应的一对地址不尽相同，但 2 个地址按位异或的结果 XOR 参数是相同的，即在相同 BHD=$x$ 取值下，所有的相邻地址都是物理最低 $x$ 位逐位不同。因此，对于含有 MCU 的 SEU 数据中，如果统计任意

2 个地址之间的 BHD，在所有 BHD=$a$ 的统计结果中，则物理地址 XOR 的最低 $a$ 位 LSB 为 1 的概率应大于其他 XOR 的结果。

单粒子效应实验中得到的 SEU 数据是基于外部逻辑地址的；外部逻辑地址与内部物理地址之间存在一一映射关系，因此不难发现关于 BHD 的统计结果是一致的。只是相同 BHD 下，如 BHD=$a$，XOR 中的"1"不一定出现在逻辑地址最低的 $a$ 位上，而是出现在与内部物理地址最低 $a$ 位 LSB 对应的逻辑地址位上。因此，理论上可以按照 $i=1,2,3,\cdots$ 的顺序统计 BHD=$i$ 时 XOR 的分布结果，从而按照从低位到高位的顺序逐位确定与 $LSB_i$ 对应的逻辑地址位。

下面给出基于 SEU 实验数据提取 LSB 和 MCU 信息的步骤，包括数据准备、参数计算、LSB 提取和 MCU 提取 4 步，如图 6.3 所示，具体实施方法可以参考文献[11]和[12]。

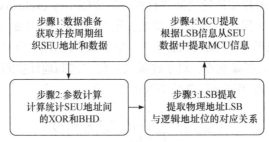

图 6.3    基于 SEU 实验数据提取 LSB 和 MCU 信息的步骤

# 6.3    实验结果不确定度分析

测量不确定度是现代计量科学的重要组成，是实验数据客观性和有效性的重要参考。严格来讲，不分析不确定度的实验数据参考价值将大打折扣[13]。

## 6.3.1    不确定度的基本概念

在实验测量领域，测量误差是对测量结果偏离真值程度的度量，是对测量结果的最直接评价[14]。因此，一直以来误差理论被广泛用于实验数据的处理。但真值在绝大多数情况下是不可知的，只能用约定真值来代替，故测量真实的误差通常也是不可知的[15]。与误差理论不同，不确定度理论是用误差在某一置信概率下可能落入的区间来表征测量结果的质量，这一做法更符合客观情况，更具有科学性。但相对于误差理论，不确定度的分析更加繁琐，涉及的基本概念更多，主要有如下几点[16]。

(1) 标准不确定度：以标准偏差表示的测量不确定度。

(2) 标准不确定度的 A 类评定：用对观测列进行统计分析的方法来评定标准不确定度。

(3) 标准不确定度的 B 类评定：用不同于对观测列进行统计分析的方法来评定标准不确定度。

(4) 相对标准不确定度：是标准不确定度与测量值的比值，可以用百分比表示。

(5) 合成标准不确定度：当测量结果受多个因素影响而形成若干个不确定度分量时，测量结果的不确定度按这些标准不确定度分量的方差和协方差合成得到，其是测量结果标准差的估计值。

(6) 包含因子：为求得扩展不确定度，对合成标准不确定度所乘的数字因子。

(7) 扩展不确定度：也称为伸展不确定度或范围不确定度，规定了测量结果取值区间的半宽度，该区间包含了合理赋予被测量值分布的大部分，可以用两种不同的办法表示，一种采用标准差的倍数，即用合成标准不确定度乘以包含因子；另一种是根据给定的置信概率或置信水平来确定扩展不确定度。

### 6.3.2　实验不确定度的来源

实验过程中有许多因素引起测量结果的不确定度，它们可能来自对被测量的定义不完整或不完善；实现被测量定义的方法不理想；取样的代表性不够，即被测量的样本不能完全代表所定义的被测量；对测量过程受环境影响的认识不周全，或对环境条件的测量与控制不完善；对模拟式仪器的读数存在人为偏差；测量仪器计量性能(如灵敏度、分辨力、死区和稳定性等)上的局限性；赋予计量标准的值和标准物质的值不准确，通常的测量是将被测量与测量标准的给定值进行比较实现的，导致标准的不确定度直接引入测量结果；引用的数据或其他参量的不确定度；与测量方法和测量程序有关的近似性和假定性；在表面上看来完全相同的条件下，被测量重复观测值的变化，这是一种客观存在的现象，是由一些随机效应造成的[16]。

对于特定的实验，为分析不确定度来源，首先建立实验的数学模型，分析并列出对被测量有显著影响的不确定度分量，做到不遗漏、不重复。遗漏会使不确定度过小，重复会使不确定度过大。此外，评定不确定度前，为确定最佳值，应将所有修正量加入测得值，并剔除所有异常值。对于单粒子效应实验，一般关心的实验结果是效应截面，以位翻转截面为例，位翻转截面的计算公式如下：

$$\sigma_{SEU} = \frac{N_{SEU}}{C\phi} \tag{6.10}$$

式中，$N_{SEU}$ 为翻转位数；$\phi$ 为总注量；$C$ 为器件容量。

分析位翻转截面实验结果的不确定度时，式(6.10)为建立的数学模型，可见实验结果的不确定度主要取决于翻转位数 $N_{SEU}$ 和总注量 $\phi$ 的测量值引入的不确定度。很多因素会影响翻转位数 $N_{SEU}$ 和总注量 $\phi$ 的测量不确定度。首先，辐照源参数的不确定度，如注量率的不确定度和束流的均匀性都会影响总注量 $\phi$ 的不确定度。其次，样品的不一致性和测试系统的性能会影响翻转位数 $N_{SEU}$ 的测量不确定度，翻转位数 $N_{SEU}$ 统计数量的多少也影响其不确定度。其他单粒子效应分析方法与上述分析方法类似。

### 6.3.3　实验不确定度的评定

测量不确定度评定的一般流程图如图 6.4 所示[17]。

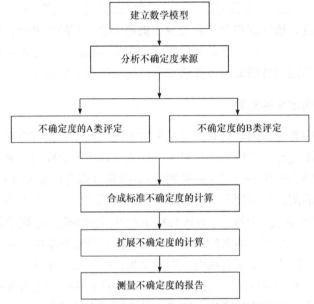

图 6.4　测量不确定度评定的一般流程图

基于数学模型分析出不确定度的来源后，需按照来源的特征，首先分别进行不确定度的 A 类评定和不确定度的 B 类评定。其次计算合成标准不确定度，进一步计算扩展不确定度。最后给出有关实验结果不确定度的报告。

1. 测量不确定度的 A 类评定

由一系列观测数据的统计分析来评定的方法称为测量不确定度的 A 类评定，其标准不确定度 $u$ 等同于由系列观测值获得的标准差 $\sigma$。

对被测量 $X$ 在重复条件下进行 $n$ 次独立重复观测，观测值为 $x_i(i=1,2,\cdots,n)$。各观测值不包含系统误差或已进行了修正后的值，也不含有粗大误差，则算术平均值 $\bar{x}$ 为

$$\overline{x} = \frac{1}{n}\sum_{i=1}^{n} x_i \tag{6.11}$$

式中，$\overline{x}$ 为被测量值的估计值，即测量结果。单次测量的实验标准差 $s(x_i)$ 可由贝塞尔公式计算得到：

$$s(x_i) = \sqrt{\frac{1}{n-1}\sum_{i=1}^{n}(x_i - \overline{x})^2} \tag{6.12}$$

则平均值的实验标准差 $s(\overline{x})$ 可由式(6.13)得到：

$$s(\overline{x}) = \frac{s(x_i)}{\sqrt{n}} \tag{6.13}$$

式中，$s(\overline{x})$ 为测量结果的标准不确定度，即 A 类标准不确定度。

观测次数 $n$ 充分多，才能使 A 类不确定度的评定结果可靠。但也不是越大越好，因为很难保证测量条件的恒定，应视具体情况而定。当 A 类不确定度对合成标准不确定度的贡献较大时，$n$ 不宜太小；当 A 类不确定度对合成标准不确定度的贡献较小时，$n$ 小一些影响也不大。

对于中子单粒子效应实验，仍以式(6.10)中的位翻转截面为例，翻转位数和总注量引入的不确定度都属于标准不确定度的 A 类评定。其中，对于翻转位数，可以认为每个翻转都是独立的事件，因为翻转与否是"0""1"事件，可以理解为翻转发生为 1，则标准不确定度可以由式(6.14)得到：

$$u_N = \frac{1}{\sqrt{N_{SEU}}} \tag{6.14}$$

式中，$N_{SEU}$ 为测得的翻转位数。

### 2. 测量不确定度的 B 类评定

测量不确定度的 B 类评定为不用观测数据的统计分析，而是基于经验或其他信息所认定的概率分布来评定的方法。被测量的估计值为 $X$，其测量不确定度的 B 类评定是借助于影响 $X$ 可能变化的所有信息进行科学判定。B 类评定的信息来源[15]：以前的观测数据；对有关技术资料和测量仪器特性的了解和经验；生产部门提供的技术说明文件；校准证书、检定证书或其他文件提供的数据、准确度的等级或级别，包括目前暂在使用的极限误差等；手册或某些资料给出的参考数据及其不确定度；规定实验方法的国家标准或类似技术文件中给出的重复性限或复现性限。用这类方法得到的估计方差可简称为 B 类方差。B 类评定在不确定度评定中占有重要地位，因为有的不确定度无法用统计方法来评定，或者虽可用统计方法，但不经济可行，所以在实际工作中，采用 B 类评定方法居多。式(6.10)中总注量的不确定度虽然可以通过统计的方法进行测量，但在实验机时有限的大背景下，中子单粒子效应实验很难伴随测量总注量的不确定度，一般根据束流提供方提供的前期测量结果或参数计算评估得到。因此，大多数情况下，对于中子单粒子效应实验结果，注量引入的不确定度可以认为是不确定度的 B 类评定。根据获得的信息可以按照下面的方法对其进行评定[17]。

(1) 根据经验和有关信息或资料可知，如果注量测量值落入区间 $[\Phi-a, \Phi+a]$，估计区间内被测量值的概率分布，再按置信概率来估计包含因子 $k$，则 B 类标准不确定度为

$$u_\Phi = \frac{a}{k} \tag{6.15}$$

如果均匀分布 $k=\sqrt{3}$，正弦分布 $k=\sqrt{2}$，正态分布则需要查积分表。

(2) 如果已获得注量的估计值 $\bar\Phi$，并已知其扩展不确定度 $U(\Phi)$ 和包含因子 $k$ 的大小，则标准不确定度为

$$u_\Phi = \frac{U(\Phi)}{k} \tag{6.16}$$

(3) 如果给出了置信区间的半宽 $U_p$ 和置信概率 $p$。一般按正态分布考虑评定注量标准不确定度，为

$$u_\Phi = \frac{U_p}{k_p} \tag{6.17}$$

式中，$k_p$ 为置信概率和分布类型所对应的包含因子。

### 3. 合成标准不确定度计算

获得所有因素的不确定度后，可以计算合成标准不确定度，计算过程中要考虑不同因素之间的传播关系，工程中可以做简化处理。对于中子单粒子效应实验，可以认为不同因素之间相互独立。仍以式(6-10)为例，中子单粒子翻转截面的合成标准不确定度为

$$u = \sqrt{u_A^2 + u_B^2} = \sqrt{u_N^2 + u_\Phi^2} = \sqrt{\frac{1}{N_{SEU}} + u_\Phi^2} \tag{6.18}$$

### 4. 扩展不确定度计算

按正态分布，以 95.45%的置信概率给出最佳区间，取包含因子 $k=2$，则扩展不确定度可以表示为

$$U = 2u = 2\sqrt{\frac{1}{N_{\text{SEU}}} + u_\Phi^2} \tag{6.19}$$

其他单粒子效应实验结果的不确定度也可按照上述的方法进行评定。

## 6.4　不同中子源的单粒子效应实验方法

目前,用于中子单粒子效应研究的中子源分为真实大气中子和地面模拟装置,其中地面模拟装置主要包括(准)单能中子源、散裂中子源和反应堆脉冲中子源。JESD89A 标准中给出了利用(准)单能中子源和散裂中子源开展中子单粒子效应实验的基本方法。

### 6.4.1　(准)单能中子实验方法

(准)单能中子测试中,中子束流在指定的中子能量有一个注量峰,如图 6.5所示。

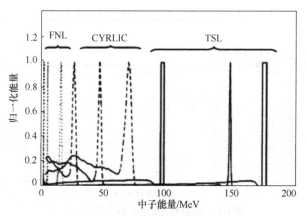

图 6.5　不同中子源的(准)单能中子能谱

一些中子谱在低能段存在拖尾的现象。可以按照式(6.20)计算能谱峰值能量附近的中子所造成的 SEU 截面:

$$\sigma_{\text{SEU}} = \frac{N_{\text{err}}^{\text{peak}}}{\Phi_{\text{peak}}} = \frac{R_{\text{err}}^{\text{peak}}}{\phi_{\text{peak}}} = \frac{N_{\text{err}}^{\text{total}}}{\Phi_{\text{total}}} \times C_{\text{peak}} \tag{6.20}$$

式中, $N_{\text{err}}^{\text{peak}}$ 为能谱峰值能量附近的中子所造成的翻转错误位数,单位是个; $\Phi_{\text{peak}}$ 为能谱峰值能量附近的中子注量,单位是 $\text{n} \cdot \text{cm}^{-2}$ ; $R_{\text{err}}^{\text{peak}}$ 为能谱峰值能量附近的中子导致的错误率,单位是个/小时; $\phi_{\text{peak}}$ 为能谱峰值能量附近的中子通量,单位是 $\text{n} \cdot \text{cm}^{-2} \cdot \text{h}^{-1}$ ; $N_{\text{err}}^{\text{total}}$ 为能谱所有中子所造成的翻转错误位数,单位是个; $\Phi_{\text{total}}$

为能谱所有中子的总注量，单位是 $n \cdot cm^{-2}$；$C_{peak}$ 为拖尾修正因子。单能中子源的中子能谱没有拖尾现象，因此利用单能中子实验时，$C_{peak}$ 等于 1。

拖尾修正因子能够修正能谱拖尾因素对总翻转错误数的影响。获得拖尾修正因子的方法有两种，一种是利用 CORIMS 仿真[18]；另一种是通过实验分析多组实验数据[19]的方法。

(准)单能中子可以获得 SEU 翻转截面与中子能量的关系曲线。具体方法是基于实验测得的几个能点的翻转截面，利用 Weibull 曲线拟合，从而得到形如式(6.21)的 Weibull 截面曲线：

$$\sigma_{SEU}(E_n) = \sigma_\infty \left\{ 1 - \exp\left[ -\left( \frac{E_n - E_{th}}{W} \right)^S \right] \right\} \tag{6.21}$$

式中，$\sigma_\infty$ 为 SEU 饱和截面，单位是 $cm^2$；$E_n$ 为中子谱的峰值能量，单位是 MeV；$E_{th}$ 为能量阈值，单位是 MeV；$W$ 为宽度因子，单位是 MeV；$S$ 为形状因子。图 6.6 给出典型的 Weibull 拟合曲线，曲线从能量阈值开始增加，一直达到饱和截面 $\sigma_\infty$ 并维持。

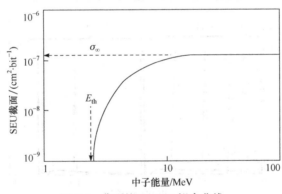

图 6.6　典型的 Weibull 拟合曲线

地球上不同位置的单粒子错误率可以通过对 Weibull 曲线和当地中子能谱在能量阈值 $E_{th}$ 以上中子的微分通量进行积分得到：

$$SER = 10^9 \times \int_{E_{th}}^{\infty} \sigma_{SEU}(E_n) \frac{\partial \phi(E_n)}{\partial E_n} dE_n \tag{6.22}$$

式中，SER 为软错误率，单位是 FIT；$\phi(E_n)$ 为中子通量，单位是 $n \cdot cm^{-2} \cdot h^{-1}$。

### 6.4.2　散裂中子实验方法

首先定义加速器中子的能量范围，其中最低中子能量为 $E_{min}$，最高中子能量为 $E_{max}$。然后利用测试结果计算 SEU 截面：

$$\sigma_{\mathrm{SEU}} = \frac{N_{\mathrm{err}}}{\displaystyle\int_{E_{\min}}^{E_{\max}} \frac{\partial \varphi}{\partial E_{\mathrm{n}}} \mathrm{d}E_{\mathrm{n}}} \tag{6.23}$$

式中，$N_{\mathrm{err}}$ 为 DUT 测得的总翻转位数；$\varphi$ 为能量在 $[E_n, E_n + \mathrm{d}E_n]$ 取值的中子总注量。

DUT 的实时单粒子错误率估计 RTSER 为

$$\mathrm{RTSER} = \sigma_{\mathrm{SEU}} \times \phi(E_{\min}, E_{\max}) \tag{6.24}$$

式中，$\phi(E_{\min}, E_{\max})$ 为能量介于 $E_{\min}$ 和 $E_{\max}$ 之间的中子总注量。

在 JESD89A 中，推荐的 $E_{\min}$ 为 10MeV，$E_{\max}$ 取中子能谱的最高能量。但实际上，不同的散裂中子源，根据其能谱的区别和 DUT 的不同，$E_{\min}$ 的最佳取值也不同，但目前的结果基本在 10MeV 附近。

### 6.4.3　大气中子实验方法

直接利用不同海拔或纬度的大气环境开展实验能够获得比其他地面模拟实验更有说服力的结果。不同于基于上述加速器的实验方法，由于中子通量低，地面和高山大气中子单粒子效应实验中需要更多的样本量和更多的辐照时间。大气环境中，中子通量很低，我国适合开展大气中子单粒子效应的最高地理位置是西藏羊八井宇宙射线观测站，海拔 4300m，其大气中子通量(能量大于 1MeV)约为 $3.56 \times 10^{-2} \mathrm{n} \cdot \mathrm{cm}^{-2} \cdot \mathrm{s}^{-1}$。其次，中子入射电子元器件内部，与重金属材料发生核反应产生次级粒子的概率低，其中只有很少一部分次级粒子能够穿透电子元器件内部敏感区域，电离产生电荷并被敏感区收集，诱发电子元器件产生单粒子效应。因此，在通量低的大气中子辐射环境开展单粒子效应实验需要着重考虑下列问题。

#### 1. 辐照器件的选择

根据实验的目的选择实验中的辐照器件。如果实验的目的是考核某型器件的抗大气中子单粒子效应水平，则可以直接确定该型号器件为待辐照器件。如果实验目的是研究大气中子单粒子效应机理或探索不同影响因素对大气中子单粒子效应的影响规律，则需要慎重考虑辐照器件的选择问题。合理地选择待辐照器件能够有效降低实验的成本，包括实验花费和所需时间。

在满足实验基本目的的情况下，为了能够准确测量到大气中子产生的单粒子效应，降低测量不确定度中概率统计引入的分量，实验获取的单粒子事件数应足够多。因此，应该选择单粒子效应比较敏感、集成度高的电子器件作为待辐照器件。

#### 2. 样本量的确定

一般大气中子通量比加速器中子通量低 7~9 个数量级[20-21]，如中国散裂中

子源全功率(200kW)运行时相对于西藏羊八井宇宙射线观测站的加速因子达到了
$5.2 \times 10^{7[22]}$。同等规模的器件要达到在中国散裂中子源 1min 的辐照注量，在西藏
羊八井大气中子环境下需要进行近 100 年($5.2 \times 10^7$min)的辐照时间。为此，可以通
过提高辐照器件的容量方式等比例地缩短单粒子效应实验获取相同单粒子事件数
所需的辐照时间。大气中子环境不像其他模拟源有束斑面积的限制，可以随意增
加辐照板的面积和数量，因此可以扩充辐照板上器件的容量。但是器件容量增多
会增加测量系统的复杂度和开发成本。因此，要根据实际的项目需求，在器件容
量和辐照时间之间进行折中选择。

### 6.4.4　器件单粒子效应率计算

对于大气中子单粒子效应率的计算，引用 IEC 62396-1 标准[23]的器件单粒子
效应(single event effect，SEE)率计算公式：

$$\lambda = \sigma \times f \tag{6.25}$$

式中，$\lambda$为大气中子单粒子效应引起的单个器件失效率，单位为 device$^{-1} \cdot$ h$^{-1}$；$\sigma$
为器件单粒子效应截面，单位为 cm$^2 \cdot$ device$^{-1}$，可以为 SEU 和 SEFI 的截面；$f$为
任务环境下诱发航空电子设备相应 SEE 故障的大气中子注量率，单位为
n $\cdot$ cm$^{-2} \cdot$ h$^{-1}$。

# 6.5　单粒子效应测量系统

大气中子单粒子效应实验可以利用地面模拟辐射源开展，也可以利用真实的大
气中子环境开展。地面模拟辐射源包括单能中子源和散裂中子源，利用这些模拟辐射
源开展大气中子单粒子效应实验虽然不能直接获得直观真实的实验结果，但开展基
于模拟辐射源的大气中子单粒子效应实验需要的时间短，且对单粒子效应机理研究
至关重要。因此，受到很多研究者的青睐。基于模拟辐射源的实验对单粒子效应测量
系统的要求跟质子和重离子实验类似。下面首先介绍此类大气中子单粒子效应测量
系统的基本要求。

### 6.5.1　基本要求

单粒子效应测量系统要具备测试多种单粒子效应的能力。单粒子效应包括单
粒子翻转、单粒子锁定和单粒子功能中断等。此外考虑到不同类型实验的具体环
境，大气中子单粒子效应测量系统应该满足以下要求。

*1. 硬件功能基本要求*

作为功能测试的基础，构建的大气中子单粒子效应测量系统要求硬件具备如

下基本的功能：

(1) 控制存储器进行写入、回读等各种功能操作；

(2) 对电流进行实时监测；

(3) 设置电流保护阈值和保护时间，在电流超过设置的保护阈值时，可以在微秒量级时间内关断电源保护实验样品；

(4) 具备基本的数据处理功能，对回读的数据进行比较，判断翻转情况；

(5) 具备基本的数据记录功能，记录器件发生单粒子效应数据；

(6) 必要的通信接口，用于效应数据的传输。

### 2. 单粒子翻转测试

单粒子翻转发生于数据存储单元，主要表现为数据的位翻转，包括 SEU、MCU 和 MBU。一般要求单粒子效应测量系统具备 SEU 测试的能力。MBU 和 MCU 信息可以在获得 SEU 实验结果之后通过位图分析[24-25]或统计分析[9-12,26-27]的方法获得。单粒子翻转测试原理比较简单，可以通过周期性读取存储器中的数据并与写入数据对比(按位异或)得到。

### 3. 单粒子锁定测试

单粒子锁定效应主要发生于存储器的 PNPN 寄生结构，表现为工作电流突增，并且无法自动恢复。某些器件存在微锁定现象，即局部电路锁定，表征为电流增加，某地址段数据丢失。对于存储器而言，单粒子锁定的判断依据是存储器电源电流出现突增现象，大于设定的电流保护阈值，并且无法自动恢复。保护阈值一般设定为动态工作电流的 1.5 倍以上。

### 4. 单粒子功能中断测试

单粒子功能中断主要发生于器件的功能电路，不同类型的电子器件表现形式不同。例如，存储器主要发生在外围译码电路、电荷泵电路和命令寄存器等，主要表现为单测试周期内的连续大量错误或无数据输出。

### 5. 环境适应性要求

硬件系统的环境适应性也很重要。例如，加速器环境中要考虑测量系统的抗干扰性，因为在加速器环境下，加速器运行过程中有大量电子设备在同时运行，如真空泵等。利用大气中子开展辐照实验主要有两种方式，一种是在地面或高海拔地区开展长时间的大气辐照实验；另一种是通过搭载航空飞行器进行长时间的飞行辐照实验。这两种方式的辐照环境都不同于实验室环境，尤其是高空飞行器搭载的方式，不仅环境温度低，测量系统时刻处在颠簸震动过程中，测量系统的功耗也不宜太大。还要考虑测量系统所处环境中子通量的变化，要求测量系统时刻知道自己所处的位置和海拔。因此，用于真实的大气中子环境中的单粒子效应测量系统要针对所处的环境，进行抗低温、抗震动和低功耗设计，还需要增加常规测量系统中不需要的位置测量装置，如卫星定位系统等。

6. 其他辅助功能要求

尽管器件容量采用了大容量设计，但由于成本和系统复杂度的限制，大气中子单粒子效应测量实验可能仍然需要较长时间的辐照。根据器件本身或容量的不同，辐照时间仍然可能长达数天甚至数年。在这么长的辐照时间里，实验人员无法全程在现场参与其中，这就要求单粒子测量系统能够全程远程监控，测量系统应该具有可靠的远程通信功能；同时要求测量系统具有更多自动化测试的功能，从而减少实验人员的参与；也要求测量系统能够自动检测系统的故障并能从故障中自动恢复；还要求系统能够自动在本地保存实验数据，确保在远程通信不可靠的情况下不丢失测量数据。从而实现长时间无人值守的大气中子单粒子效应测量。

### 6.5.2　典型测量系统

根据上述的要求，下面针对模拟源(加速器与反应堆等)环境和真实的大气中子环境介绍两种大气中子单粒子效应测量系统设计的案例。

1. 模拟源实验中的测量系统

首先介绍一款针对模拟源环境工作的单粒子效应测量系统，该系统可以兼容多种不同类型、不同型号的存储器，包括 SRAM 型存储器和 NAND Flash 型存储器。

SRAM 型存储器和 NAND Flash 型存储器的结构和读写时序不同，但它们的单粒子效应表征相同，都是在辐照过程中实时监测存储器内部存储内容和功耗电流变化情况，因此这两种类型存储器测试的主要差别是读写时序控制和数据处理。为了能够实现这两种类型存储器测试的兼容，采用可重复编程的 FPGA 来设计存储器的控制电路与数据处理电路。存储器单粒子效应测量系统组成框图如图 6.7 所示。系统包括上位计算机、测试板、辐照板等。

上位计算机负责发送配置信息与测试命令，实时显示并存储测试结果，配置信息包括实验样品的选择、测试地址段、写入的数据、显示方式等；下位微控制器选用 ARM 模块实现，通过 UDP 协议与上位计算机通信，接收配置信息与测试命令，对存储器控制器进行配置，向存储器控制器发送测试命令，并将存储器控制器的测试结果上传给上位计算机；存储器控制器选用 FPGA 硬件编程实现，负责完成对实验样品的读写操作，并对测试数据进行分析统计；电平转换负责完成不同逻辑电平的转换；电源模块负责为系统和实验样品提供工作电压；辐照板负

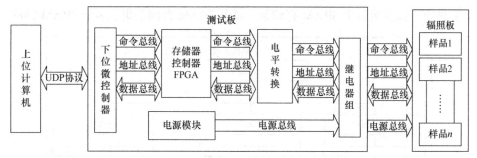

图 6.7　存储器单粒子效应测量系统组成框图

责固定实验样品，并提供与测试板连接的接口。

图 6.7 所示的测试板是系统的核心部件，主要由下位微控制器、存储器控制器、电平转换和电源模块等构成。本测量系统是以大容量存储器为测试对象，应用于辐射环境中。因此，采用长线传输方式通信，同时选择通信速度更高的通信协议来实现上位计算机与下位微控制器的通信，以提升测试速度。系统传输既要满足"长线"，又要满足"高频"。辐照板是用于固定实验样品的载体，主要有实验样品夹具和通信电缆接口构成。依据实验样品选择合适的夹具和通信电缆接口。图 6.8 和图 6.9 分别给出设计的测试板和在中国散裂中子源开展实验的辐照板实物照片。

图 6.8　测试板实物照片　　　图 6.9　在中国散裂中子源开展实验的辐照板实物照片

**2. 大气实验中的测量系统**

大气中子单粒子效应实验主要分为地面实验、高山实验和飞行搭载实验。本节仍以 SRAM 为载体，介绍作者所在研究团队研制的 SRAM 大气中子单粒子效应测量系统。

不考虑上位机及软件，SRAM 大气中子单粒子效应测量系统硬件主要由主控板、测试板、SRAM 存储条等组成，如图 6.10 所示。该系统采用模块化、标准化设计思想，具有通用的平台结构，可对不同的 SRAM 存储器进行测试，可以通过以太网、无线通信接口进行系统测试。为提高低效应概率条件下的测试效率，采用控制矩阵的设计思想，主控板可以连接多个测试板，放置于大气中子环境中，每个测试板可以连接多个 SRAM 存储条, 每个 SRAM 存储条集成多个 SRAM 器件。

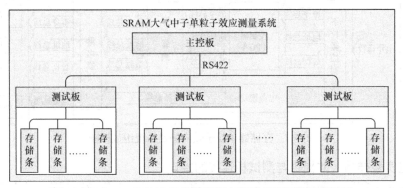

图 6.10　SRAM 大气中子单粒子效应测量系统硬件组成框图

在单粒子效应测试过程中, 主控板通过测试板监视每个存储条的工作状态, 并将测量到的单粒子效应数据发送远程计算机上。如果出现翻转, 则在发送数据的同时重新写入数据; 如果出现锁定, 则在记录数据后对存储条重新上电; 如果出现硬错误, 则将整个存储条屏蔽。在此过程中, 系统的每个模块功能如下。

主控板通过以太网或北斗短报文通信模块与运行测控软件的远程计算机连接, 响应测控软件上的各种指令, 并对与之连接的测试板及测试板上的存储条进行管理。主控板接收到远程计算机上的测试指令之后, 通过 RS422 接口控制相应的测试板对存储条进行效应监测, 并接收测试板回传的测试信息, 将信息保存在内置的 SD 卡的同时向远程计算机回传测试结果信息。测试过程中, 主控板实时将北斗定位模块给出的位置和时间信息与效应信息同步进行打包, 以便于后期针对不同海拔和纬度对实验数据进行分析。图 6.11 和图 6.12 分别给出主控板的组成框图和实物图。

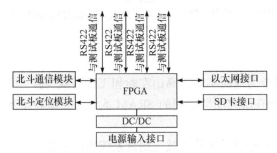

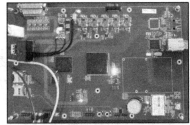

图 6.11　主控板的组成框图　　　　　图 6.12　主控板实物图

测试板连接主控板和 SRAM 存储条, 可以响应主控板下发的指令。测试板具有分组管理与之相连的 SRAM 存储条的功能, 可以对 SRAM 存储条进行分布式扫描, 识别与之相连的 SRAM 存储条型号、数量和编号, 并判别 SRAM 存储条是否插入及插入是否良好。每个测试板最多可控制 20 个 SRAM 存储条进行数据读/写存储测试和静态或动态电流测试。大气中子单粒子效应实验过程中，测试板能够记录单粒子翻转发生的 SRAM 芯片型号、地址、翻转前/后数据、发生翻转的 bit 位及统计该存储条发生翻转的次数。检测 SRAM 存储条是否发生锁定事件，记录发生锁定的 SRAM 存储条，复位发生锁定事件的存储条，并重新回写数据至 SRAM 存储条中，统计发生锁定的次数，并通过 RS422 接口向主控板传输测试结果。图 6.13 和图 6.14 分别给出测试板的组成框图和集成了存储条的测试板实物图。

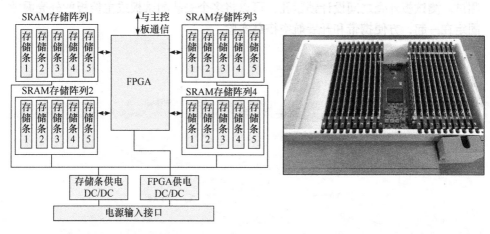

图 6.13　测试板的组成框图　　　　　　图 6.14　集成了存储条的测试板实物图

　　每个存储条用于集成相同型号的 SRAM 器件，多个存储条集成在测试板上，实现 DUT 容量扩充的目的。图 6.15 和图 6.16 分别给出了 SRAM 存储条的组成框图和实物图。

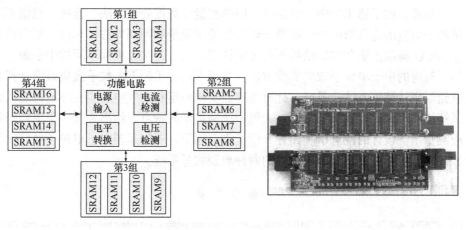

图 6.15　SRAM 存储条的组成框图　　　　　　图 6.16　SRAM 存储条实物图

　　为将上述 SRAM 大气中子单粒子效应应用到实际的大气中子环境中,包括地面和航空飞行环境,除了上述的定位功能和远程通信能力以外,还需考虑对大气中质子进行屏蔽、系统独立供电和抗震动设计等问题。

　　图 6.17 给出了测试板设计的外壳及组装结构。利用 3mm 的铝合金外壳对大气质子进行屏蔽,同时对测试板和存储条进行保护。支持 12V 锂电池供电,并设计电池固定座和锁紧盖,保证在一定的震动条件下正常供电。存储条用插槽的方式与测试板进行连接,并设计减震固定块,保证在一定震动条件下系统能够正常测试。测试板外壳之间设计锁紧孔,可以将多个安装测试板或主控板的外壳叠放固定在一起,方便携带和开展航空搭载实验。

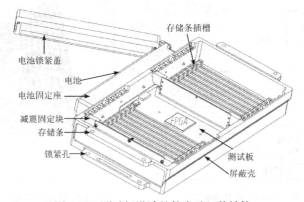

图 6.17　测试板设计的外壳及组装结构

# 6.6　小　结

　　本章给出了通用的中子单粒子效应的测量及数据处理方法。首先,根据不同单粒子效应的定义给出中子单粒子效应的通用测量和判别方法;其次,给出单粒子 MCU 提取方法和实验结果不确定度评定方法;再次,根据不同的中子源,介绍了对应的中子单粒子效应实验方法,包括不同中子源下单粒子效应截面计算和软错误率计算等方法;最后,针对加速器实验环境和大气中子实验环境,对实验系统提出不同的要求,着重针对大气中子通量低的特点,给出大气中子单粒子效应测量系统设计的注意事项,并介绍了作者用于开展加速器中子单粒子效应实验和大气中子单粒子效应实验所用的两种典型测量系统。

**参 考 文 献**

[1] THOUVENOT D, TROCHET P, GAILLARD R, et al. Neutron single event effect test results for various SRAM memories[C]. IEEE Radiation Effects Data Workshop Record Held in conjunction with IEEE Nuclear and Space

Radiation Effects Conference, Snowmass Village, Colorado,1997: 61-66.

[2] BAGATIN M, GERARDIN S, PACCAGNELLA A, et al. Atmospheric neutron soft errors in 3D NAND flash memories[J]. IEEE Transactions on Nuclear Science, 2019, 66(7): 1361-1367.

[3] AZAMBUJA J R, NAZAR G, PAOLO R. Evaluating neutron induced SEE in SRAM-based FPGA protected by hardware-and software-based fault tolerant techniques[J]. IEEE Transactions on Nuclear Science, 2013, 60(6): 4243-4250.

[4] 陈冬梅, 孙旭朋, 钟征宇, 等. DSP 大气中子单粒子效应试验研究[J]. 航空科学技术, 2018, 29(2): 67-72.

[5] YANG W, LI Y, LI Y, et al. Atmospheric neutron single event effect test on Xilinx 28nm system on chip at CSNS-BL09[J]. Microelectronics Reliability, 2019, 99: 119-124.

[6] KOGA R, CRAWFORD K B, GRANT P B, et al. Single ion induced multiple-bit upset in IDT 256k SRAMS[J]. IEEE Transactions on Nuclear Science, 1994, 51(6): 3278-3284.

[7] GASIOT G, GIOT D, ROCHE P.Alpha-induced multiple cell upsets in standard and radiation hardened SRAMS manufactured in a 65nm CMOS technology[J]. IEEE Transactions on Nuclear Science, 2006, 53(6): 3479-3486.

[8] REED R A, CARTS M A, MARSHALL P W, et al. Heavy ion and proton-induced single event multiple upset[J]. IEEE Transactions on Nuclear Science, 1997, 44(6): 2224-2229.

[9] CHUGG A M, MOUTRIE M J, BURNELL A J, et al. A statistical technique to measure the proportion of MBU's in SEE testing[J]. IEEE Transactions on Nuclear Science, 2006, 53(6): 3139-3144.

[10] WIRTHLIN M, LEE D, SWIFT G, et al. A method and case study on identifying physically adjacent multiple-cell upsets using 28-nm, interleaved and SECDED-protected arrays[J]. IEEE Transactions on Nuclear Science, 2014, 61(6): 3080-3087.

[11] WANG X, DING L, LUO Y, et al. A statistical method for MCU extraction without the physical-to-logical address mapping[J]. IEEE Transactions on Nuclear Science, 2020, 67(7): 1443-1451.

[12] 王勋, 罗尹虹, 丁李利, 等. 基于概率统计的单粒子多单元翻转信息提取方法[J]. 原子能科学技术, 2021, 55(2): 353-359.

[13] 赵志刚. 动态测量不确定度理论的拓展及其应用研究[D]. 北京: 清华大学, 2012.

[14] 沙定国. 误差分析与测量不确定度评定[M]. 北京: 中国计量出版社, 2003.

[15] 胡林福. 测量不确定度与误差的区别[J]. 质量技术监督研究, 2009(1): 55-56.

[16] 中华人民共和国国家质量监督检验检疫总局, 中国国家标准化管理委员会. 测量不确定度评定和表示: GB/T 27418—2017[S]. 2017: 84.

[17] 王鲁. 测量不确定度的评定及其在力值计量中的应用与研究[D]. 杭州: 浙江大学, 2015.

[18] YAHAGI Y, IBE E, SAITO Y, et al. Self-consistent integrated system for susceptibility to terrestrial-neutron induced soft-error of sub-quarter micron memory devices[C]. International Integrated Reliability Workshop,California, USA, 2002: 143.

[19] IBE E, CHUNG S, WEN S, et al.Spreading diversity in multi-cell neutron-induced upsets with device scaling[C]. IEEE custom integrated circuits conference, San Jose, California, 2006: 437-444.

[20] DYER C S, CLUCAS S N, SANDERSON C, et al. An experimental study of single-event effects induced in commercial SRAMS by neutrons and protons from thermal energies to 500MeV[J].IEEE Transactions on Nuclear Science, 2004,51(5): 2817-2824.

[21] WEULERSSE C, GUIBBAUD N, BELTRANDO A L, et al. Preliminary guidelines and predictions for 14-MeV neutron SEE testing[J]. IEEE Transactions on Nuclear Science, 2017, 64(8): 2268-2275.

[22] 王勋, 张凤祁, 陈伟, 等. 中国散裂中子源在大气中子单粒子效应研究中的应用评估[J]. 物理学报, 2019, 68(5): 052901.

[23] IEC 62396-1 Process management for avionics-atmospheric radiation effects Part 1： Accommodation of atmospheric radiation effects via single event effects within avionics electronic equipment [S]. Geneva: IEC, 2016.

[24] 罗尹虹. 纳米 SRAM 单粒子多位翻转试验和理论研究[D]. 西安: 西北核技术研究所, 2014.

[25] 罗尹虹, 张凤祁, 郭红霞, 等. 纳米静态随机存储器质子单粒子多位翻转角度相关性研究[J]. 物理学报, 2015(21): 216103-1-216103-8.

[26] CHUGG A M, MOUTRIE M J, JONES R. Broadening of the variance of the number of upsets in a read-cycle by MBUs[J]. IEEE Transactions on Nuclear Science, 2004,51(6): 3701-3707.

[27] FALGUÈRE D, PETIT S. A statistical method to extract MBU without scrambling information[J]. IEEE Transactions on Nuclear Science, 2007, 54(4): 920-923.

# 第7章 中子单粒子效应实验

中子单粒子效应实验是对器件进行评估、研究中子单粒子效应最直接的手段。可用于开展中子单粒子效应实验的中子包括(准)单能中子、反应堆中子、散裂中子和天然大气中子等。利用不同的中子源开展中子单粒子效应实验可以针对中子单粒子效应的不同方面进行研究。例如，利用单能中子源可以研究不同中子能量下单粒子效应规律；利用散裂中子源可以模拟大气中子环境加速大气中子单粒子效应实验对器件抗辐照性能进行考核；利用反应堆中子源可以研究单粒子和总剂量协和效应。在大气环境中直接开展大气中子单粒子效应实验更加真实，能够避免辐射环境的差异引入的误差，但是由于通量低，实验更加耗时。本章介绍在不同中子条件下开展的中子单粒子效应实验。

## 7.1 单能中子单粒子效应实验

单能中子适用于研究中子单粒子效应规律，如不同能量、写入不同数据类型、不同注量率等条件下的效应规律。本节主要以在中国原子能科学研究院的高压倍加器开展的单粒子效应实验为例，介绍基于单能中子的单粒子效应实验过程和分析结果。中国原子能科学研究院的高压倍加器利用加速高频离子源产生的氘离子束(最高能量为 600keV)轰击氚靶，发生 T(d,n)$^4$He 反应，产生能量约为 14MeV 的快中子。通过换靶，利用 D(d,n)$^3$He 反应，产生能量为 2.5~3MeV 的中子。图 7.1 给出中国原子能科学研究院的高压倍加器布局图。

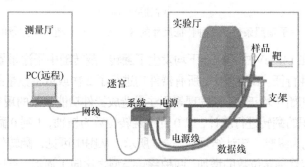

图 7.1 中国原子能科学研究院的高压倍加器布局图

### 7.1.1　SRAM 单能中子实验

1. 实验基本情况

利用 14MeV 和 2.5MeV 的中子开展辐照实验，实验器件如表 7.1 所示。

**表 7.1　单能中子单粒子效应实验器件**

| 序号 | 型号 | 特征尺寸 | 标称工作电压/V |
|---|---|---|---|
| 1 | HM62256B | 0.8μm | 5.0 |
| 2 | HM628512A | 0.5μm | 5.0 |
| 3 | HM62W8512B | 0.35μm | 3.3 |
| 4 | HM628512C | 0.18μm | 5.0 |
| 5 | IS62WV1288 | 0.13μm | 3.3 |
| 6 | IS61WV12816 | 90nm | 3.3 |
| 7 | IS64WV25616 | 65nm | 3.3 |
| 8 | IS61WV204816 | 40nm | 3.3 |

14MeV 中子辐照条件下 8 种特征尺寸的 SRAM 翻转率随中子注量的典型变化曲线如图 7.2 所示。其中，翻转率指存储器翻转位数与存储器测试容量的比值，反映了翻转存储位占整个器件总容量的比例。

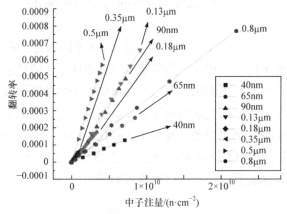

图 7.2　14MeV 中子辐照条件下 8 种特征尺寸的 SRAM 翻转率随中子注量的典型变化曲线

所有器件在 14MeV 中子辐照下均发生了翻转，翻转随中子注量累积的变化曲线具有显著的线性特征。在实验中，所有器件均进行了 2 次或以上数量的辐照，每次辐照完毕后重新初始化均正常，未发现累积注量造成器件功能失效的现象。将所有器件辐照结束后累积的翻转进行统计，以 0 到 1 翻转位数为横轴，1 到 0 翻转位数与 0 到 1 翻转位数之比为纵轴，统计结果如图 7.3 所示。从图中可见，翻转位数较小时统计涨落较大，但随着翻转位数的增加，两种翻转类型之比向 1 逼近，总样本量的平均值为 1.0143，标准偏差约为 0.24。因此，可认为所有器件均具有对称翻转模式特征。

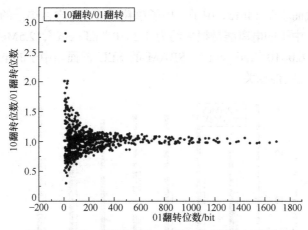

图 7.3　0 到 1 翻转位数与 1 到 0 翻转位数比例统计

### 2. 单粒子效应的影响因素

利用第 6 章给出的计算方法获得每款器件的翻转截面，分析测试图形和中子能量对翻转截面的影响。

#### 1) 测试图形对翻转截面的影响

在 14MeV 中子的所有实验中，对 0x55H 和 0xAAH 两种数据类型都进行了实验。不同测试图形下不同特征尺寸 SRAM 的 SEU 截面数据见图 7.4。从图中数据可见，写入数据类型对中子单粒子翻转截面测量影响较小。因此，后面基于上述芯片的实验结果均在 0x55H 测试图形下进行分析。

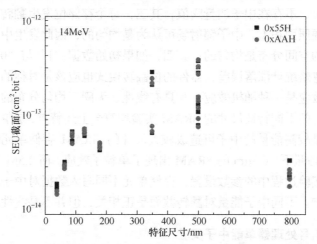

图 7.4　不同测试图形下不同特征尺寸 SRAM 的 SEU 截面数据

#### 2) 中子能量对翻转截面的影响

图 7.5 给出不同中子能量下不同特征尺寸 SRAM 的 SEU 截面，可见 2.5MeV

中子的 SEU 截面小于 14MeV 中子。中子单粒子效应主要由中子的电离能量损失导致。14MeV 中子的电离能量损失约为 $1.2×10^{-9}\text{rad·cm}^{-2}$，2.5MeV 中子的电离能量损失约为 $6.0×10^{-11}\text{rad·cm}^{-2}$。SRAM 的 SEU 截面与中子的电离能量损失正相关，但并不是线性相关。

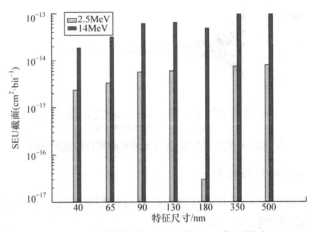

图 7.5　中子能量对 SRAM 的 SEU 截面影响

　　中子在半导体器件中会造成电离损伤和位移损伤，其中电离损伤会造成中子单粒子效应。中子作用于 SRAM 器件，产生的次级粒子电离使器件中发生单粒子翻转，改变存储在存储器中的逻辑信息。其一，中子以一定的概率在存储单元中造成翻转，因此翻转位数与中子注量呈线性关系；其二，中子单粒子翻转与中子累积注量无关，不存在中子注量阈值；其三，每个存储位发生翻转的概率相同，而在器件被辐照面积上，中子辐射场可认为是均匀的，因此发生中子单粒子翻转的逻辑地址的空间分布是均匀的；其四，如果初始数据"1"与"0"存储位数相等，那么若忽略统计涨落误差，器件的位翻转模式也应该是对称的。因此，中子单粒子翻转效应是一种随机效应，其具有线性、无阈、均匀分布的特点。在高压倍加器上进行的不同特征尺寸的 SRAM 实验均符合上述特点，是单粒子效应造成的翻转，但是较高能量的中子可造成较大尺寸的 SRAM 存储单元的翻转，如在14MeV 中子辐照下，0.8μm 的 SRAM 出现了单粒子效应，而 2.5MeV 就没有效应出现。对于实验过程中的参数设置，存储单元不同写入数据对中子单粒子效应的测量没有影响。不同中子能量对翻转截面是正相关，但并不是线性相关。

### 7.1.2　数字信号处理器单能中子实验

#### 1. 实验基本情况

数字信号处理器(digital signal processor，DSP)是航空电子系统中常用的器件。

文献[1]以 TI 公司研制的 DSP 为研究对象，采用 14MeV 中子辐照源开展 DSP 单能中子单粒子效应的地面模拟实验研究，获得 5 种不同型号 DSP 的单粒子翻转截面，并结合典型大气中子环境，计算出单粒子效应发生率，DSP 参数如表 7.2 所示。

表 7.2　DSP 参数

| 序号 | 型号 | 特征尺寸/nm | 内部存储位数/Kbit | 监测存储位数/Kbit | 引脚/内核电压/V |
|---|---|---|---|---|---|
| 1 | TMS320F2812 | 180 | 288 | 288 | 3.3/1.8 |
| 2 | SMJ320F2812 | 180 | 288 | 288 | 3.3/1.8 |
| 3 | TMS320VC5410 | 130 | 1024 | 1024 | 3.3/1.5 |
| 4 | TMS320C6418 | 130 | 4354 | 4096 | 3.3/1.4 |
| 5 | TMS320C6416 | 90 | 8450 | 8192 | 3.3/1.2 |

辐照实验在标准大气条件下开展，辐照过程中温度保持在 15～35℃，湿度在 20%～80%，器件上束流非均匀度小于 10%。实验时设定出现的故障次数大于 100 时终止辐照。为了防止累积效应的出现，中子注量均小于 $10^9 \text{n} \cdot \text{cm}^{-2}$。实验中注量率设定在 $10^3 \sim 10^4 \text{n} \cdot \text{cm}^{-2} \cdot \text{s}^{-1}$，辐照前待测器件中写入 0x55H。

所有被测 DSP 都测到了单粒子翻转，而 SMJ320F2812 和 TMS320F2812 两款 DSP 出现了单粒子功能中断。实验中记录的实际监测的中子注量、故障次数结果见表 7.3，截面计算结果也在表 7.3 中给出。

表 7.3　DSP 单能中子实验数据

| 序号 | 故障现象 | 中子注量/(n·cm$^{-2}$) | 故障次数/次 | 位截面/(cm$^2$·bit$^{-1}$) | 器件截面/(cm$^2$·device$^{-1}$) |
|---|---|---|---|---|---|
| 1 | SEU | $1.09\times10^9$ | 17 | $5.41\times10^{-14}$ | $1.56\times10^{-8}$ |
|  | SEFI | $1.22\times10^9$ | 1 | — | $8.19\times10^{-10}$ |
| 2 | SEU | $1.15\times10^9$ | 14 | $4.24\times10^{-14}$ | $1.22\times10^{-8}$ |
|  | SEFI | $1.12\times10^9$ | 2 | — | $1.78\times10^{-9}$ |
| 3 | SEU | $1.10\times10^9$ | 40 | $3.64\times10^{-14}$ | $3.73\times10^{-8}$ |
| 4 | SEU | $1.57\times10^9$ | 104 | $1.66\times10^{-14}$ | $7.23\times10^{-8}$ |
| 5 | SEFI | $4.41\times10^8$ | 110 | $3.12\times10^{-14}$ | $2.64\times10^{-7}$ |

**2. 截面和器件 SEE 率分析**

**1) 截面分析**

考虑到 SEL 的影响，在实验过程中还需对器件的电流进行监测。在所有用例的测试过程中均无电流增大的现象发生，也没有 SEL 效应发生。表 7.3 中的器件截面数据是在各个被测 DSP 位截面的基础上，乘以各个 DSP 内部的存储位数得到的数据。由表 7.3 中的实验结果可知，所有 DSP 的位截面在同一个数量级。由于特征尺寸小的 DSP 内部存储位数更多，器件截面呈现随特征尺寸减小而变大的趋势。

DSP 发生 SEFI 现象与器件的 JTAG 接口有关，实验中仅有 TMS320F2812 和 SMJ320F2812 型 DSP 出现需要复位或重启动才能恢复正常的故障，其故障发生的器件截面数据为 $8.19 \times 10^{-10} \text{cm}^2 \cdot \text{device}^{-1}$ 和 $1.78 \times 10^{-9} \text{cm}^2 \cdot \text{device}^{-1}$，与国际上其他研究结果[2]接近。

### 2) 器件 SEE 率分析

根据式(6.25)计算器件 SEE 率，在计算 SEE 率时参照 IEC 62396-1 标准[3]，选用飞行高度 12.2km 和北纬 45°的大气中子环境。针对 14MeV 单能中子截面，在计算 SEE 率时对应中子注量率 $f$ 的取值，可参考上述标准的规定，依据不同工艺尺寸器件的中子阈值能量，对 $f$ 进行修正，得到的数据见表 7.4。

**表 7.4　DSP 的 SEE 率**

| 序号 | 故障现象 | 能量阈值/MeV | 中子注量率/<br>$(\text{n} \cdot \text{cm}^{-2} \cdot \text{h}^{-1})$ | SEE 率/<br>$(\text{device}^{-1} \cdot \text{h}^{-1})$ | 平均错误间隔/h |
|---|---|---|---|---|---|
| 1 | SEU | 3 | 7700 | $1.20 \times 10^{-4}$ | 8325 |
|   | SEFI |   |   | $6.31 \times 10^{-6}$ | 158572 |
| 2 | SEU | 3 | 7700 | $9.39 \times 10^{-5}$ | 10645 |
|   | SEFI |   |   | $1.37 \times 10^{-5}$ | 72961 |
| 3 | SEU | 1 | 9200 | $3.43 \times 10^{-4}$ | 2914 |
| 4 | SEU | 1 | 9200 | $6.65 \times 10^{-4}$ | 1503 |
| 5 | SEU | 0.5 | 9200 | $2.64 \times 10^{-3}$ | 379 |

从表 7.4 中可以看出 SEU 导致 SEE 率随着特征尺寸的减小而逐步增大，相同特征尺寸的 SEU 导致的 SEE 率处于同一量级，不同特征尺寸的差别最大可以达到 20 倍。对于 SEFI 导致的 SEE 率，在典型大气中子环境下至少需要 10 年的时间才发生一次，实际出现的概率极低。总结 5 款 DSP 中子单粒子效应实验结果，得到如下几个结论：①在 14MeV 中子辐射源下，DSP 产生单粒子效应的主要模式为 SEU，在使用 JTAG 接口的情况下也会出现偶发的 SEFI 现象。②对所试系列型号的 DSP，其内部敏感区域为缓存器和存储器。③相同特征尺寸的器件具有相同数量级的 SEU 位敏感截面，为 $1 \times 10^{-14} \text{cm}^{-2} \cdot \text{bit}^{-1}$ 量级。④所有被测 DSP 器件，辐照结束后的电流值没有出现异常增加，均未发生单粒子锁定效应。

## 7.2　散裂中子单粒子效应实验

散裂中子源能谱与大气中子接近，可以直接评估器件抗大气中子单粒子效应水平，是器件抗大气中子单粒子效应水平考核与评估最理想的模拟源。国外利用散裂中子源开展了很多大气中子单粒子效应实验研究。但是，由于 2018 年以前我国缺少可用的散裂中子源，国内在大气中子单粒子效应研究方面主要依靠(准)单能中子源和脉冲反应堆开展实验。随着中国散裂中子源通过国家验收，使得在我国利用散裂中子源开展大气中子单粒子效应研究成为可能。目前，CSNS 已经建成的谱仪中，反角白光中子源(back-n)可以开展大气中子单粒子效应实验。此外还有一些在建谱仪虽然正在建设尚未正式开放，但也可以开展大气中子单粒子效应实验。本节主要介绍基于中国散裂中子源开展的中子单粒子效应实验及结果。

### 7.2.1　实验基本情况

1) 实验终端

CSNS 利用 1.6GeV 入射质子轰击钨靶产生大量中子，反角白光中子源建在质子入射的反方向，能量也可达 200MeV，可用于开展核数据测量和中子辐照实验。CSNS 反角白光中子源实验终端布局如图 3.18 所示，高能质子沿质子通道到达钨靶。入射质子束流将距钨靶 20m 处的偏转磁铁偏转 15°。在环到靶的输运线上，钨靶到偏转磁铁之间的质子束流与中子束流将共用一部分真空束流管。在偏转磁铁处，中子束流和质子束流自然分离。基于 CSNS 质子输运线的此特点，在偏转磁铁后建有专用的中子通道，在中子通道约 56m 和 76m 处设计两个实验厅：终端 1 和终端 2[4]。

在终端 2 中开展 SRAM 中子单粒子辐照实验，终端 2 束流的中子能量范围是 0.1eV～200MeV。实验过程中，CSNS 运行在 20kW 左右，中子注量率约为 $1.6 \times 10^6 \mathrm{n} \cdot \mathrm{cm}^{-2} \cdot \mathrm{s}^{-1}$，其中 10MeV 以上的中子占比为 18.3%。图 7.6 给出 20kW 运行时 CSNS 反角白光中子源终端 2 处与羊八井大气中子微分能谱的对比。可以看出，与真实的大气中子能谱相比，CSNS 反角白光中子源终端 2 在 100MeV 以内吻合较好，但在 100MeV 以上下降较快。

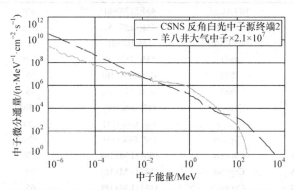

图 7.6　CSNS 反角白光中子源终端 2 处与羊八井大气中子微分能谱的对比

实验现场包括地下实验厅(终端 2)和地上控制间，两个区域的垂直距离约为 25m，以保障人员的安全。由于实验厅内本底较低，实验过程中直接将测试板置于实验厅内，另外为了减少人员受到的辐照剂量，测试人员在控制间通过远程计算机控制整个实验流程，实验厅和控制间通过以太网进行连接，如图 7.7 所示。

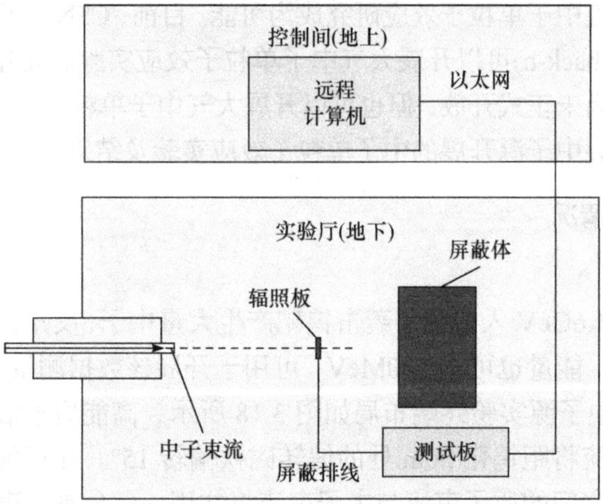

图 7.7　CSNS 反角白光中子源辐照实验布局示意图

2) 器件

SRAM 是电子系统中常见且对大气中子单粒子效应敏感的电子器件，选择多款 CMOS 工艺商用 SRAM 为实验对象开展大气中子单粒子效应实验，包括：HITACHI/RENESAS 公司 HM 系列 3 款，ISSI 公司 IS6X 系列 3 款，Cypress 公司 CY62126 系列 3 款、CY7C1318 系列 3 款，国产器件 1 款。特征尺寸为 40~500nm。13 款待测 SRAM 器件参数如表 7.5 所示。

表 7.5　待测 SRAM 器件参数

| 型号 | 制造商 | 容量/bits | 特征尺寸/nm | 工作电压/V |
| --- | --- | --- | --- | --- |
| HM628512A | HITACHI | 4M(512K×8) | 500 | 5 |
| HM628512B | HITACHI | 4M(512K×8) | 350 | 3.3 |
| HM62V8100 | RENESAS | 8M(1M×8) | 180 | 3.3 |
| IS62WV1288 | ISSI | 1M(128K×8) | 130 | 3.3 |
| IS64WV25616 | ISSI | 4M(256K×16) | 65 | 3.3 |
| IS61WV204816 | ISSI | 32M( 2 M×16) | 40 | 3.3 |
| CY62126V | Cypress | 1M( 64K×16) | 350 | 3 |
| CY62126BV | Cypress | 1M( 64K×16) | 250 | 3 |
| CY62126DV | Cypress | 1M( 64K×16) | 130 | 3 |
| CY7C1318AV18 | Cypress | 18M(1 M×18) | 150 | 1.8 |
| CY7C1318BV18 | Cypress | 18M(1 M×18) | 90 | 1.8 |
| CY7C1318KV18 | Cypress | 18M(1 M×18) | 65 | 1.8 |
| M328C | 国产 | 256K(32K×8) | 65 | 1.8 |

3) 实验设置

CSNS 反角白光中子源的实验终端 2 可以提供 $\phi$3cm、$\phi$6cm 和 9cm×9cm 的

中子束流，选择直径为 6cm 的束流开展单粒子效应辐照实验。为保证实验数据的可靠性，每种型号均选择多个器件同时进行辐照。考虑到器件尺寸大小，HM62V8100、HM628512B、HM628512A、IS62WV1288、CY62126V、CY62126BV、CY62126DV 和 M328C 器件采用 3 只相同型号器件上下均匀排列的方式同时辐照，IS64WV25616、IS61WV204816 和 CY7C1318 系列器件采用 2 只相同型号器件上下均匀排列的方式同时辐照。

实验过程中，所有器件均工作在标称电压下，中子束流垂直入射。测试图形包括 0x00H、0x55H、0xAAH 和 0xFFH 四种情况，其中 0x00H 是写入全"0"进行测试，0x55H 和 0xAAH 是写入"0""1"相间数据，区别在于写入"0"和"1"的位置对调，0xFFH 是写入全"1"。监测方法是通过对比中子辐照前后被测 SRAM 器件中的数据变化来统计 SEU 数。为实时掌握测试情况，采用动态监测方法，即辐照前向存储单元写入数据，每隔固定时间间隔回读数据，并与写入数据进行逐位比对，统计错误的比特位数。实验过程中实时监测辐照板电流，当超过一定阈值时，认为发生单粒子锁定，立即切断电源，然后给辐照板重新上电，重新写入数据进行测试。

4) 实验结果

采用式(7.1)计算中子 SEU 截面：

$$\sigma_{SEU} = \frac{N_{SEU}}{C\Phi} \tag{7.1}$$

式中，$\sigma_{SEU}$ 为中子 SEU 截面，单位为 $cm^2 \cdot bit^{-1}$；$N_{SEU}$ 为实验测得的 SEU 位数，单位为 bit；$C$ 为被测 SRAM 器件的总容量，单位为 bit；$\Phi$ 为能量大于 10MeV 的中子注量。在 CSNS 反角白光中子源的 SEU 测试结果见表 7.6，其中不确定度由式(7.2)给出：

$$U = \sqrt{u_{sys}^2 + u_N^2 + u_\Phi^2} \tag{7.2}$$

式中，$u_{sys}$、$u_N$ 和 $u_\Phi$ 分别是单粒子效应测试系统、SEU 统计数量、注量测量引入的不确定度。本实验中 $u_{sys}=0, u_N=1/\sqrt{N_{SEU}}$。根据文献[5]中注量率的不确定度(3%)和束斑不均性测量结果(10%)可知 $u_\Phi$ 为 10.44%。

表 7.6 在 CSNS 反角白光中子源的 SEU 测试结果

| 型号 | 特征尺寸/nm | 测试图形 | 容量/Mbit | 注量(>10MeV)/(n·cm⁻²) | 翻转数 | SEU 截面/(×10⁻¹⁴cm²·bit⁻¹) | 不确定度/% |
|---|---|---|---|---|---|---|---|
| HM628512A | 500 | 0x00H | 12 | $5.54\times10^8$ | 176 | 2.52 | 12.88 |
| | | 0x55H | 12 | $7.21\times10^8$ | 262 | 2.89 | 12.13 |
| | | 0xAAH | 12 | $5.38\times10^8$ | 215 | 3.18 | 12.47 |
| | | 0xFFH | 12 | $5.36\times10^8$ | 205 | 3.04 | 12.56 |

续表

| 型号 | 特征尺寸/nm | 测试图形 | 容量/Mbit | 注量(>10MeV)/(n·cm⁻²) | 翻转数 | SEU 截面/(×10⁻¹⁴cm²·bit⁻¹) | 不确定度/% |
|---|---|---|---|---|---|---|---|
| HM628512B | 350 | 0x00H | 12 | $5.7×10^8$ | 207 | 2.88 | 12.54 |
| | | 0x55H | 8 | $7.03×10^8$ | 197 | 3.34 | 12.64 |
| | | 0xAAH | 12 | $8.97×10^8$ | 303 | 2.69 | 11.92 |
| | | 0xFFH | 12 | $3.26×10^8$ | 114 | 2.78 | 14.03 |
| HM62V8100 | 180 | 0x00H | 24 | $5.31×10^8$ | 343 | 2.57 | 11.75 |
| | | 0x55H | 24 | $5.29×10^8$ | 367 | 2.76 | 11.67 |
| | | 0xAAH | 24 | $5.29×10^8$ | 387 | 2.91 | 11.61 |
| | | 0xFFH | 24 | $5.36×10^8$ | 342 | 2.53 | 11.76 |
| IS62WV1288 | 130 | 0x00H | 1 | $9.52×10^8$ | 55 | 5.51 | 17.05 |
| | | 0xAAH | 3 | $8.05×10^8$ | 116 | 4.58 | 13.97 |
| | | 0xFFH | 3 | $1.02×10^9$ | 151 | 4.68 | 13.24 |
| IS64WV25616 | 65 | 0x00H | 8 | $4.76×10^8$ | 271 | 6.79 | 12.08 |
| | | 0x55H | 8 | $4.76×10^8$ | 339 | 8.49 | 11.77 |
| | | 0xAAH | 8 | $5.23×10^8$ | 381 | 8.68 | 11.63 |
| | | 0xFFH | 8 | $4.50×10^8$ | 275 | 7.28 | 12.06 |
| IS61WV204816 | 40 | 0x00H | 64 | $4.76×10^8$ | 534 | 1.67 | 11.30 |
| | | 0x55H | 64 | $4.76×10^8$ | 523 | 1.64 | 11.32 |
| | | 0xAAH | 64 | $4.76×10^8$ | 589 | 1.84 | 11.22 |
| | | 0xFFH | 64 | $6.35×10^8$ | 707 | 1.66 | 11.10 |
| CY62126V | 350 | 0x55H | 3 | $9.88×10^8$ | 64 | 2.06 | 16.29 |
| | | 0xAAH | 3 | $9.88×10^8$ | 71 | 2.28 | 15.81 |
| CY62126BV | 250 | 0x55H | 3 | $1.28×10^{10}$ | 516 | 1.28 | 11.33 |
| CY62126DV | 130 | 0x00H | 3 | $1.04×10^9$ | 115 | 3.53 | 14.00 |
| | | 0x55H | 3 | $1.06×10^9$ | 139 | 4.16 | 13.45 |
| | | 0xAAH | 3 | $1.04×10^9$ | 141 | 4.30 | 13.41 |
| | | 0xFFH | 3 | $9.04×10^8$ | 106 | 3.73 | 14.26 |
| CY7C1318AV18 | 150 | 0X55H | 32 | $5.12×10^8$ | 1293 | 7.52 | 10.80 |
| CY7C1318BV18 | 90 | 0X55H | 32 | $4.69×10^8$ | 381 | 2.42 | 11.63 |
| CY7C1318KV18 | 65 | 0X55H | 32 | $5.09×10^8$ | 374 | 2.19 | 11.65 |
| M328C | 65 | 0X55H | 0.75 | $1.16×10^{10}$ | 167 | 1.84 | 13.00 |

### 7.2.2 影响因素分析

1. 影响 SEU 截面的因素

1) 测试图形的影响

器件在不同测试图形下的 SEU 截面由图 7.8 给出。考虑到式(7.2)中不确定度的影响,偏差基本在误差范围以内。因此,认为测试图形对 SEU 截面的影响不大。为降低不同器件之间对比时的不确定度,后续 SEU 截面对比中将利用不同测试图形的均值。

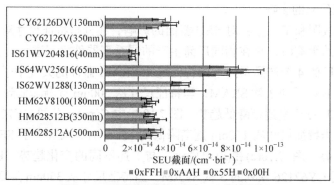

图 7.8　不同测试图形下的 SEU 截面对比

2) 版图和工艺差异的影响

对于不同厂商相同特征尺寸的器件,厂商不同导致版图和工艺存在较大差异,图 7.9 对比了不同厂商相同特征尺寸 SRAM 器件的 SEU 截面。对于 350nm 的两款器件,SEU 截面相对偏差为 32.7%;对于 130nm 的两款器件,SEU 截面相对偏差为 35.5%;对于 65nm 的三款器件,SEU 截面相对偏差高达 4 倍多。实验结果显示,版图和工艺的差异对器件的 SEU 敏感性有影响,而且特征尺寸越小,影响越大。版图和工艺对器件单粒子效应敏感性的影响比较复杂。以版图设计为例,

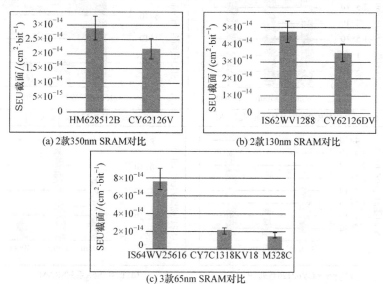

(a) 2款350nm SRAM对比　　　　(b) 2款130nm SRAM对比

(c) 3款65nm SRAM对比

图 7.9　不同厂商相同特征尺寸 SRAM 器件的 SEU 截面对比

改变器件的阱接触面积[6]、晶体管的放置位置[7]、放置方向[8]和布局布线[9]等都可以改变器件的单粒子效应敏感性。因此，随着器件工艺尺寸的降低，给了器件抗辐射加固更多的优化设计空间。

3) 特征尺寸的影响

为降低版图和工艺差异对 SEU 截面的影响，在分析特征尺寸对器件单粒子效应敏感性的影响时，只在相同厂商生产的同系列器件之间进行对比。图 7.10 给出了同一厂商 4 个产品系列不同特征尺寸 SRAM 器件的大气中子 SEU 截面。图 7.10(a)中 HM 系列 3 款 SRAM，当特征尺寸从 500nm 逐渐降低到 180nm 时，大气中子 SEU 截面呈逐渐降低趋势；图 7.10(b)中 Cypress 公司 CY7C1318 系列 3 款 SRAM，当特征尺寸从 150nm 逐渐降低到 65nm 时，大气中子 SEU 截面也呈逐渐降低趋势。图 7.10(c)和(d)中显示了与上述不同的变化趋势。图 7.10(c)中 Cypress 公司 CY62126 系列的 3 款 SRAM，当特征尺寸从 350nm 降到 250nm 时，SEU 截面降低，当继续降低到 130nm 时，SEU 截面增加；图 7.10(d)中 ISSI 公司 IS6X 系列 3 款 SRAM，当特征尺寸从 130nm 降到 65nm 时，SEU 截面增加，当继续降低到 40nm 时，SEU 截面降低。可见商用 SRAM 器件的大气中子 SEU 截面并没有严格按照特征尺寸的缩小而减小。这是因为在器件特征尺寸降低的过程中，虽然器件的敏感体积的截面积降低，但器件的临界电荷也随之降低，两者对器件的大气中子 SEU 截面的贡献是相反的，呈竞争关系。在两种因素竞争的过程

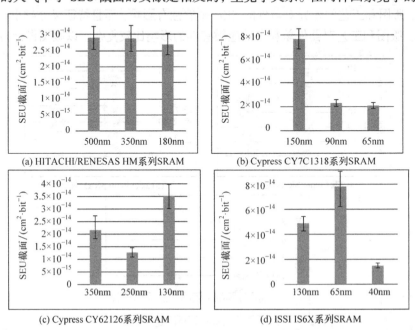

(a) HITACHI/RENESAS HM系列SRAM　　　　(b) Cypress CY7C1318系列SRAM

(c) Cypress CY62126系列SRAM　　　　(d) ISSI IS6X系列SRAM

图 7.10　同一厂商 4 个产品系列不同特征尺寸 SRAM 器件的大气中子 SEU 截面对比

中，版图的设计又起到了重要的调制作用，不同的版图设计可能使得某因素起到主导作用。尽管实验中选择相同厂商系列不同特征尺寸的 SRAM 器件进行比较，版图设计的影响仍然无法完全避免。因此，实验中不同系列的 SRAM 器件呈现出不同的变化规律。

2. 影响 MCU 的因素

1) MCU 信息的提取

MCU 信息提取面临的最大问题是缺少版图信息，其内部物理地址与逻辑地址的映射关系未知。采用第 6 章中基于概率统计的方法提取 SEU 数据中的 MCU 信息。该方法的具体思路、步骤和评估验证在文献[10]和[11]中给出。表 7.7 中给出单粒子 MCU 信息提取结果。

表 7.7 单粒子 MCU 信息提取结果

| 型号 | 特征尺寸/nm | MCU 占比/% | | | | 最大 MCU 位数/bit |
| --- | --- | --- | --- | --- | --- | --- |
| | | 0x00 | 0x55H | 0xAAH | 0xFFH | |
| HM628512A | 500 | 0 | 0 | 0 | 0 | 1 |
| HM628512B | 350 | 0 | 0 | 0 | 0 | 1 |
| HM62V8100 | 180 | 2.33 | 5.94 | 1.09 | 4.68 | 2 |
| IS62WV1288 | 130 | — | 0 | 4.65 | 0 | 2 |
| IS64WV25616 | 65 | 9.59 | 9.14 | 6.01 | 0.73 | 3 |
| IS61WV204816 | 40 | 28.29 | 24.09 | 28.52 | 25.00 | 7 |
| CY62126V | 350 | 0 | 0 | 0 | 0 | 1 |
| CY62126BV | 250 | 0 | 0 | 0 | 0 | 1 |
| CY62126DV | 130 | 40.00 | 35.97 | 35.46 | 45.28 | 3 |
| CY7C1318AV18 | 150 | — | 36.13 | — | — | 3 |
| CY7C1318BV18 | 90 | — | 42.31 | — | — | 4 |
| CY7C1318KV18 | 65 | — | 56.80 | — | — | 6 |
| M328C | 65 | — | 14.37 | — | — | 7 |

2) 测试图形的影响

针对表 7.7 中的 4 款 SRAM 器件，分析测试图形对 MCU 占比的影响，结果如图 7.11 所示，所有器件的 MCU 占比均受测试图形的影响。在 4 款器件中，IS61WV204816 和 CY62126DV 两款器件的 MCU 占比受测试图形影响较小，不同测试图形下 MCU 最大占比和最小占比的绝对偏差分别为 4.43%和 9.82%，相对偏差分别为 18.39%和 27.69%。HM62V8100 和 IS64WV25616 两款器件的 MCU

占比受测试图形影响相对较大，MCU 最大占比和最小占比的相对偏差分别为 444.95% 和 1213.70%，但绝对偏差与前两款器件类似，分别为 4.85% 和 8.86%。测试图形影响相邻存储单元敏感节点的相对位置，也影响器件内部的电场分布。不同的测试图形下，器件内部相邻存储单元敏感节点的相对位置和电场分布的不同，会影响电荷共享和沉积，从而影响器件 MCU 发生的概率。

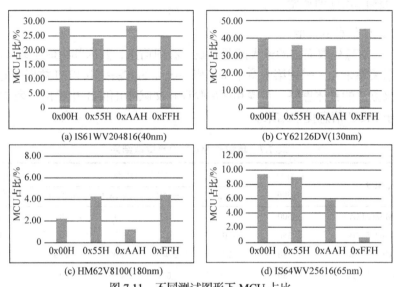

图 7.11　不同测试图形下 MCU 占比

3) 版图和工艺差异的影响

对于 3 款 65nm SRAM 器件 IS64WV25616、CY7C1318KV18 和 M328C，具有相同的特征尺寸，但不同厂商的版图和工艺存在较大差异，图 7.12 对比了不同厂商相同特征尺寸 SRAM 器件大气中子单粒子 MCU 情况。3 款器件的 MCU 占比各不相同，相对偏差高达 5 倍，最大 MCU 位数随着 MCU 占比的递增近似呈

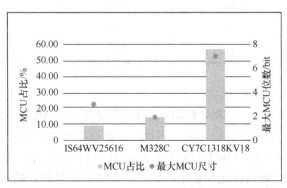

图 7.12　不同厂商相同特征尺寸 SRAM 器件大气中子单粒子 MCU 情况

递增趋势。此外，与图 7.9(c)中的结果对比可以发现，IS64WV25616(65nm)比 CY7C1318KV18(65nm)的 SEU 截面大近 4 倍，但 MCU 占比约为后者的 16%。可见，MCU 占比并不与器件的 SEU 截面正相关。这说明版图和工艺对器件的单粒子效应截面和 MCU 情况的影响非常复杂。以版图设计为例，改变器件的阱接触面积、晶体管的放置位置、放置方向和布局布线等都可以改变器件的单粒子效应敏感性。这增加了从版图优化设计层面提高器件的抗大气中子单粒子效应水平的空间和难度。

4) 特征尺寸的影响

为降低版图和工艺因素的影响，在分析特征尺寸对器件单粒子效应敏感性的影响时，只在相同厂商生产的相同系列器件之间进行对比。HM 系列的 3 款器件和 CY62126 系列的 3 款器件均是仅在最小特征尺寸器件的 SEU 数据中提取到 MCU，特征尺寸 250nm 以上的器件中均没有提取到 MCU 信息。图 7.13 给出了 CY7C1318

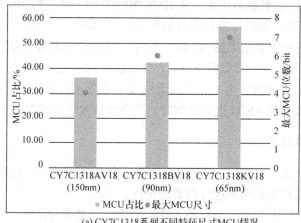

(a) CY7C1318系列不同特征尺寸MCU情况

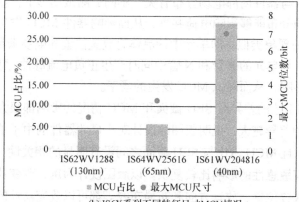

(b) IS6X系列不同特征尺寸MCU情况

图 7.13　同一厂商系列不同特征尺寸 SRAM 器件大气中子单粒子 MCU 情况

系列和 IS6X 系列不同特征尺寸 SRAM 器件大气中子单粒子 MCU 情况。可以看出，对于这两个系列的器件，SEU 数据中的 MCU 占比和最大 MCU 尺寸均随特征尺寸的减小而增加。对于 65nm 的 CY7C1318KV18 和 40nm 的 IS61WV204816 均出现了最高达 7 位的 MCU。可见，尽管单粒子位翻转截面可能随特征尺寸的减小而减小，但 MCU 的影响会越来越严重。因为随着器件特征尺寸的减小，单位面积内集成的存储单元数量增加，使得单个粒子入射时的沉积能量能够影响的存储单元个数增加。因此，MCU 问题应作为小尺寸存储器着重考虑的一个可靠性问题。

5) 与大气中子实验结果的差异

早期利用上述 HITACHI/RENESAS 公司 HM 系列 3 款 SRAM 在西藏羊八井宇宙射线观测站开展了 SRAM 大气中子单粒子效应辐照实验。羊八井宇宙射线观测站位于东经 90.5°，北纬 30.1°，海拔 4300 m。采用大规模存储矩阵构建测试系统，待测存储器中写入数据 0x55H，辐照实验持续数千小时。详细的实验结果和分析见文献[12]。在数据分析中，从 HM62V8100 的 195 位翻转中提取得到 20 位 MCU，其中 14 位为 MBU。高山大气辐照实验中，MCU 占比为 10.26%，比 CSNS 反角白光中子源的实验结果高 5.94%。此外，高山大气辐照的实验结果中还出现了 CSNS 反角白光中子源实验中没有的 MBU。可见，尽管可以通过在计算时选择较大的中子能量阈值，用 CSNS 反角白光中子源评估器件的大气中子 SEU 截面[12]，但是对器件的 MCU 进行评估时，仍会低估大气中子单粒子效应的影响。

### 7.2.3  实验结果讨论

综合分析上述 13 款商用 SRAM 的单粒子效应实验数据，得到了一系列有意义的结果，下面对实验结果进行简要的论述。

(1) 测试图形对器件的 SEU 截面影响不大，但对部分器件的 MCU 占比有较大影响，其原因与器件内部电场分布有关。不同的测试图形下，器件内部的电场分布不同，电场分布能够影响电荷共享，从而影响器件 MCU 发生的概率。该原因与文献[7]中的现象类似，即单元中的晶体管放置位置和电场满足一定条件时，共享电荷在同一个单元的 P 管和 N 管中同时产生正负电流脉冲，脉冲抵消能够降低电荷共享的影响，从而降低 MCU 发生的概率。

(2) 版图和工艺的差异对 SEU 截面和 MCU 情况的影响都很大。特征尺寸越小，SEU 截面的差异越大，说明版图的设计对小尺寸器件的中子单粒子效应的敏感性影响更大，且 MCU 占比与 SEU 截面之间没有明显的相关性。版图和工艺对器件单粒子效应敏感性的影响比较复杂。以版图设计为例，改变器件的阱接触面积、晶体管的放置位置、放置方向和布局布线等都可以改变器件的单粒子效应敏感性。例如，增加 N 阱接触面积可以降低单粒子瞬态脉冲的宽度和截面，从而降低单粒子效应的敏感性，达到加固的目的[6]；通过优化 P 管和 N 管的放置位置，利用正负脉冲抵消的思路，可以降低电荷共享的影响，从而降低器件的 MCU 敏感性[7]；由于脉冲窄化效应的存在，将反相器水平放置比垂直放置能够显著减小单粒子瞬态脉冲的宽度和截面[8]。因此，一些文献利用脉冲的窄化效应探索能够缓解单粒子效应的版图设计技术[9]。由于使用商用器件开展实验，缺少具体的版图和工艺信息，无法对导致截面不同的原因进行更为具体的分析。

(3) 特征尺寸对 SEU 截面和 MCU 占比都有影响。特征尺寸对 SEU 截面的影响没有明显的规律，这是由于特征尺寸同时影响敏感体积和临界电荷，两者对 SEU 截面的贡献是相反的。另外，特征尺寸对 MCU 的影响具有明显的规律性，MCU 占比和最大 MCU 位数都随特征尺寸的减小而增大。这是因为特征尺寸减小使得临界电荷和敏感体积变小，电荷共享加剧，单个粒子能够同时影响的存储单元个数增加。这也说明 MCU 问题将成为小尺寸存储器重点考虑的一个可靠性问题。

(4) 相同的器件在 CSNS 反角白光中子源获得的 MCU 占比小于高山辐照实验的结果。其原因有两个，首先，由于 CSNS 反角白光中子源的中子能谱相对于真实的大气中子能谱偏软，中子的最高能量和高能成分占比都偏小，单能中子实验研究表明，MCU 占比随入射中子能量的增大而升高[13-14]。其次，在 CSNS 反角白光中子源实验中，中子束流垂直芯片入射，而在高山大气辐照实验中，大气中子从各个方向入射，相关研究表明侧向入射能够增加 MCU 占比[15-16]。此外，高山大气辐照的实验结果中还出现了 CSNS 反角白光中子源实验中没有的 MBU。其原因是该器件列向 MCU 的敏感性高于行向，CSNS 反角白光中子源的中子最高能量尚未达到其 MBU 发生的阈值。

## 7.2.4　中国散裂中子源与大气中子的等效性

目前，中国散裂中子源是我国唯一可以开展散裂中子单粒子效应的科学装置，对我国航空电子系统的大气中子单粒子效应研究和评估至关重要。虽然 CSNS 能够提供连续能谱的中子，与大气中子能谱较为接近，但两者的差异也是不可忽视的。例如，在对前面的 MCU 情况进行提取时，发现同样的器件在羊八井大气辐照实验中获得的 MCU 占比明显高于 CSNS 反角白光中子源的结果。为评估 CSNS 在单粒子效应研究中与大气中子的等效性，可以对比 CSNS 反角白光中子源和羊八井大气中子的能谱。利用图 7.6 给出的两种中子源大于 1MeV 部分的微分能谱对比计算不同能区中子的占比，表 7.8 给出 1MeV 以上不同中子环境中不同能区的中子占比。

表 7.8　不同中子环境中不同能区的中子占比

| 中子源 | 中子数占比/% | | | 中子通量/(cm$^{-2}$·s$^{-1}$) (>1MeV) |
| --- | --- | --- | --- | --- |
| | 1~10MeV | 10~100MeV | >100MeV | |
| JEDEC(地面) | 35 | 35 | 30 | 5.56×10$^{-3}$ |
| IEC(12km) | 36.5 | 37.2 | 26.3 | 2.43×10$^{2}$ |
| 羊八井 | 35.6 | 32.1 | 32.3 | 3.56×10$^{-2}$ |
| CSNS-back-n@76m | 81.7 | 16.8 | 1.5 | 7.32×10$^{5}$(20kW) |
| CSNS-TS1-41°@20m | 50 | 28 | 22 | — |
| CSNS-TS2-30° | 44 | 28.5 | 27.5 | — |
| CSNS-TS2-15° | 22.6 | 25 | 52.4 | — |

可以看出，CSNS 反角白光中子源中大于 1MeV 的中子主要集中在 1~10MeV，占比达到 81.7%，10~100MeV 的中子占 16.8%，大于 100MeV 的中子仅占 1.5%。羊八井大气中子谱中上述 3 个能区占比相当，分别为 35.6%、32.1% 和 32.3%。表 7.8 同时给出了 JEDEC[17]地面标准大气中子能谱和 IEC[3]航空 12km 标准大气中子能谱。可以看出羊八井大气中子能谱与两种标准能谱中大于 1MeV 的中子各能区占比相近，而 CSNS 反角白光中子源中子谱偏软，能量主要集中在低能区。根据单能中子单粒子效应实验结果，能量越大的中子导致的中子单粒子效应截面越大，因此 CSNS 反角白光中子源测得的截面可能会低估实际情况。

文献[12]中对中子能谱的影响进行了更为详细的计算分析。结果表明，CSNS 反角白光中子源可以应用于加速大气中子单粒子效应实验。在 20 kW 运行时，CSNS 反角白光中子源大于 1MeV 的中子通量是羊八井大气中子的 2.1×10$^{7}$ 倍，是 JEDEC 地面标准大气中子的 1.3×10$^{8}$ 倍，是 IEC 航空 12km 标准大气中子的 3.1×10$^{5}$ 倍。可见 CSNS 反角白光中子源可用于开展加速大气中子单粒子效应实验，且随着 CSNS 的运行功率逐步提高，其中子通量也会同步提高，加速因子将等比例提高。

CSNS 反角白光中子源的中子能谱偏软，直接利用大于 1MeV 的中子进行计算将使 SRAM 中子单粒子效应翻转截面与大气中子辐照实验相比偏小，从而导致 CSNS 反角白光中子源评价电子器件的抗大气中子单粒子效应水平时，低估大气中子导致的翻转截面。因此，在预估大气中子单粒子效应截面时，可以根据器件的中子能量阈值对实验结果进行修正。一般情况下，器件的翻转阈值很难精确获取，而且相对于高能中子，器件在能量阈值附近的翻转数可以忽略，因此可以取 10MeV 的能量阈值进行计算，此时在 CSNS 反角白光中子源测得的单粒子翻转截面可以近似估计器件在大气中子环境中单粒子效应截面水平。有一些文献也指出，由于现在的 SRAM 器件特征尺寸越来越小，中子单粒子效应的能量阈值在持续降低。例如，文献[18]的研究结果表明，对于 28nm 的 SoC 器件，中子能量阈值应该选为 1MeV 时能够获得较为理想的结果, 因此在研究 28 nm 以下的器件时, 1～10MeV 的中子不能直接忽略。

除了反角白光中子源, CSNS 还规划了其他 3 条可用于模拟大气中子的白光中子束线。根据上述中子束线能谱的仿真分析[19], 在这 4 条白光中子束线中, 已建成可用的反角白光中子源能谱最软, 中子高能成分最低, 与大气中子能谱相差最大。根据表 7.8 中给出的其他 3 条白光中子束线大于 1MeV 中子中不同能区的中子占比[19], 可以看出规划中的 3 条白光中子束线可以更好地模拟大气中子能谱。其中第 2 靶站引出方向与质子入射方向夹角为 30°的白光中子束线与大气中子能谱最为接近, 未来可更好地服务于大气中子单粒子效应研究。

# 7.3　反应堆中子单粒子效应实验

中子辐射作用于 SRAM 器件会产生三种效应: ①通过产生次级粒子的电离作用使器件发生单粒子翻转效应, 改变存储在 SRAM 器件中的逻辑信息; ②会给器件引入大量的晶格缺陷, 进而导致器件少数载流子寿命降低、载流子的迁移率显著下降和产生载流子去除效应等, 使器件的功能退化; ③中子辐射环境的伴生γ射线会在器件的氧化物中沉积电荷, 以及在 Si/SiO₂ 界面处产生界面态, 从而引起器件功能退化, 最终导致器件失效。这三种效应均能产生 SRAM 测试过程中的位错误。脉冲反应堆作为这种复合的模拟源, 能够同时提供这三种效应的测试。本节主要给出利用不同特征尺寸 SRAM 器件在西安脉冲反应堆获得的中子单粒子效应实验结果。

## 7.3.1　典型实验结果

SRAM 器件工艺及设计上的差异, 都会对器件的中子单粒子效应的敏感性产生影响。为增强实验数据的可比性, 对实验器件的选择遵循相同厂家、相同系列、相同工艺和相同单元结构的原则。为此, 选择 12 种 CMOS 工艺商业级 SRAM 器件, 器件容量为 16kbit～16Mbit, 特征尺寸涵盖范围为 0.04～1.5μm。详细的器件及参数如表 7.9 所示。

表 7.9　SRAM 器件及参数

| 器件型号 | 生产公司 | 容量(工作模式) | 特征尺寸/μm | 工作电压/V |
|---|---|---|---|---|
| HM6116 | HITACHI | 16K(2K×8bit) | >1.5 | 5 |
| HM6264 | HITACHI | 64K(8K×8bit) | 1.5 | 5 |
| HM628128 | HITACHI | 1M(128K×8bit) | 0.8 | 5 |

| 器件型号 | 生产公司 | 容量(工作模式) | 特征尺寸/μm | 工作电压/V |
|---|---|---|---|---|
| HM62256B | HITACHI | 2M(256K×8bit) | 0.8 | 5 |
| HM628512A | HITACHI | 4M(512K×8bit) | 0.5 | 5 |
| HM628512B | HITACHI | 4M(512K×8bit) | 0.35 | 3.3 |
| HM628512C | HITACHI | 4M(512K×8bit) | 0.18 | 5 |
| HM62V8100 | RENESAS | 8M(1M×8bit) | 0.18 | 3 |
| HM62V16100 | RENESAS | 16M(1M×16bit) | 0.13 | 3 |
| IS62WV1288 | ISSI | 1M(128K×8bit) | 0.13 | 3.3 |
| IS64WV25616 | ISSI | 4M(256K×16bit) | 0.065 | 3.3 |
| IS61WV204816 | ISSI | 32M(2M×16bit) | 0.04 | 3.3 |

## 1. γ总剂量效应实验结果

图 7.14 是不同 SRAM 器件翻转位数与γ总剂量关系。可以看出，γ总剂量小于某一个值时，器件无数据错误；γ总剂量超过这个值时，器件出现雪崩式翻转，该剂量即为 SRAM 器件的γ总剂量阈值。因此，SRAM 器件的中子单粒子效应测试应在伴随γ射线产生的总剂量效应之前完成。如果考虑中子与γ射线混合辐射场造成的协和效应，其有效的中子单粒子效应测试时间可能会更短。

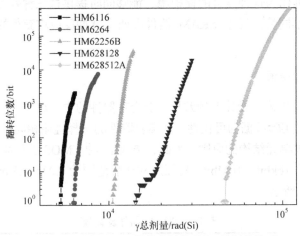

图 7.14　不同 SRAM 器件翻转位数与γ总剂量关系

从图 7.14 中还可以看出，器件集成度越高，抗γ射线总剂量能力就越强。这是因为器件的特征尺寸越小，其栅氧化层的厚度就越小，如 0.25μm 工艺的超深亚微米器件的栅氧化层厚度仅为 5nm。由于薄的栅氧化层中产生的界面态和氧化层电荷很少，因此较薄栅氧化层的器件具有更加良好的抗γ总剂量性能。

## 2. 反应堆中子单粒子效应实验结果

SRAM 器件的反应堆中子单粒子效应简要测试结果见表 7.10。

表 7.10　SRAM 器件的反应堆中子单粒子效应简要测试结果

| 器件型号 | 特征尺寸/μm | SEU 截面 /(cm² · bit⁻¹) | 读写功能测试 | 逻辑地址翻转映射图 | 位翻转模式 |
|---|---|---|---|---|---|
| HM6116 | >1.50 | — | 未通过 | — | — |
| HM6264 | 1.50 | — | 未通过 | — | — |
| HM628128 | 0.80 | — | 通过 | 不均匀 | 不对称 |
| HM628512A | 0.50 | $1.69\times10^{-16}$ | 通过 | 均匀 | 对称 |
| HM62V8100 | 0.18 | $6.75\times10^{-16}$ | 通过 | 均匀 | 对称 |
| HM62V16100 | 0.13 | $2.90\times10^{-14}$ | 通过 | 均匀 | 对称 |

分析各类器件的位翻转率曲线，如图 7.15 所示，可以得出如下结论。

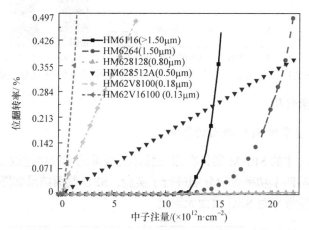

图 7.15　不同特征工艺 SRAM 器件在反应堆中子辐射环境下的位翻转率曲线

(1) 特征尺寸 1.50μm 及以上的 SRAM 器件(HM6116 和 HM6264)在中子注量约为 $1.25\times10^{13}$n · cm⁻² 之前，位翻转率保持为零，之后位翻转率随中子注量的增加而急剧增大，最终读写功能完全失效，而此时 HM6116 和 HM6264 伴随γ射线总剂量分别为 2.46krad(Si)和 3.54krad(Si)。由此判断，HM6116 和 HM6264 的位翻转数归因于总剂量效应导致的半永久性损伤，不是单粒子翻转。

(2) 特征尺寸 0.80μm 的 SRAM 器件(HM628128)当存在中子辐射时就有翻转发生，且位翻转率随入射中子注量的增加而缓慢增大，最终读写功能测试也正常；但其逻辑地址翻转映射图的分布明显不均匀，位翻转模式也不对称，仔细分析该器件的位翻转率曲线发现其不具有良好的线性。因此，不能排除有其他的损伤模式存在。

(3) 特征尺寸 0.50μm 及以下的 SRAM 器件(HM628512A、HM62V8100 和

HM62V16100)的位翻转率随中子注量的增加而线性增大，当翻转测试完成后，其读写功能正常、各时刻的逻辑翻转映射图分布均匀且具有对称的位翻转模式。因此，认为测试的翻转为中子导致的软错误，即为SEU。分别计算各器件的SEU截面，进而得到反应堆中子辐射环境下，SRAM器件的翻转截面随其特征尺寸的变化趋势，如图7.16所示。

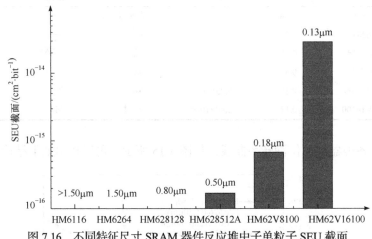

图7.16　不同特征尺寸SRAM器件反应堆中子单粒子SEU截面

### 7.3.2　影响因素分析

1. 中子注量率对SEU截面的影响

不同特征尺寸的SRAM器件在西安脉冲反应堆的实验中选取10kW、100kW、500kW和1MW四个功率台阶分别进行了实验，SEU截面结果如图7.17。实验结果表明，中子注量率对SEU截面无影响。

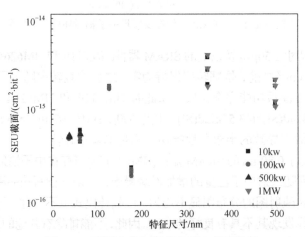

图7.17　不同功率台阶下的SEU截面数据

### 2. 工作电压对 SEU 截面的影响

为了比较电源电压对 SEU 截面的影响,在非标称电压下测量部分器件的 SEU 截面。图 7.18 给出的是西安脉冲反应堆上得到的不同尺寸 SRAM 的 SEU 截面随工作电压的变化,图中的点为多个器件 SEU 截面的平均值,误差棒为均值的 A 类标准不确定度,B 类标准不确定度暂时未考虑。从图中可以看出,相对于标称电压,电源电压升高,SRAM 的 SEU 截面降低;电源电压降低,SEU 截面升高。14MeV 和 2.5MeV 中子下也观察到类似的现象。

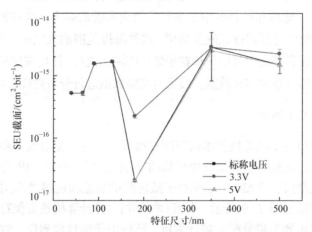

图 7.18　西安脉冲反应堆上得到的不同尺寸 SRAM 的 SEU 截面随工作电压的变化关系

### 7.3.3　反应堆实验结果讨论

通过对中子单粒子翻转效应的机理及其实验环境的分析,从实验器件的选择、效应测试系统、测试流程、数据分析及其实验方案等方面进行了详细考虑,设计了较为全面的 SRAM 器件反应堆中子单粒子效应实验方案,并获得了不同特征尺寸 SRAM 器件的中子单粒子翻转截面数据。

通过第一步的γ总剂量辐照实验,确定了实验器件的抗γ总剂量效应的能力,为中子单粒子效应实验数据的处理提供了依据;在实验数据的分析上,引入了包含单粒子翻转可视化分析在内的多种单粒子翻转判据。较为全面地对实验进行了定性和定量的分析,提高了 SEU 截面结果的可信度。

实验结果表明,在西安脉冲反应堆中子辐射环境中,特征尺寸大于等于 1.5μm 的 SRAM 器件表现出的是总剂量效应,不是单粒子效应;特征尺寸小于等于 0.5μm 的 SRAM 表现出的是中子单粒子效应;而特征尺寸介于两者之间的 0.8μm SRAM 表现出的是多种辐射损伤效应。特征尺寸越小,SRAM 器件的反应堆中子单粒子效应就越敏感。此外,由于电源电压的减小会降低存储单元的临界电荷,造成单粒子敏感度增加,因而器件工作电压会对翻转截面造成一定影响,实验测量过程中应注意采用器件的标称工作电压,不然会造成器件翻转截面的高估或低估。

# 7.4　地面和高山大气中子单粒子效应实验

开展地面和高山大气中子单粒子效应实验,首先要对地面和高山的辐射环境进行分析,由于地面和可开展中子单粒子效应实验的高山一般在海拔 5000m 以下,相对于一般加速器和标准航空高度,这种海拔范围的大气中子通量一般较低。其次要明确地面和高山大气中子单粒子效应的测试流程,严格按照标准和规范开展实验,最终获得可靠的实验数据。最后对实验数据进行分析处理,得出实验结论。

## 7.4.1　羊八井高山实验

2013～2015 年,西北核技术研究所在西藏羊八井宇宙射线观测站开展了大气中子单粒子效应实验。实验系统由外场(羊八井)主控计算机、IP 分配路由器、环境中子剂量监测仪、SRAM 中子单粒子效应测试装置和远程(西安)控制终端组成,实验系统示意图如图 7.19 所示。外场(羊八井)主控计算机负责保存、显示测试数据;IP 分配路由器负责分配主控计算机、环境中子剂量监测仪、SRAM 中子单粒子效应测试装置的 IP 地址并接驳互联网;远程(西安)控制终端负责对外场主控计算机进行远程控制。

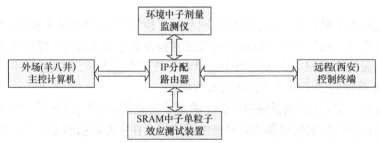

图 7.19　SRAM 大气中子单粒子效应实验系统示意图

实验中选择 4 种 HITACHI/RENESAS 公司生产的 HM62 系列 CMOS 工艺商业级 SRAM 器件:HM628512A、HM628512B、HM62V8100、HM62V16100,详细的器件参数如表 7.9 所示。由于大气中能量高于 200keV 的中子(可产生单粒子翻转)通量水平非常低,考虑到中子与材料相互作用的截面因素和能量沉积因素,大气中子导致的存储器单粒子翻转率更低,要测量获得极低概率的中子单粒子翻转事件,常规的单芯片单粒子效应测试方法几乎不可能实现。因此,采用增加芯片数量和延长测试时间的方法以提高测试结果的可靠性。

测试系统采用矩阵式存储器在线测试方式搭建，可同时监测数千个存储器芯片的翻转情况，具有存储芯片功耗电流的监测与保护功能，以保证系统可长时间无人值守测试。图 7.20 给出 SRAM 存储阵列的中子单粒子效应测试系统和羊八井实验外场环境。

(a) 中子单粒子效应测试系统　　　　　　　　　　　　　(b)羊八井实验外场环境

图 7.20　SRAM 存储阵列的中子单粒子效应测试系统和羊八井实验外场环境

经过长达一年多的静态测试，获得如表 7.11 给出的四种 SRAM 器件在羊八井的实验结果。

表 7.11　四种 SRAM 器件在羊八井的实验结果

| 内容 | | HM628512A | HM628512B | HM62V8100 | HM62V16100 |
|---|---|---|---|---|---|
| 特征尺寸/μm | | 0.5 | 0.35 | 0.18 | 0.13 |
| 测试时间/h | | 5198 | 5198 | 6085 | 5198 |
| 翻转位数/bit | | 76 | 181 | 195 | 82 |
| 翻转模式相对标准偏差/% | | 36.0 | 20.8 | 27.5 | 17.1 |
| 翻转率/(bit·h$^{-1}$) | | $5.49 \times 10^{-12}$ | $6.80 \times 10^{-12}$ | $6.67 \times 10^{-12}$ | $8.47 \times 10^{-12}$ |
| 截面范围/(cm$^2$·bit$^{-1}$) | 最小值 | $3.52 \times 10^{-14}$ | $4.36 \times 10^{-14}$ | $4.27 \times 10^{-14}$ | $5.43 \times 10^{-14}$ |
| | 最大值 | $5.91 \times 10^{-14}$ | $7.32 \times 10^{-14}$ | $7.18 \times 10^{-14}$ | $9.12 \times 10^{-14}$ |
| 置信水平/% | | 97.4 | 98.3 | 98.6 | 98.1 |

由于地面大气中子通量水平很低，从实验结果分析可得，实验数据存在统计涨落。需要从错误模式、错误率等方面分别对测试结果进行详细的分析，降低统计涨落的误差。

1) 测试数据置信水平分析

测试数据置信水平分析是依据测试时间、测试芯片数量、监测到的翻转位数和计算得到的翻转率信息来综合评价测试结果的置信水平。根据 JESD89A—2006 标准，地面单粒子效应测试的数据服从 $\chi^2$ 分布，且为使测试数据具有一定的置信水平，需满足如下要求：

$$\text{SSER} < \frac{\chi^2_{2k+2}}{2T} \tag{7.3}$$

式中，SSER 为实验的器件数与测试时间的乘积，单位为 device·h；$T$ 为器件翻转的软件错误率；$k$ 为翻转位数；$\chi^2_{2k+2}$ 为自由度，即 $2k+2$ 的 $\chi^2$ 分布。

　　由此可以计算出给定器件数、测试时间、翻转数和翻转率条件下 $\chi^2$ 概率密度函数的上侧分位数 $Y$：

$$Y = f(x \mid 2k+2) = \frac{x^k e^{-(k+1)}}{2^{k+1}\Gamma(k+1)} \tag{7.4}$$

式中，$\Gamma(k+1)$ 是自由度为 $k+1$ 的 Gamma 函数；$x = 2T \cdot \text{SSER}$ 是服从自由度为 $2k+2$ 的 $\chi^2$ 分布的观测值。最终给出测试结果的置信水平：

$$P = 1 - Y \tag{7.5}$$

　　2) 大气中子单粒子翻转截面估算

　　考虑仿真获得的器件中子单粒子效应的能量响应关系，四款 SRAM 器件的单粒子翻转阈值均在 300keV～5MeV。根据羊八井地区的大气中子能谱，可以得到：$E > 300\text{keV}$ 时，中子通量约为 $156\text{n} \cdot \text{cm}^{-2} \cdot \text{s}^{-1}$；$E > 5\text{MeV}$ 时，中子通量约为 $92.9\text{n} \cdot \text{cm}^{-2} \cdot \text{s}^{-1}$。估算器件的位翻转截面应在 $E > 300\text{keV}$ 和 $E > 5\text{MeV}$ 两种情况计算的截面值之间。

　　3) 实验结果

　　通过数据分析处理，最终得到四款 SRAM 器件的大气中子单粒子效应实验数据已由表 7.11 给出。可以看出：器件中子单粒子翻转数据甄别方面，分析翻转模式统计值的相对标准偏差在 17.1%～36.0%，应归因于大气中子产生的单粒子翻转。综合分析测试数据的置信水平，均在 95% 以上。各器件的 SEU 截面约在 $10^{-14}\text{cm}^2 \cdot \text{bit}^{-1}$ 量级，随着特征尺寸的减小，SEU 截面略有增加，如图 7.21 所示。

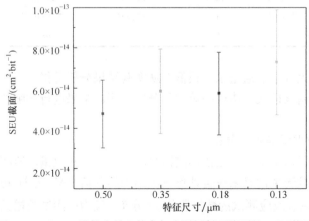

图 7.21　SRAM 器件在羊八井大气中子辐射环境下的 SEU 截面

羊八井大气中子辐照实验结果表明，所选商用 SRAM 器件能够发生中子单粒子效应，且随着特征尺寸的减小，SEU 截面呈缓慢增大趋势。此外，当特征尺寸从 0.5μm 过渡到 0.13μm 时，SRAM 器件的容量增大了 4 倍。综合考虑容量与 SEU 截面两方面的影响，SRAM 器件的中子单粒子效应错误率增大了约 6 倍。因此，研究者认为随着微电子器件特征尺寸的减小，在安全性要求较高的电子系统中，中子单粒子效应威胁可能对已往的风险关注、风险认识和风险控制的优先级产生重要影响，应该予以重视。

### 7.4.2 欧洲高原实验

欧美航空大国率先利用大气辐照环境开展了大气中子单粒子效应实验。其中，最具代表性的是欧洲高原单粒子效应测试平台(Altitude SEE Test European Platform，ASTEP)项目。该项目由意法半导体(STMicroElectronics)公司和 JBR&D 公司于 2001 启动，旨在研究宇宙射线在地面上的电子电路中引起的软错误。项目的实验平台位于法国，海拔 2552m。项目最初的想法是建立一个开放的综合实验设施，可以同时测量软错误率和地面宇宙射线，以促进学术研究和工业的进步。2003 年该项目被正式命名为 ASTEP。从 2005 年建成正式开放至今，已完成多项辐照实验[20-21]。

2006 年 2 月，Xilinx 在 ASTEP 上测试了两个 130nm 的 Virtex IIFPGA 测试板[21]，以验证其新的设计架构。意法半导体公司分别于 2006 年[22]和 2008 年[23]在 ASTEP 测试了 130nm 和 65nm SRAM。2008 年 EADS/空中客车用一年的时间在 ASTEP 开展辐照实验，以考核 ATMEL 公司生产的 90nm SRAM 的软错误率。在 2009 年，一款 65nm SRAM 在 ASTEP 进行了高温测试(85℃)，以研究 SEL 和微闭锁机制[24]。2011 年，意法半导体公司在 ASTEP 对一款 40nm 的嵌入式高频 SRAM 进行了实时测试。

在 2006~2015 年，意法半导体公司在 ASTEP 开展了 130nm、65nm 和 40nm 三代 CMOS 体硅工艺的 SRAM 单粒子效应实验。表 7.12 给出在 ASTEP 的实验结果，同时给出在位于 Marseille 的 IM2NP 水平面实验室和位于 Modane 的 LSM 地下实验室的对比实验结果。实验均根据 JESD89A—2006 标准[17]开展。SRAM 器件都基于不含硼磷硅玻璃(boro-phospho-silicate glass，BPSG)的后道工艺，消除了电路中 $^{10}B$ 的主要来源，极大地减少了 B 和热中子之间可能产生的相互作用。

三个节点的 SRAM 器件的存储容量和单元尺寸如下：130nm 节点器件容量为 4Mbit，单元面积为 2.5μm$^2$；65nm 节点器件容量为 8.5Mbit，单元面积为 0.525μm$^2$；40nm 节点器件容量为 14Mbit(包括两个 7Mbit)，单元面积分别为 0.299μm$^2$ 和 0.374μm$^2$。130nm 和 65nm 的核心电压为 1.2V，40nm 的核心电压为 1.1V。只有

65nm 的实验在 ASTEP 和 LSM 并行测试, 其余实验是先后进行的。

表 7.12 ASTEP、IM2NP 和 LSM 的实验结果

| 实验地点 | 电路节点 | 实验温度 | DUT 容量/Mbit | 实验时长/h | SER/(FIT/Mbit) | 参考文献 |
|---|---|---|---|---|---|---|
| ASTEP | 130nm | 室温 | 3664 | 5200 | 4658 | 文献[22] |
| LSM | | | 3472 | 24747 | 2079 | 文献[24] |
| ASTEP | 65nm | 室温 | 3216 | 11278 | 2670 | 文献[23] |
| | | 85℃ | 2884 | 28482 | 2670 | 文献[25] |
| LSM | | 室温 | 3226 | 57058 | 1040 | 文献[23] |
| IM2NP | | 室温 | | 1650 | 1503 | 文献[20] |
| ASTEP | 40nm | 室温 | 7168 | 27473 | 5185 | 文献[20] |
| IM2NP | | 室温 | | 4625 | 1348 | 文献[20] |

图 7.22 给出了 40nm SRAM 获得的翻转位数和 SER 结果。在超过 27473h 的实验中共测得 1021 位翻转。单位翻转 217 个, 剩下的 804 位翻转包括 158 个 MCU。MCU 的平均大小为 804/158≈5.1(在相同的条件下, 130nm 和 65nm SRAM 的 MCU 平均大小分别为 2.0 和 3.1), MCU 尺寸可达 15 位(3 个)、16 位(3 个)、21 位(1 个)、22 位(1 个)。随机性的 MCU 在图 7.22(a)中随时间线性增加的翻转数中引入了一些阶梯。

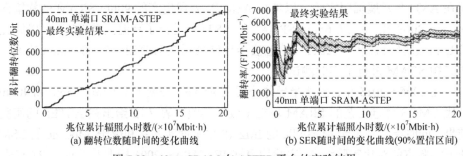

(a) 翻转位数随时间的变化曲线    (b) SER随时间的变化曲线(90%置信区间)

图 7.22 40nm SRAM 在 ASTEP 平台的实验结果

## 7.5 航空飞行中子单粒子效应实验

开展航空飞行中子单粒子效应实验需要高昂的成本。在中子单粒子效应刚被发现时, 科研机构和航空公司就利用航空飞行搭载的方式开展了多次中子单粒子效应实验。文献[26]对这些实验结果进行了很好的综述。

### 7.5.1　Samsung SRAM 芯片抗单粒子翻转能力测试

1993 年，瑞典爱立信萨博公司针对 Samsung 公司生产的容量为 4 Mbit 的 SRAM 存储芯片 KM684000LG-5 的抗单粒子翻转能力进行了航空搭载实验研究[27]。该研究机构的此次实验主要研究商用飞机在正常飞行高度时，大气层中的粒子辐射对存储芯片所产生的单粒子翻转效应的影响。

萨博公司采用北欧航空和法航航空的商用飞机进行航空飞行实验，飞行高度在 8.84～11.9km，飞行纬度在北纬 22°～79°。北欧航空的实验收集了飞机 1088h 飞行时间的数据。飞机飞行的地理纬度在北纬 28°～79°。在此次飞行实验中，共检测到 489 次单粒子翻转现象，计算出的平均每个 SRAM 存储芯片每天有 0.12 位发生单粒子翻转。

法航航空的实验收集了飞机飞行 1005h 的数据。其中，飞机飞行时间的 5/7 在北纬 22°位置，飞行时间的 2/7 在北纬 60°位置。实验一共观察到 222 次单粒子翻转，平均每个 SRAM 存储芯片每天有 0.055 位发生单粒子翻转。研究表明，此次飞行纬度对于单粒子翻转的产生有着很大的关系，不同纬度地区，由于中子通量不同[28-29]，电子器件的单粒子翻转效应也不相同。一般情况，纬度越低，粒子辐射能量越高，单粒子翻转效应越敏感，因此虽然法航航空比北欧航空飞行实验得出的结果数据低一半，但也是在同样的量级上，与期望结果一致。

萨博公司的实验阐明了在大气层中中子辐射对 SRAM 存储芯片有着重要影响，中子辐射能够引起 SRAM 存储芯片的单粒子翻转。从地面辐照实验和飞行实验数据可以看出，该款芯片的单粒子翻转率比较高，一个器件每天约有 0.05～0.12 个翻转故障产生。航空电子器件属于高可靠性设备，如果用在航空电子系统中，是无法满足民用航空适航和安全性要求的，需要采取一定的防护加固措施。

### 7.5.2　NEC SRAM 存储芯片抗单粒子翻转能力测试

NEC D43256A6U-15LL 是一款 1.3μm CMOS 制作工艺的 SRAM 存储芯片，该芯片的容量为 256Kbit。丹麦核安全研究部门研究大气中子辐射对存储芯片的影响，选取该款芯片进行了与单粒子翻转相关的大气飞行实验[30]。

NEC D43256A6U-15LL 芯片的飞行实验由商用飞机携带飞行进行实验，飞机的飞行高度为 10km，根据联合国原子辐射影响科学委员会(United Nations Scientific Committee on the Effects of Atomic Radiation，UNSCEAR)[31]表明，10km 高度的大气中子通量为 $2\sim3n \cdot cm^{-2} \cdot s^{-1}$，实验阶段总共携带飞行时间为 6 个月，总共的测试位为 $3.11\times10^6$ bit。实验过程中，测试系统在飞机正常飞行阶段对芯片内部测试位进行监测，并且记录测试位的位翻转。实验结束后，实验人员结合敏感体积、爆裂生成率、中子通量和总共的测试位数，计算出此次飞行实验平均每片 NEC D43256A6U-15LL 每天有 $7.46 \times 10^{-2}$ 位发生单粒子翻转。辐照实验采用的中子通量比大气层中的中子通量高出两个数量级，因此飞行实验得到单粒子翻转率与预期一致。

通过实验分析，可以得到以下结论：

(1) 飞行实验的结果通过与地面结果对比，可以看出实验结果具有较高的可信度，也表明在大气中，中子辐射对芯片的影响很大；

(2) 飞行实验得到平均每片 NEC D43256A6U-15LL 每天有 $7.46 \times 10^{-2}$ 位发生单粒子翻转，此失效率非常高，说明该款芯片在航空飞行的环境下非常容易出错，如果该芯片应用在航空器上，会给系统带来严重的危害；

(3) 在正常飞行高度的中子通量是地平面的 200～400 倍，因此在高空运行的航电系统，比在地面要危险得多，对于应用在航空中的系统，一定要采取相应的防单粒子翻转的加固措施。

### 7.5.3　IMS1601 SRAM 芯片航空飞行抗单粒子翻转能力测试

波音公司对 SRAM 存储芯片进行过航空飞行实验，研究大气中子通量引起的单粒子效应对飞机航空电子器件的影响[32]。实验针对 64Kbit 的 SRAM 存储芯片 IMS1601，由军用飞机搭载进行实验，飞机的飞行高度为 29000ft($1\text{ft} = 3.048 \times 10^{-1}\text{m}$) 和 65000ft。实验使用 NASA ER-2 飞机和 Boeing E-3 飞机，SRAM 被携带飞行接近 60 次，累计飞行达到 300h，总共发现大约 75 次单粒子翻转，实验得到的单粒子翻转率情况如表 7.13 所示。

表 7.13　IMS 64Kbit SRAM 飞行实验结果

| 飞行器 | 高度/kft | 单粒子翻转率/($\text{bit}^{-1} \cdot \text{d}^{-1}$) |
|---|---|---|
| BoeingE-3 | 29 | $1.2 \times 10^{-7}$ |
| BoeingE-3 | 29 | $0.55 \times 10^{-7}$ |
| BoeingE-3 | 29 | $0.38 \times 10^{-7}$ |
| BoeingE-3 | 29 | $0.38 \times 10^{-7}$ |
| NASAER-2 | 65 | $2.64 \times 10^{-7}$ |
| NASAER-2 | 65 | $5.52 \times 10^{-7}$ |

从飞行实验数据结果可以分析得到：

(1) 该款芯片的单粒子翻转率在 $10^{-8} \sim 10^{-7} \text{bit}^{-1} \cdot \text{d}^{-1}$ 量级，若该芯片直接应用在航空电子设备中，对设备的安全性和可靠性有很大的影响；

(2) BoeingE-3 飞机飞行高度为 29000ft，NASAER-2 飞机飞行高度为 65000ft，随着飞机飞行海拔的增加，芯片受到的辐射能量随之升高，产生的单粒子翻转现象也更加明显。

# 7.6 小 结

本章介绍了国内外开展的一些中子单粒子效应实验及其结果。实验的中子源不仅包括单能中子、散裂中子、反应堆中子等地面模拟源，还包含一些大气辐射环境。在主要实验中，简单地描述了实验流程，介绍了不同类型中子源下 SRAM 和其他器件的单粒子效应的敏感性，并分析了影响单粒子翻转截面的主要因素。开展中子单粒子实验是研究大气中子单粒子效应的重要手段。通过上述的实验结果可知，目前 CMOS 工艺的 SRAM 存储芯片对中子单粒子翻转效应非常敏感。此外，作为受大气中子影响严重的航空电子系统，在大气层中的飞行高度越高，中子通量越大，芯片受到辐射能量越大，单粒子效应越明显，越容易产生单粒子翻转；尤其是随着微电子器件特征尺寸的逐步缩小，器件中子单粒子效应的敏感性会越来越高，对用于航空环境的微电子器件采取更加有效的防护措施也变得越来越紧迫。

## 参 考 文 献

[1] 陈冬梅, 孙旭朋, 钟征宇, 等. DSP 大气中子单粒子效应试验研究[J].航空科学技术, 2018,29(2):67-72.

[2] QUINN H M, MANUZATTO A,FAIRBANKS T, et al. High-performance computing for airborne applications[R]. Los Alamos: Los Alamos National Laboratory, 2010.

[3] IEC 62396-1 Process management for avionics-atmospheric radiation effects Part 1: Accommodation of atmospheric radiation effects via single event effects within avionics electronic equipment [S].Geneva:IEC, 2016.

[4] NI W, JING H, ZHANG L, et al. Possible atmospheric-like neutron beams at CSNS[J]. Radiation Physics and Chemistry, 2018,152(2018):43-48.

[5] 鲍杰,陈永浩, 张显鹏, 等. 中国散裂中子源反角白光中子束流参数的初步测量[J].物理学报, 2019, 68(8) :080101.

[6] AHLBIN J R, ATKINSON N M, GADLAGE M J, et al. Influence of n-well contact area on the pulse width of single-event transients[J]. IEEE Transactions on Nuclear Science, 2011,58(6):2585-2590.

[7] LILJA K, BOUNASSER M, WEN S J, et al. Single-event performance and layout optimization of flip-flops in a 28-nm bulk technology[J].IEEE Transactions on Nuclear Science, 2013, 60(4):2782-2788.

[8] HE Y, CHEN S, CHEN J, et al. Impact of circuit placement on single event transients in 65nm bulk CMOS technology[J].IEEE Transactions on Nuclear Science, 2012, 59(6):2772-2777.

[9] ATKINSON N M, WITULSKI A F, HOLMAN W T, et al. Layout technique for single-event transient mitigation via pulse quenching[J]. IEEE Transactions on Nuclear Science, 2011,58(3):885-890.

[10] WANG X, DING L, LUO Y, et al. A statistical method for MCU extraction without the physical-to-logical address mapping[J]. IEEE Transactions on Nuclear Science, 2020,67(7): 1443-1451.

[11] 王勋, 罗尹虹, 丁李利, 等.基于概率统计的单粒子多单元翻转信息提取方法[J]. 原子能科学技术,2021,55(2):353-359.

[12] 王勋, 张凤祁, 陈伟, 等. 中国散裂中子源在大气中子单粒子效应研究中的应用评估[J].物理学报, 2019, 68:052901.

[13] RADAELLI D, PUCHNER H, WONG S, et al. Investigation of multi-bit upsets in a 150nm technology SRAM device[J].IEEE Transactions on Nuclear Science, 2005,52(6):2433-2437.

[14] YASUO Y, HIRONARU Y, EISHI I, et al. A novel feature of neutron-induced multi-cell upsets in 130 and 180nm SRAMs[J].IEEE Transactions on Nuclear Science, 2007,54(4): 1030-1036.

[15] ZHANG Z G, LIU J, HOU M D, et al. Angular dependence of multiple-bit upset response in static random access memories under heavy ion irradiation[J]. Chinese Physics B, 2013,22(8): 086102.

[16] IKEDA N, KUBOYAMA S, MATSUDA S, et al. Analysis of angular dependence of proton-induced multiple-bit upsets in a synchronous SRAM[J]. IEEE Transactions on Nuclear Science, 2005,52(6):2200-2204.

[17] JEDEC Solid State Technology Association. JESD89A-revision of JEDEC standard no.89: Measurement and reporting of alpha particle and terrestrial cosmic ray-induced soft errors in semiconductor devices: JESD89A—2006[S/OL]. [2017-12-15]. http://www.seutest.co.

[18] YANG W, LI Y, LI Y, et al. Atmospheric neutron single event effect test on Xilinx 28nm system on chip at CSNS-bl09[J]. Microelectronics Reliability, 2019,99:119-124.

[19] 张利英, 倪伟俊, 敬罕涛, 等.仿真大气中子束流产生靶及引出方向的初步研究[J].现代应用物理, 2018,9(1):102010.

[20] AUTRAN J L, MUNTEANU D, MOINDJIE S,et al. ASTEP (2005-2015): Ten years of soft error and atmospheric radiation characterization on the plateau de bure[J]. Microelectronics Reliability, 2015,55(9):1506-1511.

[21] LESEA A,DRIMER S,FABULA J, et al. The rosetta experiment: Atmospheric soft error rate testing in differing technology FPGAs[J]. IEEE Transactions on Device and Materials Reliability,2005,5(3):317-328.

[22] AUTRAN J L, ROCHE P,BOREL J, et al. Altitude SEE test european platform (ASTEP) and first results in CMOS 130nm SRAM[J]. IEEE Transactions on Nuclear Science, 2007, 54(4): 1002-1009.

[23] AUTRAN J L, ROCHE P, SAUZE S, et al. Altitude and underground real-time SER characterization of CMOS 65nm SRAM[J]. IEEE Transactions on Nuclear Science, 2009,56(4): 2258–2266.

[24] AUTRAN J L,MUNTEANU D, ROCHE P, et al. Soft-errors induced by terrestrial neutrons and natural alpha-particle emitters in advanced memory circuits at ground level[J]. Microelectronics Reliability, 2010,50:1822-1831.

[25] AUTRAN J L, MUNTEANU D, GASIOT G, et al. Real-time soft-error rate measurements: A review[J]. Microelectronics Reliability,2014,54:1455-1476.

[26] 王鹏,张道阳,薛茜男. 航空辐射环境 SRAM 存储芯片单粒子翻转实验综述[J].电子技术应用,2016,42(7): 26-29.

[27] JOHANSSON K, DYREKLEV P, GRANBOM B, et al.Inflight and ground testing of single event upset sensitivity in static RAMs[J].IEEE Transactions on Nuclear Science,1998, 45(3): 1628-1632.

[28] NORMAND E, BAKER T J. Altitude and latitude variations in avionics seu and atmospheric neutron flux[J]. IEEE Transactions on Nuclear Science, 1993,40(6):1484-1490.

[29] HUBERT G, TROCHET P, RIANT O, et al.A neutron spectrometer for avionic environment investigations[J]. IEEE Transactions on Nuclear Science,2004,51(6):3452-3456.

[30] OLSEN J, BECHER P E, FYNBO P B, et al.Neutron-induced single event upsets in static RAMS observed at 10km flight altitude[J]. IEEE Transactions on Nuclear Science, 1993,40(2):74-77.

[31] United nations scientific committee on the effects of atomic radiation.ionizing radiation: Sources and biological effects[R].New York: United Nations, 1982.

[32] NORMAND E. Single-event effects in avionics[J]. IEEE Transactions on Nuclear Science, 1996,43(2):461-474.

# 附　　录

## 附录 1　G4ParticleChangeForMAG 类的定义

为了解决 MAGNETOCOMIC4.6.1 与主流 GEANT4 版本的兼容性问题，本书采用的方法为从基类 G4VParticleChange 派生出的 G4ParticleChangeForMAG 类，具体的声明如下：

```
G4ParticleChangeForMAG: public G4VParticleChange
{
public:
// default constructor
G4ParticleChangeForMAG();

// destructor
virtual  ～G4ParticleChangeForMAG();

// equal/unequal operator
    G4bool operator==(const G4ParticleChangeForMAG &right) const;
    G4bool operator!=(const G4ParticleChangeForMAG &right) const;
// "equal" means that teo objects have the same pointer.

protected:
// hide copy constructor and assignment operaor as protected
G4ParticleChangeForMAG(const G4ParticleChangeForMAG &right);
        G4ParticleChangeForMAG & operator=(const G4ParticleChangeForMAG &right);

public: // with description
// --- the following methods are for updating G4Step -----
virtual G4Step* UpdateStepForAtRest(G4Step* Step);
```

```
virtual G4Step* UpdateStepForAlongStep(G4Step* Step);
virtual G4Step* UpdateStepForPostStep(G4Step* Step);
// Return the pointer to the G4Step after updating the Step information
// by using final state information of the track given by a physics
// process

protected: // with description
    G4Step* UpdateStepInfo(G4Step* Step);
//    Update the G4Step specific attributes
//    (i.e. SteppingControl, LocalEnergyDeposit, and TrueStepLength)


public: // with description
virtual void Initialize(const G4Track&);
// This methods will be called by each process at the beginning of DoIt
// if necessary.

protected:
void InitializeTrueStepLength(const G4Track&);
void InitializeLocalEnergyDeposit(const G4Track&);
void InitializeSteppingControl(const G4Track&);
void InitializeParentWeight(const G4Track&);

void InitializeStatusChange(const G4Track&);
void InitializeSecondaries(const G4Track&);
void InitializeStepInVolumeFlags(const G4Track&);
// -------------------------------------------------------

public: // with description
//---- the following methods are for TruePathLength ----
    G4double GetTrueStepLength() const;
void    ProposeTrueStepLength(G4double truePathLength);
//    Get/Propose theTrueStepLength
```

```
//---- the following methods are for LocalEnergyDeposit ----
    G4double GetLocalEnergyDeposit() const;
void ProposeLocalEnergyDeposit(G4double anEnergyPart);
//   Get/Propose the locally deposited energy


//---- the following methods are for TrackStatus -----
    G4TrackStatus GetTrackStatus() const;
void ProposeTrackStatus(G4TrackStatus status);
//   Get/Propose the final TrackStatus of the current particle.
// -------------------------------------------------------


//---- the following methods are for managements of SteppingControl --
    G4SteppingControl GetSteppingControl() const;
void ProposeSteppingControl(G4SteppingControl StepControlFlag);
//   Set/Propose a flag to control stepping manager behavier
// -------------------------------------------------------


//---- the following methods are for managements of initial/last step
    G4bool GetFirstStepInVolume() const;
    G4bool GetLastStepInVolume() const;
void     ProposeFirstStepInVolume(G4bool flag);
void     ProposeLastStepInVolume(G4bool flag);


//---- the following methods are for managements of secondaries --
void Clear();
//   Clear the contents of this objects
//   This method should be called after the Tracking(Stepping)
//   manager removes all secondaries in theListOfSecondaries


void SetNumberOfSecondaries(G4int totSecondaries);
//   SetNumberOfSecondaries must be called just before AddSecondary()
//   in order to secure memory space for theListOfSecondaries
//   This method resets theNumberOfSecondaries to 0
//   (that will be incremented at every AddSecondary() call).
```

G4int GetNumberOfSecondaries() const;
// Returns the number of secondaries current stored in
// G4TrackFastVector.


G4Track* GetSecondary(G4int anIndex) const;
// Returns the pointer to the generated secondary particle
// which is specified by an Index.


void AddSecondary(G4Track* aSecondary);
// Add a secondary particle to theListOfSecondaries.
// --------------------------------------------------------


G4double GetParentWeight() const ;
// Get weight of the parent (i.e. current) track
void　　　ProposeParentWeight(G4double);
// Propse new weight of the parent (i.e. current) track


void SetParentWeightByProcess(G4bool);
　　　G4bool　　IsParentWeightSetByProcess() const;
// If fParentWeightByProcess flag is false (true in default),
// G4ParticleChangeForMAG can change the weight of the parent track,
// in any DoIt by using　ProposeParentWeight(G4double)


void SetSecondaryWeightByProcess(G4bool);
　　　G4bool　　IsSecondaryWeightSetByProcess() const;
// If fSecondaryWeightByProcess flag is false (false in default),
// G4ParticleChangeForMAG set the weight of the secondary tracks
// equal to the parent weight when the secondary tracks are added.


virtual void DumpInfo() const;
// Print out information

```
void SetVerboseLevel(G4int vLevel);
G4int GetVerboseLevel() const;

protected:

    G4TrackFastVector* theListOfSecondaries;
//  The vector of secondaries.

G4int theNumberOfSecondaries;
//  The total number of secondaries produced by each process.

    G4int theSizeOftheListOfSecondaries;
//  TheSizeOftheListOfSecondaries;

G4TrackStatus theStatusChange;
//  The changed (final) track status of a given particle.

    G4SteppingControl theSteppingControlFlag;
//  a flag to control stepping manager behavior

    G4double theLocalEnergyDeposit;
//  It represents the part of the energy lost for discrete
//  or semi-continuous processes which is due to secondaries
//  not generated because they would have been below their cut
//  threshold.
//  The sum of the locally deposited energy + the delta-energy
//  coming from the continuous processes gives the
//  total energy loss localized in the current Step.

G4double theTrueStepLength;
//  The value of "True" Step Length


//  flag for initial/last step
```

G4bool theFirstStepInVolume;
G4bool theLastStepInVolume;


G4int verboseLevel;
//　The Verbose level

public: // with description
// CheckIt method is provided for debug
virtual G4bool CheckIt(const G4Track&);

// CheckIt method is activated
// if debug flag is set and 'G4VERBOSE' is defined
void    ClearDebugFlag();
void    SetDebugFlag();
G4bool GetDebugFlag() const;

protected:
// CheckSecondary method is provided for debug
    G4bool CheckSecondary(G4Track&);

    G4double GetAccuracyForWarning() const;
    G4double GetAccuracyForException() const;

protected:
G4booldebugFlag;

// accuracy levels
static const G4double accuracyForWarning;
static const G4double accuracyForException;


protected:
G4double theParentWeight;

```
    G4bool      fSetSecondaryWeightByProcess;
    G4bool      fSetParentWeightByProcess;
};
```

# 附录2　RESAN软件数据元素接口定义

## 附2.1　参数输入文件

用户通过"参数输入对话框"输入计算模块所需的参数，并保存为文本文件供计算模块用以选择相应的计算模型以及控制相关计算方式。参数输入文件命名为InputParameter.mac，为固定名称，若更改将发生错误。参数输入文件格式示例如图附2.1所示，表附2.1对输入参数名称及其属性进行了说明。

```
# RESANInputFile:Flux
                            空行
geomagnetic_transmission      1
cosmic_ray                    1
solar_min                     1
solar_max                     0
solar_proton_event            0
simulating_method             2
area_type                     2
area_coord                   −25.0  25.0  25.0 −25.0
mesh_interval                 3.0
```

图附2.1　参数输入文件格式示例

其中，# RESANInputFile为RESAN软件输入文件的标识，后面若干行为具体参数和含义如下。

geomagnetic_transmission对应表附2.1中的地磁场透射模型。

cosmic_ray对应表附2.1中的射线源模型。

solar_min对应表附2.1中的太阳极小。

solar_max对应表附2.1中的太阳极大。

solar_proton_event对应表附2.1中的太阳质子事件。

simulating_method对应表附2.1中的计算模型。

area_type对应表附2.1中的计算范围类型。

area_coord计算区域坐标。与计算区域类型相关：

"单点"类型时，为表附2.1中的起点坐标；

"线性"类型时，依次为表附2.1中的起点坐标和终点坐标，空格分隔；

"区域"类型时，依次为表附2.1中的起点坐标和终点坐标，空格分隔。

mesh_interval对应表附2.1中的网格宽度。

表附 2.1　输入参数名称及其属性

| 序号 | 参数名称 | 数据类型 | 单位 | 值域 | 说明 | 示例 | 缺省值 |
|---|---|---|---|---|---|---|---|
| 1 | 地磁场透射模型 | 枚举 | 无 | 0~1 | 有2种透射模型 ①截止刚度模型; ②地磁透射模型 | 0表示采用"截止刚度模型"; 1表示采用"地磁透射模型" | 0 |
| 2 | 射线源模型 | 枚举 | 无 | 0~2 | 有3种射线源模型 CREME96, AP8, AP9 | 0表示采用"CREME96模型"; 1表示采用"AP8模型"; 2表示采用"AP9模型" | 0 |
| 3 | 太阳极小 | 布尔 | 无 | True, false | 物理模型中是否考虑太阳极小事件 | 值为true表示考虑 | True |
| 4 | 太阳极大 | 布尔 | 无 | True, false | 物理模型中是否考虑太阳极大事件 | 值为false表示不考虑 | False |
| 5 | 太阳质子事件 | 布尔 | 无 | True, false | 物理模型中是否考虑太阳质子事件 | 值为false表示不考虑 | False |
| 6 | 计算模型 | 布尔 | 无 | True, false | 选择采用何种计算方法 | 值为true采用粒子输运方法 值为false采用矩阵卷积 | True |
| 7 | 计算范围类型 | 枚举 | 无 | 0~2 | 有3种计算范围类型 Point, 点计算, 计算单个点的值; Line, 路径计算, 计算上多个点的值; Area, 区域计算, 计算一个矩形区域内各网格点上的值 | 0表示计算范围仅为一个点, 点坐标由起点坐标给出 1表示计算范围是一条线, 线的端点坐标由"起点坐标"和"终点坐标"给出 2表示计算范围是一个矩形区域, 矩形范围用由"起点坐标"和"终点坐标"给出 | 3 |
| 8 | 起点坐标 | 浮点 | 度 | 经度范围: -180.0~180.0 纬度范围: -90.0~90.0 | 与计算范围类型有关: Point代表单个计算点的经纬度值; Line代表一条计算路径的起点经纬度值; Area代表矩形区域左上角点的经纬度值 | -25.0°, 25.0°表示起点经度坐标为-25.0°, 纬度坐标为25.0° | 0.0°,0.0° |

续表

| 序号 | 参数名称 | 数据类型 | 单位 | 值域 | 说明 | 示例 | 缺省值 |
|---|---|---|---|---|---|---|---|
| 9 | 终点坐标 | 浮点 | 度 | 经度范围：-180.0°~180.0°；纬度范围：-90.0°~90.0° | 与计算区域类型有关：Point 代表在该类型下此值无意义；Line 代表一条计算路径的终点经纬度值；Area 代表矩形计算区域右下角点的经纬度值 | -15.0°,15.0°表示起点经度坐标为-15.0°，纬度坐标为15.0° | 0.0°,0.0° |
| 10 | 网格宽度 | float | 度 | 0<间隔<=10 | 与计算区域类型有关：Point 代表在该计算类型下此值无意义；Line 代表一维路径计算方式时的计算网格宽度；Area 代表矩形区域计算方式时的计算网格宽度 | 为1表示对计算区域按1度间隔划分网格，然后计算每个网格点上的中子值；在 Area 计算类型中，纵横网格宽度相同 | 1.0 |

## 附 2.2　能谱输出文件

特定高度的中子微分能谱文件命名为 spectrum.dat，如图附 2.2 所示。

```
# RESAN Output File:Spectrum
                空行
Calculating Scale: Box     // Point;    //Segment;
15  20         //1   //10   纬度、经度计算点数
height layer number:    5
height value:          20.0  30.0  50.0  70.0  100.0
Spectrum couple number each point:19
    空行
#以下数据为某地（经纬度）某高度下的中子能谱
#纬度    经度      高度(km)  中子能量（MeV）微分注量率(cm^-2·s^-1·MeV^-1)
34.26  108.94    20.0     1.5E0          4.12E+02//第1点第1高度层能谱
                          2.5E0          4.07E+02
                          3.5E0          4.01E+02
                          4.5E0          3.93E+02
                          ……
                          1.0E0          2.17E-09
34.26  108.94    30.0     1.5E0          5.33E-10//第1点第2高度层能谱
                          2.5E0          2.17E-09
                          3.5E0          1.07E-09
                          ……
……
34.26  108.94    100.0    1.5E0          7.58E-12//第1点第5高度层能谱
34.26  108.94    20.0     1.5E0          0.00E+00// 第2点第1高度层能谱
                          2.5E0          7.50E-09
                          ……
64.26  158.94    100.0    1.5E9          1.61E-07// 最后一点第1高度层能谱
```

图附 2.2　能谱文件 spectrum.dat 格式示例

其中，# RESAN Output File：Spectrum 为 RESAN 软件能谱输出文件的标识，后面若干行为具体参数。

Calculating Scale：Box 说明计算区域类型。"Box"表明为矩形区域；若是"Point"或"Segment"，则分别表明计算区域是单点或一个线段上的多点。

15　20 分别为 Box 在纬度与经度上的计算点数。若是"Point"，则该值为 1；若是"Segment"，则为该线段上的计算点数，如 10。

height layer number：5 计算时需按不同高度进行计算，该参数为高度分层数。

height value：20.0 30.0 …该参数为每层对应的高度值，由低到高排列。

Spectrum couple number each point：19 为每个计算点给出的能谱对数目。

其后逐网格点给出该点在不同高度层的能谱对，从第 1 个网格点开始，第 1 层、第 2 层、……、最后一层；然后给出第 2 个网格点不同高度层的能谱对，依次类推。

说明：在 Box 计算方式下，网格点按纬度为主序排列(纬度，经度)，如(0,0)、(0,1)、(0,2)、…、(1,0)、(1,1)、(1,2)、…、以下同。

### 附 2.3　中子注量率输出文件

中子注量率文件命名为 flux.dat，反映了海拔从地面到 100km 每个高度层能量高于 1eV 的中子注量率，格式如图附 2.3 所示。

```
# RESAN Output File:Flux
                              空行
Calculating Scale：Box      //Point;         //Segment;
15  20                      //1              //10        纬度、经度计算点数
height layer number：       12
height value：20.0 25.0 30.0 35.0 40.0 45.0 50.0 60.0 70.0 80.0 90.0 100.0
#以下数据是某地(经纬度)不同高度(20~100km)上能量大于1MeV的中子注量率

#纬度经度高度(km)  能量高于1MeV的中子注量率(cm^-2*s^-1)
34.26        108.94       20.0         XXXX      //第1个网格点第1层高度处注量率
34.26        108.94       20.0         XXXX      //第1个网格点第2层高度处注量率
……
34.26        108.94       100.0        XXXX
34.26        108.94       20.0         XXXX      //下一个网格点
34.26        108.94       25.0         XXXX
……
34.26        110.94       100.0        XXXX
……
```

图附 2.3　中子注量率文件 flux.dat 格式示例

其中，# RESAN Output File: Flux 为 RESAN 软件注量率输出文件的标识，后面若干行为具体参数。

Calculating Scale：Box 说明计算区域类型。"Box"表明为矩形区域；若是"Point"或"Segment"，则分别表明计算区域是单点或一个线段上的多点。

15　　20 分别为 Box 在纬度与经度上的计算点数。若是"Point"，则仅 1 个值，该值为 1；若是"Segment"也是 1 个值，为该线段上的计算点数，如 10。

height layer number：12 计算时需按不同高度进行计算，该参数为高度分层数。

height value：20.0 30.0 …该参数为每层对应的高度值，由低到高排列。

$Z(A_2) \geqslant \cdots \geqslant Z(A_n)$. 根据引理10.4.1, 存在$\mathcal{A}$上概率测度$\mathbb{P}$, 其中$\mathcal{A}$是$A_1, A_2, \cdots, A_n$ 生成的代数, 使得

$$\int Z d\mu = \int Z d\mathbb{P} = \int X d\mathbb{P} + \int Y d\mathbb{P}.$$

引理10.4.1蕴含

$$\int (X + Y) d\mu \leqslant \int X d\mu + \int Y d\mu.$$

现在假设$X, Y$是有界的. 令$Z = X + Y$, $X_n = u_n(X), Y_n = u_n(Y), Z_n = u_n(Z)$, 其中

$$u_n = \inf\left\{ \frac{k}{n} \mid k \in \mathbb{Z}, \ \frac{k}{n} \geqslant x \right\}, \quad n \in \mathbb{N},$$

$\mathbb{Z}$表示整数全体的集合, 则$X_n, Y_n, Z_n$是简单函数的序列, 并且

$$X \leqslant X_n \leqslant X + \frac{1}{n}, \quad Y \leqslant Y_n \leqslant Y + \frac{1}{n},$$

$$X_n + Y_n - \frac{2}{n} \leqslant Z_n \leqslant X_n + Y_n.$$

命题10.3.1的(4)和(5)蕴含

$$\int X d\mu \leqslant \int X_n d\mu \leqslant \int X d\mu + \frac{1}{n}.$$

因此,

$$\lim_{n \to \infty} \int X_n d\mu = \int X d\mu.$$

这对$Y$和$Z$同样适用. 但是, 积分的单调性和对简单函数次可加性蕴含

$$\int Z_n d\mu \leqslant \int (X_n + Y_n) d\mu \leqslant \int X_n d\mu + \int Y_n d\mu,$$

由此推得所要的不等式.

假设$\mu(\Omega) = 1$, 且$X, Y$是下有界的. 通过加一个常数, 我们可以假设$X, Y \geqslant 0$. 令$X_n = n \wedge X, Y_n = n \wedge Y$. 由于递增序列$G_{\mu, X_n + Y_n}$ 收敛到$G_{\mu, X+Y}$, 我们有

$$\int (X_n + Y_n) d\mu = \int_0^\infty G_{\mu, X_n + Y_n}(x) dx \to \int_0^\infty (X + Y) d\mu.$$

另一方面, 积分的单调性和对有界函数的次可加性蕴含

$$\int (X_n + Y_n) d\mu \leqslant \int X_n d\mu + \int Y_n d\mu \leqslant \int X d\mu + \int Y d\mu,$$

从中我们得到期望的不等式.

假设 $\mu(\Omega) = 1$, 且 $\check{G}_{\mu,X}(t)$ 和 $\check{G}_{\mu,Y}$ 是 e.c. 下有界的. 在这种情况下, 存在 $a \in \mathbb{R}$, 使得 $G_{\mu,X}(a) = 1, G_{\mu,Y}(a) = 1$. 定义 $\overline{X} = a \vee X$, 它是下有界的. 从而 $G_{\mu,\overline{X}} = G_{\mu,X}$, 因此 $\int X d\mu = \int \overline{X} d\mu$. 对 $Y$ 做同样处理我们得到

$$\int (X + Y) d\mu \leqslant \int (\overline{X} + \overline{Y}) d\mu \leqslant \int \overline{X} d\mu + \int \overline{Y} d\mu = \int X d\mu + \int Y d\mu.$$

现在考虑一般情况. 首先, 命题10.3.2(1)将所要的不等式从归一化的 $\mu$ 扩展到有限的 $\mu$. 我们将利用 $\mu_q = q \wedge \mu, 0 < q < \mu(\Omega)$ 把结论扩展对无界的 $X, Y$ 和无限的 $\mu(\Omega)$. 事实上, 由于

$$\lim_{t \to \infty} G_{\mu,X}(t) = \mu(\Omega) > q,$$

可以找到具有 $G_{\mu,X}(a) \geqslant q$ 的 $a \in \mathbb{R}$, 使得 $G_{\mu_q,X} = q \wedge G_{\mu,X}(a) = q = \mu_q(\Omega)$. 这意味着 $\check{G}_{\mu_q,X}(t)$, 和类似的 $\check{G}_{\mu_q,Y}$, 是 e.c. 下有界的. 由已证结果推得

$$\int (X + Y) d\mu_q \leqslant \int X d\mu_q + \int Y d\mu_q.$$

令 $q \to \mu(\Omega)$, 命题10.3.4 蕴含

$$\int (X + Y) d\mu \leqslant \int X d\mu + \int Y d\mu.$$

最后, 讨论 $\mu$ 是从下连续情形, 分别处理两种情况. 1) 如果 $\mu(X + Y > -\infty) < \mu(\Omega)$, 或 $\int (X + Y) d\mu$ 不存在, 或是 $-\infty$. 这时无须证明或断言是不足道的. 2) 假设 $\mu(X + Y > -\infty) = \mu(\Omega)$. 由于 $\{X + Y > -\infty\} = \{X > -\infty\} \cap \{Y > -\infty\}$, $\mu$ 的单调性蕴含 $\mu(X > -\infty) = \mu(\Omega)$ 和 $\mu(Y > -\infty) = \mu(\Omega)$. 于是容易看出, 对于所有 $t \in [0, \mu(\Omega)]$, 有 $\check{G}_{\mu,X}(t) > -\infty, \check{G}_{\mu,Y}(t) > -\infty$, e.c.. 因此, 我们又处于已经证明的情况. □

**系10.4.3**　令 $\mu$ 为 $\mathcal{S}$ 上的单调次模集函数, $X, Y$ 为 $\Omega$ 上的上的 $\mathcal{S}$ 可测函数. 如果 $X, Y, X - Y$ 和 $Y - X$ 是 $\mu$ 本质上 $> -\infty$, 则

$$\left| \int X d\mu - \int Y d\mu \right| \leqslant \int |X - Y| d\mu.$$

特别有

$$\left| \int X d\mu \right| \leqslant \int |X| d\mu.$$

**证**　可以假设 $\int X d\mu \geqslant \int Y d\mu$. 由定理10.4.1 我们有

$$\int X d\mu = \int (X - Y + Y) d\mu \leqslant \int (X - Y) d\mu + \int Y d\mu,$$

再利用$X - Y \leqslant |X - Y|$推得

$$0 \leqslant \int X d\mu - \int Y d\mu \leqslant \int (X - Y) d\mu \leqslant \int |X - Y| d\mu,$$

这就是欲证的不等式.                                                                          □

## 10.5　离散集函数

在本节中, 我们考虑一个只含有限个元素的基本集合$E$和定义在$2^E$上的实值集函数(唯一要求是在空集处取值为零). 我们将对实值集函数定义它的Möbius反转和Shapley值; 介绍证据推理中的信任函数和质量函数. 作为离散容度Choquet积分的应用, 给出多标准决策的一个例子, 和对Ellsberg悖论的一个解释.

### 10.5.1　实值集函数的Möbius反转

为方便起见, 令$E = \{1, 2, \cdots, n\}$, 对任意$A \subset E$, 用$|A|$表示$A$的元素个数.

**引理10.5.1**　设$A \subset E$, $A \neq \varnothing$, $T \subset A$, 则有

$$\sum_{F \subset A} (-1)^{|F|} = 0, \quad \sum_{T \subset F \subset A} (-1)^{|F|} = 0, \ T \neq A; \ = (-1)^{|A|}, \ T = A, \qquad (10.5.1)$$

$$\sum_{T \subset F \subset A} (-1)^{|F| - |T|} \frac{1}{|F|} = \frac{(|A| - |T|)!(|T| - 1)!}{|A|!}. \qquad (10.5.2)$$

**证**　设$i \leqslant |A|$, 则总共有$\binom{|A|}{i}$个$A$的子集, 其元素个数等于$i$, 故有

$$\sum_{F \subset A} (-1)^{|F|} = \sum_{i=0}^{|A|} \binom{|A|}{i} (-1)^i = (1 - 1)^{|A|} = 0.$$

如果$T \neq A$, 则有

$$\sum_{T \subset F \subset A} (-1)^{|F|} = \sum_{D \subset A \setminus T} (-1)^{|D \cup T|} = (-1)^{|T|} \sum_{D \subset A \setminus T} (-1)^{|D|} = 0;$$

如果$T = A$, 上面和式只有单独一项$(-1)^{|A|}$, (10.5.1)得证. 往证(10.5.2). 记$|A| = a, |T| = t$. 如果$T = A$, (10.5.2)自动成立(约定0!=1), 两边都是$1/|A|$. 如果$T \neq A$, 在$\{F : T \subset F \subset A\}$中, 有$\binom{a-t}{k-t}$个不同子集$F$其元素个数等于$k$. 此外, 注意到$(-1)^{t-a+2j} = (-1)^{t-a} = (-1)^{a-t}$, 我们有

$$\sum_{T \subset F \subset A} (-1)^{|F| - |T|} \frac{1}{|F|} = \sum_{k=t}^{a} \binom{a-t}{k-t} (-1)^{k-t} \frac{1}{k}$$

$$= \sum_{j=0}^{a-t} \binom{a-t}{j} (-1)^j \frac{1}{j+t} = \sum_{j=0}^{a-t} \binom{a-t}{j} (-1)^j \int_0^1 x^{j+t-1} dx$$

$$= \int_0^1 (x-1)^{a-t} x^{t-1} (-1)^{t-a+2j} dx = \int_0^1 (1-x)^{a-t} x^{t-1} dx$$

$$= \frac{(a-t)!(t-1)!}{a!} = \frac{(|A|-|T|)!(|T|-1)!}{|A|!}.$$

(10.5.2)得证.　　　　　　　　　　　　　　　　　　　　　　　　　　　□

下一引理通常被归于Shafer (1976), 但实际上该引理的充分性部分已经存在于Shapley(1953)的主要定理证明之中了.

**引理10.5.2**　设$\mu$和$m$是$2^E$上的实值集函数, 则

$$\mu(A) = \sum_{X \subset A} m(X), \quad A \subset E, \tag{10.5.3}$$

当且仅当

$$m(A) = \sum_{X \subset A} (-1)^{|A \setminus X|} \mu(X), \quad A \subset E. \tag{10.5.4}$$

称$m$为$\mu$的**Möbius反转**.

**证**　设$m$由(10.5.4)给定, 则由(10.5.1)推知

$$\sum_{X \subset A} m(X) = \sum_{X \subset A} \sum_{Y \subset X} (-1)^{|X \setminus Y|} \mu(Y)$$

$$= \sum_{Y \subset A} \left[ (-1)^{|Y|} \mu(Y) \sum_{Y \subset X \subset A} (-1)^{|X|} \right]$$

$$= (-1)^{|A|} \mu(A) (-1)^{|A|} = \mu(A).$$

即有(10.5.3). 反之, 设(10.5.3)成立, 则由(10.5.1)推知

$$\sum_{X \subset A} (-1)^{|A \setminus X|} \mu(X) = \sum_{X \subset A} \left[ (-1)^{|X|+|A|} \sum_{Y \subset X} m(Y) \right]$$

$$= \sum_{Y \subset A} \left[ (-1)^{|A|} m(Y) \sum_{Y \subset X \subset A} (-1)^{|X|} \right]$$

$$= (-1)^{|A|} m(A) (-1)^{|A|} = m(A).$$

即有(10.5.4).　　　　　　　　　　　　　　　　　　　　　　　　　　□

### 10.5.2　实值集函数的Shapley值

在一个合作博弈中, 每个参与者从合作中获得收入的一部分. 如何公平地分配收入? 问题的关键在于如何合理评价每个参与者的实际贡献. Shapley(1953)通过公

理化方法提出了Shapley值概念, 用来表示参与者对一个合作博弈的平均边际贡献. 在Shapley提出该概念时, 并没有意识到它与决策理论的联系. 直到二十世纪八十年代, Shapley 值才被广泛应用于多标准决策等领域.

**定义10.5.3** 如果实值集函数$\mu$满足如下的超可加性:

$$\mu(S \cup T) \geqslant \mu(S) + \mu(T), \quad \forall S, T \subset E, S \cap T = \varnothing,$$

则称$\mu$为$E$上的一个**博弈**.

Shapley(1953)对博弈定义了如下的 "值函数", 实际上该定义适用于一般实值集函数. 下面定义中的公理1替换了Shapley(1953)的 "置换不变性".

**定义10.5.4** 设$\mu$是$E$上的一个实值集函数. $\mu$的**Shapley 值**是定义于$E$上满足如下四条公理的实值函数$\phi$:

公理1. 对称性: 设$i, j \in E$, 如果$\forall S \subset E \setminus \{i, j\}$, 有$\mu(S \cup \{i\}) = \mu(S \cup \{j\})$, 则$\phi_i(\mu) = \phi_j(\mu)$;

公理2. 有效性: $\sum_{i=1}^{n} \phi_i(\mu) = \mu(E)$;

公理3. 如果$\{i\}$ 是一个**零元素**(即$\forall S \subset E$, 有$\mu(S \cup \{i\}) = \mu(S)$), 则$\phi_i(\mu) = 0$;

公理4. 可加性: 对任意两个$E$上的实值集函数$\mu$和$\nu$, 有$\phi(\mu + \nu) = \phi(\mu) + \phi(\nu)$.

Shapley(1953)只在 "博弈" 范围证明 "博弈" 的值函数存在性是有错误的(因为一个博弈乘上$-1$ 就不再是博弈了), 应该在一般的实值集函数范围讨论. 下一定理是对Shapley(1953)的一个修正.

**定理10.5.5** 设$\mu$是$E$上的实值集函数, 满足定义10.5.4中四条公理的函数$\phi$是唯一的, 它由下式给出:

$$\phi_i(\mu) = \sum_{T \subset E} \gamma_n(|T|)[\mu(T) - \mu(T \setminus \{i\})], \quad i = 1, \cdots, n. \tag{10.5.5}$$

其中

$$\gamma_n(|T|) = \frac{(n - |T|)!(|T| - 1)!}{n!}.$$

**证** 在测度论中有集合的 "示性函数" 概念. 类似地, 我们引进 "示性集函数" 概念: 设$R \subset E, R \neq \varnothing$. 对$S \subset E$, 如果$R \subset S$, 令$\mu_R(S) = 1$, 否则令$\mu_R(S) = 0$. 称$\mu_R$是$R$的**示性集函数**. 令$c$为一实数, 对集函数$c\mu_R$而言, 唯一满足上述前三条公理的函数$\phi$显然为: $\phi_i(c\mu_R) = (c/|R|)I_R(i)$, 其中$I_R$ 是集合$R$的示性函数. 由于

$$\sum_{X \subset A} m(X) = \sum_{R \subset E} m(R)\mu_R(A),$$

由引理10.5.2知, $\mu$是示性集函数的线性组合:

$$\mu = \sum_{R \subset E} c_R(\mu)\mu_R,$$

其中

$$c_R(\mu) = \sum_{T \subset R} (-1)^{|R|-|T|} \mu(T). \tag{10.5.6}$$

由于 $\phi_i(c\mu_R) = (c/|R|)I_R(i)$, 故于是由公理4有

$$\phi_i(\mu) = \sum_{R \subset E} \phi_i(c_R(\mu)\mu_R) = \sum_{R \subset E, i \in R} c_R(\mu)\frac{1}{|R|}$$

$$= \sum_{R \subset E, i \in R} \frac{1}{|R|} \sum_{T \subset R} (-1)^{|R|-|T|} \mu(T)$$

$$= \sum_{T \subset E} \sum_{T \cup \{i\} \subset R \subset E} (-1)^{|R|-|T|} \frac{1}{|R|} \mu(T).$$

应用(10.5.2)即得

$$\phi_i(\mu) = \sum_{T \subset E, i \in T} \gamma_n(|T|)\mu(T) - \sum_{T \subset E, i \notin T} \gamma_n(|T|+1)\mu(T)$$

$$= \sum_{T \subset E} \gamma_n(|T|)[\mu(T) - \mu(T \setminus \{i\})].$$

定理证毕.　　　　　　　　　　　　　　　　　　　　　　　　　　　　□

**注10.5.6**　从证明看出, 如果用 $\mu$ 的Möbius反转 $m$ 来表达 $\mu$ 的Shapley值, 则有

$$\phi_i(\mu) = \sum_{R \subset E, i \in R} \frac{m(R)}{|R|}, \quad i = 1, \cdots, n. \tag{10.5.7}$$

从合作博弈观点考虑, 如果把 $m(R)$ 理解为子联盟 $R$ 的 "综合贡献", 则(10.5.7)表明: 每个参与者的Shapley值恰好是他所在子联盟平均 "综合贡献" 的总和.

**系10.5.7**　实值集函数 $\mu$ 的Shapley值还具有如下性质:

(1) 置换不变性: $\phi_{\pi i}(\pi\mu) = \phi_i(\mu)$, 其中 $\pi$ 是 $E$ 上的一个置换;

(2) 齐次性: 对任何实数 $c$, $\phi_i(c\mu) = c\phi_i(\mu)$;

(3) 如果 $\mu$ 是容度, 函数 $\phi$ 是非负的;

(4) 如果 $\mu$ 是博弈, 对所有 $i \in E$, 有 $\phi_i(\mu) \geqslant \mu(\{i\})$.

**例子10.5.8**　假设有一投资者出资创办一个公司, 他雇佣了有同等能力的 $n-1$ 个工人, 编号记为 $2, \cdots, n$. 对年度收入如何合理分配? 在这个合作博弈中, 参与者的集合是 $E$ (其中编号1为雇主), 博弈 $\mu$ 是 $\mu(E) = 1, \mu(S) = 0, \forall S \subset E \setminus \{1\}$. 容易计算该博弈的Shapley值为 $\{1/2, 1/2(n-1), \cdots, 1/2(n-1)\}$. 因此, 雇主得到总收入的一半, 而工人们平均分配总收入的另一半.

**例子10.5.9**　设 $\{1, 2, \cdots, n\}$ 是参与投票表决的机构代表, 投票规则规定某些组合投赞成票且总数超过规定数量时决议才通过. 问题是如何正确评估这一投票规

则中的权力分配? 从合作联盟考虑, 对那些使得决议通过的子联盟贡献定为1, 否则定为0. 下面是三个投票规则例子:

(1) 联合国安理会由5个常任理事国和10个非常任理事国组成, 提案仅当全部常任理事国和至少4个非常任理事国赞成时方可通过. 计算Shapley值, 每个常任理事的权力是0.196, 每个非常任理事的权力只有0.002. 如果表决规则改为提案仅当全部常任理事国和至少7个非常任理事国赞成时方可通过, 则每个常任理事的权力降为0.170, 每个非常任理事的权力上升为0.015.

(2) 1958年欧洲经济共同体6国在罗马签署了关于投票表决规则的协议, 规定了各国的投票权: 法国、联邦德国、意大利各4票, 比利时和荷兰各2票, 卢森堡为1票. 任何决议至少要得到12票才能通过. 计算Shapley值, 得到在这一投票规则中的权力分配为: 法国、联邦德国、意大利各为0.233, 比利时和荷兰各为0.15, 卢森堡为0. 这表明, 在这投票规则中, 卢森堡的1票权实际不起任何作用.

(3) 假定一家公司有甲乙丙丁4个大股东, 他们所占公司资产份额之比是1:2:3:4, 所以投票权分别是1、2、3、4票. 任何决议赞成票数超过6才能通过. 计算Shapley值, 得到在这一投票规则中甲乙丙丁的权力分别为: $1/12, 1/6, 1/6, 7/12$. 这表明, 尽管丙的资产是乙的1.5倍, 在这投票规则中, 两者地位相同. 但是, 如果投票规则更改为 "任何决议至少要得到7张赞成票才能通过", 甲乙丙丁的权力分别为: $1/12, 1/12, 1/6, 2/3$, 这时甲乙地位相同了.

### 10.5.3  信任函数和质量函数

证据推理在20世纪60年代由Dempster(1967)奠基, 尔后Shafer(1976)对其进行了整体构建. 该方法得到工程界与人工智能学者的采用与关注. 证据推理首先要处理的是信任函数和质量函数.

**定义10.5.10**  设$E$是一有限集, $2^E$是$E$的全体子集族, 如集函数$Bel: 2^E \to [0,1]$满足以下条件:

(1) $Bel(\varnothing) = 0$;

(2) $Bel(E) = 1$;

(3) $\infty$**阶单调性**: 对任意正整数$m$和$E$的子集$A_1, \cdots, A_m$有

$$Bel(\bigcup_{i=1}^{m} A_i) \geqslant \sum_{\varnothing \neq I \subset \{1,\cdots,m\}} (-1)^{|I|+1} Bel(\bigcap_{i \in I} A_i),$$

则$Bel$称为$E$上的一**信任函数**, $E$称为**识别框架**.

概率测度是信任函数的一种特殊情况(条件(3)中等号成立, 见第3章习题3.1.4), 称为**Bayes信任函数**. 在证据推理理论中, Shafer认为对信任函数的赋值是由 "人" 或 "信息源" 在一定的证据基础上做出的力求体现客观的主观判断. 在Shafer的理论中,

信任又认为是可以分割的. 把一个人的所有信任分到 $E$ 不同的子集上应是可能的. 给每一 $E$ 的子集 $A$ 一部分信任, 这部分信任是恰恰分给 $A$ 的, 而不给 $A$ 的子集.

**定义10.5.11**　设 $E$ 是一识别框架, 如果函数 $m: 2^E \to [0,1]$ 满足

(1) $m(\varnothing) = 0$;

(2) $\sum\limits_{A \subset E} m(A) = 1$,

则称 $m$ 为 $E$ 上的**基本概率分配**或**质量函数**. 令 $A \subset E$, $m(A)$ 称为 $A$ 的**基本概率**或**质量**. 若 $m(A) > 0$, 则称 $A$ 为 $m$ 的**焦元**.

下一定理归于 Shafer (1976), 其证明也可见 Chateauneuf and Jaffray (1989).

**定理10.5.12**　如果 $m$ 是识别框架 $E$ 上的质量函数, 则如下定义的 $Bel$:

$$Bel(A) = \sum_{X \subset A} m(X), \quad A \subset E, \tag{10.5.8}$$

是 $E$ 上的一个信任函数, 且满足如下关系:

$$m(A) = \sum_{X \subset A} (-1)^{|A \setminus X|} Bel(X), \quad A \subset E. \tag{10.5.9}$$

反之, 如果 $Bel$ 是识别框架 $E$ 上的信任函数, 则由 (10.5.9) 定义的 $m$ 是 $E$ 上的一个质量函数, 并且由它按 (10.5.8) 定义的信任函数正是原来的信任函数.

**证**　由 $\sum_{X \subset A} m(X) = \sum_{R \subset E} m(R) \mu_R(A)$ 及引理 10.5.2 知, (10.5.8) 成立当且仅当 (10.5.9) 成立. 往证由 (10.5.8) 定义的 $Bel$ 有 $\infty$ 阶单调性. 给定 $\{A_i \subset E, 1 \leqslant i \leqslant m\}$. 对 $X \subset E$, 令 $I(X) = \{i : 1 \leqslant i \leqslant m, X \subset A_i\}$. 由 (10.5.1) 推得

$$\sum_{\varnothing \neq I \subset \{1, \cdots, m\}} (-1)^{|I|+1} Bel\left(\bigcap_{i \in I} A_i\right)$$

$$= \sum_{\varnothing \neq I \subset \{1, \cdots, m\}} \left[(-1)^{|I|+1} \sum_{X \subset \bigcap_{i \in I} A_i} m(X)\right]$$

$$= \sum_{X: I(X) \neq \varnothing} \left[m(X) \sum_{\varnothing \neq I \subset I(X)} (-1)^{|I|+1}\right]$$

$$= \sum_{X: I(X) \neq \varnothing} m(X) \leqslant \sum_{X \subset \bigcup_i^m A_i} m(X) = Bel\left(\bigcup_{i=1}^m A_i\right).$$

另一方面, 根据 (10.5.8), 由 (10.5.9) 定义的 $m$ 满足 $m(\varnothing) = 0$ 和 $\sum\limits_{A \subset E} m(A) = 1$. 为证 $m$ 是质量函数, 只需证 $m$ 的非负性. 设 $A = \{k_1, \cdots, k_m\} \subset E$, 令 $A_i = A \setminus \{k_i\}$, $1 \leqslant i \leqslant m$, 则 $A = \cup_{i=1}^m A_i$, 故由 (10.5.9) 和 $Bel$ 的 $\infty$ 阶单调性得

$$m(A) = \sum_{X \subset A} (-1)^{|A \setminus X|} Bel(X)$$

$$= m(\bigcup_{i=1}^{m} A_i) - \sum_{\varnothing \neq I \subset \{1,\cdots,m\}} (-1)^{|I|+1} Bel(\bigcap_{i \in I} A_i) \geqslant 0.$$

证毕. □

对$A$所持有的态度不太可能完全由$Bel(A)$描述出来, 所以又有如下定义:

**定义10.5.13** 设识别框架为$E, A \subset E$, 对$A$的补集的信任度称为对$A$的**怀疑度**, 对$A$不怀疑程度称为$A$的**似真度**, 记为$Pl(A)$, 即

$$Pl(A) = 1 - Bel(A^c). \tag{10.5.10}$$

称模糊测度$Pl$为**似真函数**.

**命题10.5.14** 我们有

$$Pl(A) = \sum_{B \cap A \neq \varnothing} m(B), \quad A \subset E, \tag{10.5.11}$$

$$Bel(A) \leqslant Pl(A), \quad A \subset E.$$

**证** 由(10.5.10)式,

$$Pl(A) = 1 - Bel(A^c) = \sum_{B \subset E} m(B) - \sum_{B \subset A^c} m(B) = \sum_{B \cap A \neq \varnothing} m(B).$$

□

下一命题归于Yager(1999).

**命题10.5.15** 设$m$为$E$上的质量函数, $\{B_1,\cdots,B_q\}$是$m$的全体焦元. 对每个$i$: $1 \leqslant i \leqslant q$, 任取$|B_i|$维的一个概率分布$\{w_i(1),\cdots,w_i(|B_i|)\}$, 如下定义一个集函数:

$$m_w(A) = \sum_{i=1}^{q} \sum_{j=1}^{|B_i \cap A|} w_i(j), \quad A \subset E,$$

则$m_w$是一容度, 且有$Bel \leqslant m_w \leqslant Pl$.

**证** 显然$\mu$是容度. 容易看出: 如果令$\hat{w}_i(1) = 1, \hat{w}_i(j) = 0, j \geqslant 2$, 则$m_{\hat{w}} = Bel$; 如果令$\bar{w}_i(|B_i|) = 1, \bar{w}_i(j) = 0, j < |B_i|$, 则$m_{\bar{w}} = Pl$, 由此推得$Bel \leqslant m_w \leqslant Pl$. □

**注10.5.16** (1) 设$m$为$E$上的质量函数, $\{B_1,\cdots,B_q\}$是$m$的全体焦元, 则由注10.5.6知, 信任函数$Bel$的Shapley值为

$$\phi_i(Bel) = \sum_{j:\, i \in B_j} \frac{m(B_j)}{|B_j|}, \quad i = 1,\cdots,n.$$

Yager(2000)用了很长篇幅推导才获得这一结果, 并用类似推导证明了似真函数与信任函数有相同的Shapley值. 我们未发现似真函数Shapley值的简单推导.

(2) 似真函数$Pl$是次可加的, 且有从下连续性. 信任函数$Bel$是超可加的, 且有从上连续性.

(3) 似真函数$Pl$具有$\infty$**阶交替性**: 对任意正整数$m$和$E$的子集$A_i, 1 \leqslant i \leqslant m$, 有

$$Pl(\bigcap_{i=1}^{m} A_i) \leqslant \sum_{\varnothing \neq I \subset \{1, \cdots, m\}} (-1)^{|I|+1} Pl(\bigcup_{i \in I} A_i).$$

(4) 对$\lambda$-模糊测度$\mu_\lambda$而言, 可以证明(见Berres (1988)): 当$-1 < \lambda \leqslant 0$时, $\mu_\lambda$为似真函数; 当$0 \leqslant \lambda < \infty$时, $\mu_\lambda$为信任函数.

### 10.5.4    多标准决策的一个例子

下面是一个多标准决策的例子, 来自Grabisch(1996). 在某中学, 通常采用加权平均来计算三门科目的成绩来评价学生. 这三门科目分别为数学(M)、物理(P)、文学(L). 假设该中学更重视理科成绩, 给这三门科目的权重分别为$(3/8, 3/8, 2/8)$. 由于数学和物理的成绩有很强的相关性, 在这个权重矢量中, 数学和物理的权重都很高, 这就产生了重叠效应. 为解决这个问题, 可以选取一个合适的Choquet容度$\mu$, 利用对这三门成绩的Choquet积分来对学生给与综合评判. 出发点是考虑如下因素: (1) $\mu$在每个科目的取值保持初始权重的比例; (2) 为避免数学和物理的重叠效应, $\mu$在$\{M, P\}$ 的取值应该小于$\mu$分别在$\{M\}$和$\{P\}$的取值之和; (3) 为了重视理科和文学得都好的学生, $\mu$ 在$\{M, L\}$和$\{L, P\}$的取值应比分别在两科取值之和要大. 因此, 可考虑如下容度:

$$\mu(\{M\}) = \mu(\{P\}) = 0.45, \quad \mu(\{L\}) = 0.3,$$
$$\mu(\{M, P\}) = 0.5, \quad \mu(\{M, L\}) = \mu(\{P, L\}) = 0.9,$$

利用加权平均和Choquet积分对学生的成绩进行评估, 得到如下结果:

| 学生 | M | P | L | 加权和 | Choquet 积分 |
|------|-----|-----|-----|---------|--------------|
| $a$  | 18  | 16  | 10  | 15.25   | 13.9         |
| $b$  | 10  | 12  | 18  | 12.75   | 13.6         |
| $c$  | 14  | 15  | 15  | 14.625  | 14.9         |

利用Shapley值的定义式(10.5.5), 可以计算出容度$\mu$ 的Shapley值: $\phi_M(\mu) = \phi_P(\mu) = 0.2916$, $\phi_L(\mu) = 0.4167$. 这表明, 用Choquet积分对学生的成绩进行汇总计算时, 文学这一科目的重要性被强化了, 这导致对学生$c$的综合评价高于学生$a$.

### 10.5.5    用Choquet积分解释Ellsberg 悖论

Kninght 对风险(Risk)与不确定性(Ambiguity )进行了区分: 所谓"不确定性"是指那些发生概率尚不知的随机事件, 所谓 "风险" 是指那些已知概率分布的随机事

件. Ellsberg悖论是在不确定性下决策的一个典型例子. 下面的内容取自Narukawa and Murofushi(2004).

**例子10.5.17 (Ellsberg 悖论)** 假设一罐中有90颗球, 其中30颗是红球, 60颗是黑球或白球, 但黑白球的数量不知道. 现在轮到您从罐子里随机取一个球. 面对两个下注: $X_R$和$X_B$, 其中$X_R$(或$X_B$) 表示如果您拿出的是一个红球(相应的, 黑球), 您将获得100美元. 大多数人会选择$X_R$, 因为罐子里可能只有为数不多的黑球. 另一方面, 面对如下两个下注: $X_{RW}$ 和$X_{BW}$, 其中$X_{RW}$ (或$X_{BW}$) 表示如果您拿出的是红球或白球(相应的, 黑球或白球), 您将获得100美元. 大多数人会选择$X_{BW}$, 因罐子里可能只有为数不多的白球. 所以我们有$X_B \prec X_R$和$X_{RW} \prec X_{BW}$. 这里$X \prec Y$表示$Y$优于$X$.

用于在风险情况下决策的期望效用理论无法解释这种偏好. 事实上, 令$E = \{R, B, W\}$为状态空间, $\mathcal{M} = \{0, 100\}$ 为可能的结果. 假定在$E$上有一概率$I\!\!P$, 在$\mathcal{M}$上有一效用函数$U$, 使得$X \prec Y \Longleftrightarrow I\!\!E[U(X)] < I\!\!E[U(Y)]$. 则由$X_{RW} \prec X_{BW}$ 推得

$$U(100)I\!\!P(\{B\}) = U(100)\big(I\!\!P(\{B, W\}) - I\!\!P(\{W\})\big)$$
$$> U(100)\big(I\!\!P(\{R, W\}) - I\!\!P(\{W\}) = U(100)I\!\!P(\{R\})\big),$$

这与$X_B \prec X_R$矛盾.

上述偏好的确立是基于如下事实: $\{R\}$ 和$\{B, W\}$有确定概率, 而$\{B\}$和$\{W\}$的概率未知, 偏好隐含有"不确定性厌恶", 即低估不确定事件的概率. 所以, 在状态空间上定义容度$\mu$ 要做如下考虑: 由于事件$\{B\}$ 和$\{W\}$ 地位相同, $\mu(\{B\})$ 与$\mu(\{W\})$应该相等, 但两者之和应小于$\mu(\{B, W\})$; 另外, $\mu(\{B, R\})$ 和$\mu(\{W, R\})$也应相等, 合理的选择是$\mu(\{B, R\}) = \mu(\{B\}) + \mu(\{R\})$ 和$\mu(\{W, R\}) = \mu(\{W\}) + \mu(\{R\})$. 基于上述考虑, 可以如下定义容度$\mu$:

$$\mu(\{R\}) = \frac{1}{3}, \quad \mu(\{B\}) = \mu(\{W\}) = \frac{2}{9},$$
$$\mu(\{B, W\}) = \frac{2}{3}, \quad \mu(\{R, W\}) = \mu(\{R, B\}) = \frac{5}{9},$$

且$\mu(\{R, B, W\}) = 1$ . 则$X$关于$\mu$的Choquet积分如下:

| $X$ | $X_R$ | $X_B$ | $X_{RW}$ | $X_{BW}$ |
|---|---|---|---|---|
| $\mu(X)$ | $(1/3) \times 100$ | $(2/9) \times 100$ | $(5/9) \times 100$ | $(2/3) \times 100$ |

于是有$\mu(X_B) < \mu(X_R)$ 和$\mu(X_{RW}) < \mu(X_{BW})$, 不再有任何矛盾.

# 10.6　Shannon 熵

Shannon于1948年通过公理化方法建立了一种测量不确定性程度的函数, 这就是Shannon熵(entropy). 熵值越大, 它所代表的信息的不确定性就越大, 或相应的概率分布均匀程度越高. 均匀分布的Shannon熵值最大.

**定义10.6.1**　对离散分布 $P = (p_1, \cdots, p_n)$ $(n \geqslant 2)$, **Shannon熵**定义为

$$S_n(p_1, \cdots, p_n) = -\sum_{i=1}^{n} p_i \log p_i, \tag{10.6.1}$$

其中对数底取为2或 $e$, 并约定 $0 \log 0 = 0$.

$S_n(p_1, \cdots, p_n)$ 具有如下基本性质:

(1) 连续性: $S_n(p_1, \cdots, p_n)$ 是 $(p_1, \cdots, p_n)$ 的连续函数;

(2) 置换不变性:　设 $\sigma$ 是 $(1, \cdots, n)$ 上的一个置换, 则有

$$S_n(p_1, \cdots, p_n) = S_n(p_{\sigma(1)}, \cdots, p_{\sigma(n)});$$

(3) 递归性:

$$\begin{aligned}
S_n(p_1, \cdots, p_n) &= S_{n-1}(p_1 + p_2, p_3, \cdots, p_n) \\
&\quad + (p_1 + p_2)S_2(p_1/(p_1 + p_2), p_2/(p_1 + p_2));
\end{aligned}$$

Shannon(1948)证明了: 满足上述三条性质的函数只可能是

$$S_n(p_1, \cdots, p_n) = -C\sum_{i=1}^{n} p_i \ln p_i, \tag{10.6.2}$$

其中 $C$ 是一正常数. 如果用熵表示不确定性程度来解释的话, 性质1表明当概率分布只有微小变化时, 整个分布所蕴含的不确定性变化也很小; 性质2成立也是自然的, 指标本身除了用作记号外, 与整个分布的不确定性没有关系; 性质3要求熵函数满足某种递归性质, 但这一性质的直观含义不太明显.

自从Shannon引进熵概念以后, 有许多文章从不同的"公理系统"出发推导出Shannon熵的表达式(10.6.2). 下面借助于Chaundy and Mcleod(1960)的一个结果给出(10.6.2)的一个推导. 首先假定离散分布 $P = (p_1, \cdots, p_n)$ 的熵具有如下形式:

$$S_n(p_1, \cdots, p_n) = \sum_{i=1}^{n} f(p_i), \tag{10.6.3}$$

其中 $f$ 为一非负连续函数. 如果离散分布 $P = (p_1, \cdots, p_n)$ 和 $Q = (q_1, \cdots, q_m)$ 分别是两个相互独立的随机变量 $X$ 和 $Y$ 的分布, 关于熵的一个合理的假定, 是 $(X, Y)$ 的联合

分布的熵应该是两者边缘分布熵的和, 即有

$$\sum_{i=1}^{n}\sum_{j=1}^{m} f(p_i q_j) = \sum_{i=1}^{n} f(p_i) + \sum_{j=1}^{m} f(q_j).$$ (10.6.4)

下面证明满足(10.6.4)的连续函数$f$必然具有如下形式:

$$f(x) = -Cx\log x, \quad 0 \leqslant x \leqslant 1,$$ (10.6.5)

其中$C$是一正常数, 并约定$0\log 0 = 0$.

令$p, q, r, s$为正整数, 满足$1 \leqslant r \leqslant p, 1 \leqslant s \leqslant q$. 在(10.6.4)中令

$$n = p - r + 1, \quad m = q - s + 1,$$
$$p_i = 1/p, \; 1 \leqslant i \leqslant n-1, \quad p_n = r/p,$$
$$q_j = 1/q, \; 1 \leqslant j \leqslant m-1, \quad q_m = s/q,$$

则有

$$(p-r)(q-s)f(1/pq) + (p-r)f(s/pq) + (q-s)f(r/pq) + f(rs/pq)$$
$$= (p-r)f(1/p) + f(r/p) + (q-s)f(1/q) + f(s/q).$$

令$h(x) = xf(1/x)$, 且在上式两边同乘$pq$推得

$$(p-r)(q-s)h(pq) + s(p-r)h(pq/s) + r(q-s)h(pq/r) + rsh(pq/rs)$$
$$= q(p-r)h(p) + qrh(p/r) + p(q-s)h(q) + psh(q/s).$$ (10.6.6)

在(10.6.6)中令$s = 1$得到

$$(p-r)qh(pq) + rqh(pq/r) = q(p-r)h(p) + qrh(p/r) + pqh(q).$$ (10.6.7)

在(10.6.7)中令$r = 1$得到$h(pq) = h(p) + h(q)$, 将此表达式代入(10.6.7)即得

$$h(pq/r) = h(p/r) + h(q).$$

由对称性也有

$$h(pq/s) = h(p/r) + h(q/s).$$

将上述$h(pq), h(pq/r)$和$h(pq/s)$的表达式代入(10.6.6)给出

$$h(pq/rs) = h(p/r) + h(q/s).$$

于是对任何有理数 $x,y \geqslant 1$, 有 $h(xy) = h(x) + h(y)$. 由 $h$ 的连续性假定推知对任何实数 $x, y \geqslant 1$, 有 $h(xy) = h(x) + h(y)$. 因此, 由数学分析的一个熟知结果得 $h(y) = C \log y, y \geqslant 1$. 由于 $f(x) = xh(1/x), 0 < x \leqslant 1$, 最终有 (10.6.5) 式.

下面研究 Shannon 熵的性质. 为方便起见, 我们定义一取值于有限点集 $\mathcal{X}$ 的离散随机变量 $X$ 的熵 $H(X)$ 为它的离散分布 $P$ 的熵, 即令

$$H(X) = -\sum_{x \in \mathcal{X}} p(x) \log p(x), \tag{10.6.8}$$

其中 $p(x) = I\!P(X = x)$.

设 $X$ 和 $Y$ 分别是取值于有限点集 $\mathcal{X}$ 和 $\mathcal{Y}$ 的随机变量, 它们的**联合熵** $H(X,Y)$ 由其联合分布给出:

$$H(X,Y) = -\sum_{x \in \mathcal{X}} \sum_{y \in \mathcal{Y}} p(x,y) \log p(x,y), \tag{10.6.9}$$

其中 $p(x,y) = I\!P(X = x, Y = y)$. 如果 $X$ 和 $Y$ 独立, $I\!P(Y = y) = q(y)$, 则 $p(x,y) = p(x)q(y)$, 从而有 $H(X,Y) = H(X) + H(Y)$. 对一般情形, 我们有

**定理10.6.2**　设 $X$ 和 $Y$ 分别是取值于有限点集 $\mathcal{X}$ 和 $\mathcal{Y}$ 的两个随机变量, 它们的联合熵 $H(X,Y)$ 有如下表达式:

$$H(X,Y) = H(X) + H(Y|X), \tag{10.6.10}$$

$H(Y|X)$ 称为 $Y$ 关于 $X$ 的**条件熵**, 它由如下公式给出:

$$H(Y|X) = -\sum_{x \in \mathcal{X}} \sum_{y \in \mathcal{Y}} p(x,y) \log p(y|x), \tag{10.6.11}$$

其中 $p(y|x) = I\!P(Y = y | X = x)$.

**证**　由于 $p(x,y) = p(x)p(y|x)$, 故有 $\log p(x,y) = \log p(x) + \log p(y|x)$; 又由于 $\sum_{y \in \mathcal{Y}} p(x,y) = p(x)$, 因此由 (10.6.9) 立得 (10.6.10).　　　　□

**定义10.6.3**　设 $X$ 和 $Y$ 是取值于同一有限点集 $\mathcal{X}$ 的两个随机变量, 其离散分布分别是 $P$ 和 $Q$. $X$ 关于 $Y$ 的**相对熵** $R(X,Y)$ 定义为

$$R(X,Y) = \sum_{x \in \mathcal{X}} p(x) \log \frac{p(x)}{q(x)}, \tag{10.6.12}$$

其中对数 $\log$ 以 $e$ 为底. $R(X,Y)$ 亦称为离散分布 $P$ 关于离散分布 $Q$ 的相对熵.

**定义10.6.4**　设 $X$ 和 $Y$ 分别是取值于有限点集 $\mathcal{X}$ 和 $\mathcal{Y}$ 的两个随机变量, 其离散分布分别是 $P$ 和 $Q$, 他们的联合分布为 $p(x,y), x \in \mathcal{X}, y \in \mathcal{Y}$. $X$ 与 $Y$ 的**互信息** $I(X:Y)$ 定义为联合分布 $\{p(x,y)\}$ 关于乘积分布 $\{p(x)q(y)\}$ 的相对熵, 即为

$$I(X:Y) = \sum_{x \in \mathcal{X}} \sum_{y \in \mathcal{Y}} p(x,y) \log \frac{p(x,y)}{p(x)q(y)}. \tag{10.6.13}$$

一般说来, $R(X,Y) \neq R(Y,X)$, 但恒有$I(X:Y) = I(Y:X)$.

**定理10.6.5**  恒有$R(X,Y) \geqslant 0$, 等号成立的充要条件是$P = Q$.

**证**  由于$\log x \leqslant x-1$, 我们有

$$\log \frac{p(x)}{q(x)} = -\log \frac{q(x)}{p(x)} \geqslant 1 - \frac{q(x)}{p(x)},$$

从而由(10.6.12)有

$$R(X,Y) \geqslant \sum_{x \in \mathcal{X}} p(x)\left[1 - \frac{q(x)}{p(x)}\right] = \sum_{x \in \mathcal{X}} [p(x) - q(x)] = 0.$$

由于$\log x \leqslant x - 1 = 0$的充要条件是$x = 1$, 故$R(X,Y) = 0$等价于$P = Q$.  □

**定理10.6.6**  我们有$I(X:Y) \geqslant 0$, 等号成立, 当且仅当$X$与$Y$独立. 此外有

$$I(X:Y) = H(X) + H(Y) - H(X,Y) = H(X) - H(X|Y), \tag{10.6.14}$$

$$H(X) \geqslant H(X|Y); \quad H(X) + H(Y) \geqslant H(X,Y). \tag{10.6.15}$$

**证**  由于$\sum_{y \in \mathcal{Y}} p(x,y) = p(x)$, $\sum_{x \in \mathcal{X}} p(x,y) = q(y)$, 由(10.6.13)立刻推得(10.6.14)的第一个等式, 再由(10.6.10)推得(10.6.14)的第二个等式. 既然$I(X:Y)$是联合分布$\{p(x,y)\}$关于乘积分布$\{p(x)q(y)\}$的相对熵, 故由定理10.6.5推知$I(X:Y) \geqslant 0$, 从而有(10.6.15)式. 此外, 再由(10.6.14)的第一个等式知: $I(X:Y) = 0$, 当且仅当$X$与$Y$独立.  □

相对熵和互信息是信息论中的两个基本概念. 相对熵可以用来度量一个离散分布与另一个离散分布之间差异的大小, 但这一度量关于两个离散分布是非对称的. 互信息可以看成是一个随机变量包含另一个随机变量的信息量, 或者说是一个随机变量由于已知另一个随机变量而减少的不确定性. 互信息也是两个随机变量统计相关性的一种度量, 这一度量关于两个随机变量是对称的.

# 参 考 文 献

严加安, 1981. 鞅与随机积分引论. 上海: 上海科技出版社.

黄志远, 严加安, 1997. 无穷维随机分析引论. 北京: 科学出版社.

Berres, M., 1988. λ-additive measures on measure spaces. *Fuzzy Sets and Systems*, **27**, 159-169.

Chateauneuf, A., Jaffray, J.Y., 1989. Some Characterizations of Lower Probabilities and Other Monotone Capacities Through the Use of Möbius Inversion. *Mathematical Social Sciences*, **17(3)**, 263-283.

Chaundy, T.W., Mcleod, J.B., 1960. On a functional equation. *Edinburgh Math. Notes*, **43** , 7-8.

Choquet, G., 1953. Theory of Capacity. *Ann. Inst. Fourier*, **5**, 131-295.

Cohn, D.L., 2013. Measure Theory, Second Edition. Basle: Birkhäuser.

Dempster, A., 1967. Upper and lower probability induced by a multi-valued mapping. *Annals of Mathematical Statistics*, **38**, 325-339.

Denneberg, D., 1994. Non-Additive Measure and Integral. Boston: Kluwer Academic Publishers.

Dudley, R.M., 2002. Real Analysis and Probability. London: Cambridge University Press.

Grabisch, M., 1996. The application of fuzzy integrals in multi-criteria decision making. *European Journal of Operational Research*, **89**, 445-456.

Gross, L., 1965. Abstract Wiener spaces. In: *Proc. Fifth Berkeley Symp. Math. Stat. Probab.* II, Oakland: University of California Press, Part **1**, 31-41.

Hall, P., Heyde, C.C., 1980. Martingale Limit Theory and Its Application. New York: Academic press.

Kallianpur, G., 1971. Abstract Wienner processes and their reproducing kernel Hilbert spaces. *Z. Wahrsch. Verw. Gebiete*, **17**, 113-123.

Ma, Z.M. (马志明), 1985. Some Results on Regular Conditional Probabilities. *Acta Math. Sinica*, New Series, **1(4)**, 128-133.

Meyer, P.A., 1972. Martingales and Stochastic Integrals I, LN in Math., **284**, Berlin: Springer-Verlag.

Narukawa, Y., Murofushi, T., 2004. Decision modeling using the Choquet integral. *Proc. Modeling Decisions for Artificial Intelligence*, LN in Computer Science, **3131**, 183-193.

Ng, K.W., 1995. On the inversion of Bayes theorem. Presentation in The 3rd ICSA Statistical Conference, August 17-20, 1995. Beijing, China.

Shafer, G., 1976. A Mathematical Theory of Evidence. Princeton: Princeton University Press.

Shannon, C.E., 1948. A Mathematical Theory of Communication. *Bell Syst. Tech. J.*, **27**, 379-423, 623-656.

Shapely, L.S., 1953. A value for n-person games. In: *Contributions to Game Theory*, Kuhn, H. W., Tucker, A. W.(eds.), Princeton: Princeton University Press, 307-317.

Shiryayev, A.N., 1996. Probability. Second Edition. Berlin: Springer-Verlag.

Yager, R.R., 1999. A class of fuzzy measures generated from a Dempster-Shafer belief structure. *International Journal of Intelligent Systems*, **14 (12)**, 1239-1247.

Yager, R.R., 2000. On the entropy of fuzzy measures. *IEEE Transactions on Fussy Systems*, **8(4)**, 453-461.

Yan, J.A. (严加安), 1980. Charactérisation d'une classe d'ensembles convex de $L^1$ ou $\mathcal{H}^1$. Séminaire de Probabilités XIV, LN in Math., **784**, Berlin: Springer-Verlag, 220-222.

Yan, J.A. (严加安), 1985. On the communitability of essential infimum and conditional expectation operations. *Chinese Science Bulletin*, **30(8)**, 1013-1018.

Yan, J.A. (严加安), 1990. A remark on conditional expectations. *Chinese Science Bulletin*, **35(9)**, 719-722.

Yan, J.A. (严加安), 1991. Constructing Kernels via Stochastic Measures. In: *Gaussian Random Fields*, Hida, T et al.(eds.), River Edge: World Scientific Publishing, 396-405.

Yan, J.A. (严加安), 2006. A simple proof of two generalized Borel-Cantelli lemmas. Séminaire de Probabilités XXV, LN in Math., **1874**, Berlin: Springer-Verlag, 77-79.

Yan, J.A. (严加安), 2010. A short presentation of Choquet integral. In: *Recent Development in Stochastic Dynamics and Stochastic Analysis*, Interdisciplinary Mathematical Science, Vol. **8**, Duan, J. et al.(eds.), River Edge: Wold Scientific Publishing, 269-291.

# 索 引